아이와 엄마·아빠를 위한 가족 여행 가이드북

아이랑 제주 여행

송인희 지음

디스커버리미디어

아이와 어른 모두가 즐거운
여행을 위하여

에메랄드빛 바다와 포근한 오름 능선, 숨만 쉬어도 힐링이 되는 숲길. 이 섬의 아름다움은 길게 설명할 것 없지요. 이름만 들어도 가슴이 뛰는, 여기는 제주입니다!

한데 어쩌나요. 가볍게 짐 싸서 마음 내키는 대로 떠나던 시절은 이제 안녕이네요. 기저귀, 유모차, 장난감, 먹거리, 상비약······. 챙길 게 한둘이 아니죠. 어디서 무얼 하고, 어떤 걸 먹고, 어디서 잘까, 생각하면 막막할 거예요. 기운 넘치는 아이들 따라다니려면 체력도 짱짱하게 비축해야 할 텐데 말이죠.

제주에서 아이와 갈 만한 곳, 제주 예스키즈존, 제주 맛집, 제주 핫플, 제주 사진 명소······. 아무리 검색해도 넘쳐 나는 광고에 지쳐버리고 말 겁니다. 아이들과 좋은 추억을 만들려고 떠나는 여행인데, 아무 데나 갈 수도 없는 노릇이고요. 여행은 계획하지 않고 떠나야 진짜라고요? 맞아요. 그런데 아이가 생기니 상황은 달라집니다. 막상 찾아갔는데 노키즈존이어서 갈 곳 잃은 신세가 되거나, 마땅한 편의시설이 없어 모두가 고생만 하다 오는 경우도 허다하니까요.

<아이랑 제주 여행>은 아이, 엄마, 아빠가 모두 즐거운 여행을 위한 완벽한 '가족 중심 가이드북'입니다. 아이와 부모가 다 만족할 만한 핫플, 현지인만 아는 숨은 명소, 키즈 프렌들리 맛집과 카페, 기념품 가게와 아이가 더 좋아하는 숙소까지, 놀기 좋아하는 여행작가 엄마가 섬 구석구석을 아끼지 않고 소개합니다. 한 살배기 아기가 초등학생이 되는 동안 아이와 함께 최선을 다해 발품 팔아 취재하고 검증했어요. 좌충우돌 예측 불가능한 상황을 겪으며 진짜 갈 만한 곳만 추릴 수 있었습니다. 아무리 유명해도 불친절한 곳, 너무 오래 기다려야 하는 곳, 아이와 가면 눈치 보이는 곳, 지나치게 상업적이거나 북적이는 곳은 과감하게 제외했습니다. 여행이라고 해서 육아가 멈추는 건 아니죠. 자연 속에서 아이들 마음껏 뛰놀며 에너지 발산도 하고, 이왕이면 유익한 경험을 할 수 있는 곳은 특별히 신경 썼습니다.

시간을 분, 초 단위로 나누어 써야 하는 엄마 아빠를 위해 알짜배기 정보를 채워 넣었어요. 여행 코스 짜는 게 생각보다 어렵더라고요. 그래서, **내 가족과 여행하는 마음으로 일정과 계절, 지역을 고려하여 다섯 개 추천 코스를 준비했습니다.** 그대로 따라가기만 하면 됩니다. 아이마다 취향도 제각각이지요. **12개 여행 테마를 추려 각각의 추천 명소를 소개합니다.** 비행기 표와 숙소만 잡아서 걱정이라고요? **지금 있는 곳에서 갈 만한 명소와 맛집, 카페와 기념품 가게를 쉽게 찾을 수 있도록 제주도를 8개 권역으로 나누어 자세하게 소개합니다.**

섬세하고 달콤한 꿀팁도 아낌없이 담았습니다. 무엇보다 중요한 게 있지요! 주차장은 가까운지, 유모차를 끌 수 있는지, 아기 의자, 놀이방, 마당, 수유실과 기저귀갈이대는 있는지…… 일일이 알아보지 않아도 됩니다. 각 스폿마다 꼼꼼하게 표시해 두었습니다. 추천 연령도 함께 넣었어요. 뚜벅이 여행자를 위해 버스 정보도 함께 담았습니다. 조용히 한적한 여행을 하고 싶을 땐 <쉿!플레이스>를 찾아보세요. 아는 사람들만 아는 숨은 명소를 소개한 코너입니다.

이 책에 가장 큰 도움을 준 사람은 제주처럼 맑게 자라고 있는 라무입니다. 남편과 저는 신혼여행으로 떠난 케냐 라무섬이 무척 마음에 들어 아이가 생기면 이름을 그렇게 짓기로 했지요. 라무는 어느덧 새카만 피부를 뽐내는 여덟 살 제주 소년이 되었네요. 제 입으로 말하긴 부끄럽지만, 저는 '먹 천재'이자 '놀 천재'입니다. 머릿속은 잘 놀고 잘 먹을 수 있는 코스 구상으로 늘 분주해요. 그 덕에 '라무 엄마는 제주도 백과사전'이란 별명도 얻었지요. 이번 책은 특히나 오래 취재하고 작업했기에 디테일한 로컬 정보가 가득하다고 자부합니다. 자, 이제부터 **오롯이 아이와 나, 가족에게 집중해보세요.** 엄마 아빠들이여, 이제 고행이 아닌 여행을 시작합시다. 떠나요, 제주도로!

2024년 5월, 제주 안덕에서
송인희

Contents
목차

PART 3　제주시 도심권

PART 4 제주시 서부권 애월읍·한림읍·한경면

PART 6 | 서귀포시 도심권

PART 7 · 서귀포시 중문권

PART 8 · 서귀포시 서부권 대정읍·안덕면

PART 9 | 서귀포시 동부권 성산읍·표선면·남원읍

PART 10 섬 속의 섬

PART 11 여행 준비 완벽 가이드

PART 1

INTRO

▼▼▼▼

행복한 가족 여행을 위한
필수 정보 5가지

01

유용한 정보만 쏙쏙!
<아이랑 제주 여행>의 특별함 6가지

1 아이와 엄마·아빠를 위한 가족 중심 가이드북

아이와 여행할 때 꼭 필요한 정보를 자세하게 담았다

놀며 배우고, 체험하며 즐기기! <아이랑 제주 여행>은 놀이, 체험, 학습 여행 정보를 빠짐없이 담았습니다. 수유실, 기저귀갈이대, 아기 의자, 놀이터, 놀이방, 마당, 좌식 룸, 추천 나이, 주차장…… 검색해도 잘 나오지 않는 정보도 꼼꼼하게 담았습니다.

2 8개 권역으로 세분화해 여행 정보 대방출

디테일의 끝판왕! 여행 동선 짜기 정말 편하다

제주도를 8개 권역으로 나누어 명소, 맛집, 카페, 숍, 베이커리 등을 자세하게 담았습니다. 제주시를 도심·서부·동부로, 서귀포시를 도심·서부·동부로 나누고, 여기에 호캉스 천국 중문관광단지를 독립시켰어요. 섬 속의 섬도 살뜰하게 챙겼습니다.

3 가족 여행자를 위한 맞춤 테마 여행 12가지

우리 아이가 좋아하는 곳으로, 이 계절에 가장 아름다운 곳으로!

과일 따기 체험, 동물체험, 물놀이 명소, 사계절 꽃 여행지, 놀며 배우는 박물관과 미술관 탐방, 만들고 요리하는 원데이 클래스, 그리고 제주도 역사 기행까지 주제별 여행 정보가 가득합니다. 엄마·아빠가 가고 싶은 곳도 빠짐없이 담았습니다.

<아이랑 제주 여행>은 아이와 엄마, 아빠가 다 같이 행복해지는 여행 정보를 담았습니다. 모두가 즐거워지는 가족여행을 위한 가이드북, <아이랑 제주 여행>만의 특별함을 소개합니다.

4 키즈 프렌들리 맛집·카페·숙소 정보가 가득

지금은 입이 즐거워질 시간, 아이 친화적인 잠자리 정보도 풍성하다

아이와 가기 좋은 맛집, 꼭 먹어야 할 제주 음식, 계절별 횟감 정보를 자세하게 안내합니다. 카페와 베이커리 정보도 풍성합니다. 키즈 프렌들리 카페, 오션 뷰 카페, 제주도 '빵지' 순례······. 아이 친화적인 숙소 정보도 자세하게 담았습니다.

5 일정과 취향까지 고려한 작가 추천 여행 코스

여행 코스 고민은 그만, 우리처럼 해봐요, 요렇게!

제주도 면적은 서울의 세 배나 된답니다. 동선을 잘못 잡으면 칭얼대는 아이 달래다 그날 여행을 망칠 수 있어요. 그래서 준비했습니다. 여행 일수, 여행 목적, 지역, 계절까지 고려해 <아이랑 제주 여행>의 송인희 작가가 최적 코스를 추천합니다.

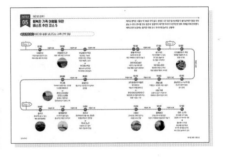

6 핫플뿐 아니라 '쉿!플레이스' 정보도 살뜰하게

SNS에 없는, 도민만 아는 히든 스폿도 포기할 수 없다

모두가 가는 그런 곳 말고, 제주도민들만 아는 숨은 명소가 궁금한가요? <쉿!플레이스> 코너를 찾아 보세요. 더욱 특별한 '우리 가족만의 제주 여행'이 되길 바라는 마음에서 아이와 직접 다녀보고 평가한 송인희 작가가 소곤소곤 알려드립니다.

한눈에 보는
제주 여행 지도

제주목관아

용담레포츠공원

용담해안도로

어영소공원

도두봉

제주민속오일장

이호테우해수욕장

제주공항

제주시외버스
터미널

제주도청

애월해안도로

애월항

넥슨컴퓨터박물관

1132

애월읍

한담해안산책로

곽지해수욕장

항파두리항몽유적지

제주도립미술관

휴림

제주별
누리공

금산공원

명월성

1136

제주양떼목장

한라수
(수목원

협재해수욕장

화조원

비양도

렛츠런파크

금능해수욕장

한림공원

도치돌알파카목장

월령선인장군락지

새별오름

한림읍

금오름

1135

신창풍차
해안도로

저지문화예술인마을
(제주현대미술관,
김창열미술관)

성이시돌목장

1139

한라산

제주항공우주박물관

환상숲곶자왈

차귀도

한경면

오설록

뽀로로앤타요테마파크

무민랜드

서귀포자연휴양림

제주고산리
유적

수월봉/엉알길

산양큰엉곶
제주곶자왈
도립공원

바램목장카페

신화월드

카멜리아힐

서

서귀포올레

1132

파더스
가든

여미지식물원

천제연폭포

천지연폭포

대포주상절리

고근산

숲도

노을해안로
(돌고래구경)

안덕면

안덕계곡

대정읍

제주추사관
(대정항교)

산방산

박수기정(대평포구)

속골

용머리해안

서건도

형제해안로

법환포구

외돌개

알뜨르비행장

송악산

예래생태공원

논짓물

기당미술관

환태평양평화소공원

섯알오름

중문해수욕장

칠십리시공원

가파도

엉덩물계곡

서귀포시립해양도립공원
(새연교

베릿내오름

마라도

장
제주박물관
봉·별도봉)
삼양해수욕장
샛도리물
관곶
닭머르

신흥해수욕장
(신흥바다낚시공원)
함덕해수욕장
서우봉
돌하루방미술관

김녕항
김녕해수욕장
김녕미로공원

월정리투명카약
월정리해수욕장
평대리해수욕장
검멀레해변
하고수동해변
세화해수욕장
해녀박물관
산호
해수욕장
우도

조천읍
삼다마을목장
1136
제주돌문화공원
교래자연휴양림
에코랜드
포레스트사파리
거문오름
골체오름
스누피가든
산굼부리
렛츠런팜제주

동백동산

덕천곤충
영농조합

구좌읍
1112
비자림(비자숲힐링센터)
용눈이오름
아부오름
백약이
오름
말방목공원
보롬왓

하도해수욕장
종달리해안도로

종달항

우도봉

오조조개
체험장
(식산봉)
광치기해변

종달항

성산포항
성산일출봉

자연사박물관
!)
아침미소목장
새학교
라생태숲
평화공원
생태관찰원
절물휴양림

1112
사려니숲길
붉음오름
자연휴양림
조랑말체험공원

유채꽃프라자

녹산로

제주자연생태공원

성산읍

섭지코지
아쿠아플라넷

1131
이승이오름

1118
남원읍

1119
97
표선면

1132
고흐의정원

서귀다원
효원
태원
관

편백포레스트
동백포레스트
자배봉유아숲체험원
달달미깡감귤밭
하례감귤점빵
협동조합

열대과일농장
유진팡
경흥농원
제주동백마을

소금막해변
제주민속촌
표선해수욕장

남원용암해수풀장
코코몽에코파크/다이노대발이파크
큰엉해안경승지
제주동백수목원

쇠소깍
제지기오름
정방폭포(이왈종미술관, 소정방폭포, 소라의성)
서귀포기적의도서관
이중섭미술관

03

제주에서 꼭 먹어야 할 베스트 음식 17

자리돔물회, 고기국수, 해물뚝배기, 돔베고기, 성게국, 한치물회, 갈칫국. 제주도청이 선정한 최고 토속음식들입니다. 여기에 포털 검색어 순위 상위에 오른 10개를 더해 제주에 가면 꼭 먹어야 할 음식 17가지를 선정했습니다. 이제, 당신의 입이 즐거워집니다.

1 자리돔물회

제주도가 선정한 향토 음식 가운데 당당히 첫손에 꼽혔다. 자리돔을 회로 뜬 다음 고추장 양념, 물, 식초, 양파, 배, 고추, 부추, 초피 잎, 된장 등을 넣어 먹는다.

2 고기국수

돼지고기 육수에 면을 넣고 끓인 제주식 잔치국수이다. 고명으로 돼지고기 수육을 올리기 때문에 고기국수라는 이름을 얻었다. 예전엔 잔칫날에 즐겨 먹었다.

3 해물뚝배기

전복, 자연산 오분자기, 바지락, 제주산 딱새우가 푸짐하게 들어간다. 전복을 주재료로 하여 전복뚝배기를 별도로 판매하는 음식점도 많다.

4 돔베고기

육지의 돼지 수육이다. 돔베는 제주어로 도마를 뜻한다. 갓 삶은 돼지고기를 돔베 위에 내온다고 해서 돔베고기이다. 멜젓멸치젓에 살짝 찍어 배춧잎에 싸 먹는 맛이 일품이다.

5 성게국

서귀포 지역 향토 음식이다. 성게미역국이라 부르기도 한다. 참기름으로 볶은 미역에 물, 성게알, 마늘, 간장, 소금, 깨소금 등을 넣고 끓인다.

6 한치물회

자리돔물회와 쌍벽을 이룬다. 여름철에 즐기는 냉국으로 원래 가늘게 썬 한치와 갖가지 채소에 된장 물을 부어 먹었으나 지금은 고추장과 쌈장을 주로 넣는다.

7 갈칫국

갈치호박국이라고도 부른다. 토막낸 갈치에 호박, 얼갈이배추, 풋고추, 대파, 다진 마늘 등을 넣고 소금 간을 해 만든다. 가을이 제철이다.

8 갈치조림과 갈치구이

갈칫국보다 더 대중화된 음식이다. 요즘엔 놀라운 스킬로 뼈를 발라주는 통갈치구이 식당의 인기가 많다. 갈치 크기가 어마어마해 입이 떡 벌어진다.

9 옥돔구이

옥돔은 도미의 여왕으로 대접받는다. 배를 갈라 소금을 뿌려 꾸덕꾸덕하게 말린 뒤 굽는다. 담백하고 꼬들꼬들한 식감이 좋다. 11월부터 3월까지 주로 먹는다.

10 근고기

근고기란 근 단위로 주문하는 제주식 돼지구이다. 두툼한 돼지고기를 통째로 구운 다음 잘게 잘라서 먹는다. 멜젓 소스에 찍어 먹어야 제맛이 난다.

11 삼치회

제주의 봄철 회는 단연 삼치다. 방어회처럼 두껍게 썰어 내오는데 한 입 넣으면 아이스크림처럼 사르르 녹는다. 묵은지와 삼치의 궁합이 일품이다.

12 방어회

방어는 겨울철 대표 횟감이다. 자리돔을 먹이 삼아 마라도 바다에서 겨울을 보낸다. 조금 더 이른 시기에 잡히는 히라스부시리도 기억해두자. 방어보다 맛이 더 좋다.

13 해장국

제주도엔 해장국 맛집이 유난히 많다. 선지해장국이 대중적이지만 돼지고기 육수와 고사리나물, 메밀가루를 풀어 끓이는 고사리 육개장도 인기가 좋다.

14 보말죽과 보말칼국수

보말은 고둥의 제주어이다. 고둥살과 내장을 으깬 다음 체로 걸러내 죽과 칼국수를 만든다. 맛이 시원하고 고소하고 담백하다.

15 토종닭 음식

제주는 조류인플루엔자 청정 지역이다. 사육 환경이 좋으니 육질이 쫄깃쫄깃하다. 주로 닭백숙과 샤부샤부로 즐긴다.

16 오메기떡

오메기는 좁쌀의 하나인 차조를 뜻하는 제주어. 차조 가루와 팥이 주재료이다. 간식과 선물용으로 좋다. 택배 주문도 많다. 냉동실에 보관하며 두고두고 먹을 수 있다.

17 우도 땅콩 아이스크림

땅콩은 우도의 특산품이다. 이 땅콩으로 만든 아이스크림이 계절에 상관없이 여행자들에게 인기를 끌고 있다. 우도 땅콩 막걸리도 인기가 많다.

지역별, 타입별
키즈 프렌들리 숙소 총집합

호텔, 리조트, 펜션, 풀빌라……. 제주도는 우리나라 최고 관광지답게 숙소 선택의 폭이 무척 넓습니다. 그 많은 숙소 중에서 아이와 함께 가면 더 좋은 곳만 알뜰살뜰 모았습니다. 이름하여, 키즈 프렌들리 호텔, 리조트, 펜션, 자연휴양림 총집합!

제주시엔 비즈니스호텔부터 5성급까지 많은 호텔이 몰려 있다. 공항에서 가까워 좋고, 제주시의 다양한 편의 인프라를 이용할 수 있어서 편리하다. 무엇보다 지리적으로 딱 중간이라서 애월과 조천 등 동서 양쪽을 돌아볼 때 베이스캠프로 제격이다.

호텔 시리우스

공항 8분 거리에 있는 신제주의 가성비 만점 4성급 호텔이다. 공항 활주로와 바다가 시원하게 보이는 루프톱 실내 수영장과 든든한 조식 뷔페가 유명하다. 모던하고 깔끔한 인테리어에 온돌 룸을 선택할 수 있어 가족 여행객이 즐겨 찾는다.

◎ 제주시 도령로 133 ☎ 064-743-1147

호텔 휘슬락

탑동 광장 앞에 있는 오션 뷰 호텔이다. 비즈니스호텔 수준 가격에 바다가 보이는 객실과 야외 수영장 여름에만 운영, 조식 등을 이용할 수 있어 인기가 좋다. 온돌방도 있다. 동문시장, 제주 목관아 등 걸어서 갈만한 명소가 많다. 공항 13분 거리.

◎ 제주시 서부두2길 26 ☎ 064-795-7000

그랜드 하얏트 제주

제주 최고층 건물 드림타워에 들어선 오성급 호텔이다. 바다와 한라산, 시내를 아찔한 파노라마 뷰로 즐길 수 있다. 38층엔 대체 불가한 뷰를 자랑하는 레스토랑과 라운지가 있다. 여름철에 운영하는 테라스 카페와 야외 수영장이 압권이다. 객실도 크기가 꽤 큰 편이고, 욕조가 있어 편안하다. 부대시설이 제주시에서 가장 탄탄한 편이다. 공항에서 10분 거리로, 이마트와 연동 번화가 바로 앞이다.

◎ 제주시 노연로 12 ☎ 064-907-1234

ONE MORE

여기도 좋아요!

롯데시티호텔 공항에서 5분 거리이다. 제주 시내 및 공항 활주로, 바다와 한라산까지 한눈에 보이는 전망이 장점이다. 사계절 야외 온수 풀을 운영한다. ◎ 제주시 도령로 83

오션스위츠 제주호텔 탑동 바닷가의 오션 뷰 호텔. 마트 및 원도심 관광지에서 가깝다. 온돌방, 투룸 패밀리, 키즈 스위트 등 객실 선택의 폭이 넓다. ◎ 제주시 탑동해안로 74

메종 글래드 제주 공항까지 10분 거리로 호텔 셔틀버스를 운행한다. 온돌과 키즈 콘셉트 룸도 선택 가능. 여름에는 야외 바비큐장과 수영장을 운영한다. ◎ 제주시 노연로 80

최남단 항구 도시의 포근한 정취를 느끼고 싶다면 서귀포에 머무는 게 좋다. 편의시설이 잘 되어 있고, 휴양지 기분도 만끽할 수 있다. 시내를 조금만 벗어나면 남국의 자연이 반겨준다. 원도심 호텔은 리모델링 한 곳이 많으며, 신시가지 호텔은 대부분 최근에 새로 지은 곳이다.

골드원 호텔 & 스위트 서귀포

모든 객실이 오션 뷰이다. 범섬이 손에 잡힐 듯 다가온다. 객실마다 자쿠지가 설치돼 있다. 야외 인피니티 온수 풀을 365일 운영하며, 루프톱 정원과 산책로도 매력적이다. 패밀리룸이 있어 부담스럽지 않은 가격에 호캉스를 누릴 수 있다. 서귀포 원도심과 중문관광단지 사이에 있어 어느 쪽이든 이동하기 편하다.

◎ 서귀포시 이어도로 1032 📞 064-801-5000 🌐 goldonehotel.com

담앤루리조트

스튜디오, 풀빌라, 3베드룸 등 다양한 객실을 선택할 수 있는 스파 리조트. 하절기엔 야외수영장을 투숙객 전용으로 운영해 여유롭게 즐길 수 있다. 중문관광단지에서 가까우면서, 멀리 바다가 보이는 숲속에 있고 객실이 많지 않아 조용히 휴식할 수 있다. 동양 최대의 법당이 있는 약천사가 바로 옆이라 산책하기에 좋다. 레스토랑, 매점이 있으며 조식 뷔페도 가성비가 좋다.

◎ 서귀포시 이어도로343번길 63 📞 064-739-6617

호텔 토스카나

서귀포 원도심과 신시가지 사이 한적한 곳에 있다. 자동차 침대와 2층 침대가 있는 키즈 전용 객실동이 있고, 섬세한 키즈 서비스를 누릴 수 있다. 사계절 온수 야외 수영장은 온천탕 수준으로 따뜻하고, 실내외 놀이시설과 프로그램도 탄탄하다. 레스토랑과 풀 사이드 바도 가성비가 좋은 편이다.

◎ 서귀포시 용흥로 66번길 158-7 ☎ 064-735-7000

ONE MORE

여기도 좋아요!

비스타케이 호텔 월드컵 서귀포 신시가지에 있다. 온돌 룸을 갖추고 있으며, 5월 초부터 9월까지 루프톱 수영장을 운영한다.
◎ 서귀포시 김정문화로41번길 10-6

엠스테이 호텔 한라산 올레시장에서 도보 5분 거리에 있다. 루프톱 오션 뷰 수영장을 갖추고 있다. 온돌 룸과 편의점이 있다.
◎ 서귀포시 태평로353번길 14

서귀포칼호텔 올레 7코스의 장관이 펼쳐지는 넓은 잔디밭 정원 산책로, 실내외 수영장을 갖추고 있다. 온돌 룸도 있다.
◎ 서귀포시 칠십리로 242

파미유스파리조트 강정 앞바다의 무인도 서건도 입구에 있다. 넓은 객실, 온수 풀 야외수영장, 객실내 자쿠지, 키즈 프렌들리 잔디정원 등 장점이 많다.
◎ 서귀포시 이어도로 826-6

까사로마호텔 서귀포 원도심 주요 명소까지 도보 10분 내로 닿을 수 있다. 전면 리뉴얼하여 시설이 깔끔하며, 공항버스 리무진 정류장이 바로 앞이라 편리하다. 루프톱 수영장(4~10월), 카페, 편의점을 갖추고 있으며 온돌방도 있다.
◎ 서귀포시 태평로 347 ☎ 064-733-2121

더퍼스트70호텔 서귀포 원도심 중심지에 있는 신축 호텔이다. 일부 객실과 루프톱 스카이파크에서 바다와 한라산을 조망할 수 있다. 온돌방이 있고, 조식도 가능하다. 숙박 요금이 저렴한 편이다. 올레시장과 이중섭거리를 걸어서 5분에 갈 수 있다.
◎ 서귀포시 명동로 46 ☎ 064-766-0077

켄싱턴리조트 서귀포점 절경으로 유명한 올레길 7코스가 지난다. 다양한 키즈 시설과 프로그램을 갖추고 있다. 야외 수영장도 있다.
◎ 서귀포시 이어도로 684

03 없는 게 없는 호캉스 호텔

제주의 자연을 품은 호텔에서 편안하고 아늑한 시간을 보내고 싶다면? 호텔에서 제공하는 모든 서비스를 누리는 호캉스가 정답이다. 수영장, 다양한 키즈 프로그램과 뷔페 등 호텔 안에서 즐길 거리가 가득하다. 아이, 엄마, 아빠 모두 만족스러운 시간을 보낼 수 있다.

그랜드조선 제주

호텔신라 제주와 롯데호텔 제주 북쪽 중문골프장과 인접해 있다. 스위트룸 객실동이 별도로 있어서 프라이빗 서비스와 시설을 즐길 수 있다. 일반 객실동도 깔끔하게 리뉴얼을 했으며, 키즈룸과 플레이룸이 같은 층에 있어 이용하기 편리하다. 사계절 실내외 온수 풀 옆에는 풀 사이드 바와 건식 사우나가 함께 있어 편리하며, 로비 옆엔 편의점도 있다. 아리아뷔페는 제주에서도 구성이 좋기로 이름나 있다.

📍 서귀포시 중문관광로72번길 60 📞 064-738-6600

호텔신라 제주

호캉스 하면 가장 먼저 떠오르는 호텔이다. 사계절 실내외 온수 풀, 레스토랑, 카페, 캠핑, 산책로, 키즈클럽 등 시설과 프로그램이 최고 수준이다. 모든 시설을 만끽하려면 하루가 부족할 정도다. 산책로 또한 아름답고 아침엔 동물 먹이 주기 체험도 할 수 있다. 밤에는 야외 수영장에서 수준급 공연을 즐기며 휴가의 기분을 제대로 느낄 수 있다. 일부러 찾아와서 먹는 한우차돌박이짬뽕, 애플망고빙수, 더파크뷰 뷔페는 이 호텔의 명물이다.

📍 서귀포시 중문관광로72번길 75 📞 064-735-5114

제주 해비치 호텔앤드리조트

제주 동남쪽 표선에 있다. 표선해수욕장과 제주민속촌까지 걸어서 갈 수 있으며, 객실의 70%가 오션 뷰다. 100평 규모의 어린이 교육 놀이 공간 '모루'와 실내 키즈 놀이터 '놀멍'은 투숙객 전용 무료 시설이다. 온 가족이 즐기는 보드게임 공간 '모드락'과 '엔터테인먼트 존' 등이 있어 호텔에만 머물러도 지루할 틈 없다. 부가부 유모차, 유아용 침대와 가드 등 다양한 육아용품도 대여해준다. 파도소리를 들으며 즐길 수 있는 야외풀은 사계절 온수 시스템이다. 호텔 투숙객은 무료이며, 리조트 투숙객은 추가 요금을 내야 한다.

◎ 서귀포시 표선면 민속해안로 537 ☎ 064-780-8100

ONE MORE

여기도 좋아요!

파르나스호텔 제주 중문의 호텔 중에서 뷰가 가장 좋다. 국내 최장 110m 인피니티풀에서 즐기는 바다는 가상 세계에 들어와 있는 것처럼 황홀하다.

◎ 서귀포시 중문관광로72번길 100

롯데호텔 제주 키즈카페, 오락실, 볼링장 등 온 가족이 즐길 수 있는 시설을 갖추고 있다. 키즈 특화 온수 풀 '해온'을 사계절 운영하며, 제주 유일의 어린이 전용 슬라이드도 있다. 헬로키티 캐릭터룸이 인기 만점이다.

◎ 서귀포시 중문관광로72번길 35 ☎ 064-731-1000

WE호텔 한라산 숲속에 자리해 조용하고 한적하다. 사계절 온수 풀, 다양한 테라피 프로그램을 갖추고 있다. 중문관광단지에서 차로 15분 걸린다.

◎ 서귀포시 1100로 453-95

신화월드 랜딩관과 메리어트관 두 호텔 모두 제주 최대 리조트 단지 안에 있다. 테마파크, 워터파크 등 다양한 액티비티와 부대시설을 갖추고 있다.

◎ 서귀포시 안덕면 신화역사로 304번길 38

5성급 호텔은 아니지만, 특색 있는 서비스와 시설을 부담스럽지 않은 가격에 만나볼 수 있는 호텔과 리조트 만 모았다. 아이들과 함께 가기 좋기로 입소문이 자자하니 예약을 서두르자!

다인오세아노 호텔

애월해안도로에 있다. 이곳의 최고 매력은 루프톱 인피니티풀. 바다와 수영장이 만나는 푸른 배경에선 셔터를 누를 때마다 인생 사진이 나온다. 야외에는 작지만 어린이 전용 풀장도 있다. 거실과 방 2개, 자 쿠지, 화장실 2개가 있는 객실이 있어 가족 단위로 이용하기 좋다. 1층엔 조식 뷔페와 카페가, 루프톱에 는 라이브 바가 있다.

◎ 제주시 애월읍 애월해안로 394 ☎ 064-799-2600

더그랜드 섬오름

서귀포 신시가지 법환포구에 있는 가성비 좋은 호텔 이다. 범섬 뷰를 만끽하며 야외 온수 풀과 자쿠지를 즐길 수 있다. 산책하기 좋고 포구 근처 편의시설도 많다. 룸은 크지 않지만, 욕조도 있고 실내 수영장과 사우나도 갖추고 있어 가성비가 좋은 호텔이다. 레스 토랑 테라스가 야외 수영장 바로 옆이라 칵테일과 음 식을 즐기기 좋다. 레스토랑과 카페의 메뉴 구성과 가 격대가 매력적이라 부담 없이 호캉스를 즐기기 좋다.

◎ 서귀포시 막숙포로 118 ☎ 064-800-7240

ONE MORE
여기도 좋아요!

흰수염고래리조트 잔디밭 놀이터, 놀이방 식당, 동물 모양 단독 객실, 야외 수영장여름을 갖추고 있다. 애월해안도로에서 5분 거리다.
◎ 제주 애월읍 일주서로 6818

유탑유블레스호텔 제주 함덕해수욕장 앞 오션 뷰 호텔이다. 모던 료칸 룸, 온돌 룸, 루프톱 휴식 공간, 탁구장 등을 갖추고 있다. 조식도 가능하다.
◎ 제주시 조천읍 조함해안로 502

샐리스호텔 애월 바다가 보이는 오션 뷰 객실을 갖추고 있다. 사계절 온수 풀과 BBQ를 함께 즐길 수 있다. ZOO 콘셉트 키즈룸이 수영장과 가까워 이용하기 좋다. ◎ 제주시 애월읍 고내로 46

더포그레이스리조트

성산일출봉과 우 도가 보이는 해안 리조트이다. 5~10 월 오픈하는 미온 수 야외 수영장과 놀이방이 있는 키즈 존이 있어 밖으로 나가지 않아도 심심할 틈 없다. 온돌, 패밀리룸을 비롯 다양한 객실 이 있으며, 공주 캐릭터로 꾸민 프리미어 키즈 트윈룸 이 인기가 많다. 테라스에서 수영장이 바로 보인다.

◎ 서귀포시 성산읍 해맞이해안로 2670 ☎ 064-797-7700

05 아이들의 천국 키즈 펜션

단독 수영장, 키즈카페를 방불케 하는 놀이시설, 다양한 육아용품……. 아이들에겐 천국 같은 키즈 펜션을 소개한다. 시설과 서비스도 훌륭하니 아이들이 펜션에서 나가려고 하지 않을 정도다. 흠이라면 가격이 비싸다는 점이다. 두 가족이 하루 정도 쉬어 가는 느낌으로 묵으면 딱 좋다.

더아이 키즈 풀빌라

제주 동쪽 평대리의 조용한 마을에 있는 풀빌라 2층 펜션이다. 1층엔 다양한 놀잇감이 있는 키즈 거실과 사계절 온수 수영장이 있다. 2층엔 대형 TV가 있는 거실, 키즈 룸과 패밀리 침대가 있는 침실이 있다. 바다가 보이는 잔디마당에서 바비큐를 즐길 수 있다. 걸어서 2분이면 해안도로에 닿을 수 있어 동쪽 제주의 정취를 제대로 즐길 수 있다.

⊙ 제주시 구좌읍 평대서길 40 ☎ 010-6706-1766

디포레 카라반 파크

구좌읍 송당리 숲속에 있는 규모가 제법 큰 카라반 숙소다. 카라반 종류가 셋 이상이며, 내부는 미국 트레일러 스타일로, 4명이 지내기에 충분하다. 개별 화장실과 샤워실이 있으며, 공동 샤워장도 있다. 일반 캠핑 사이트도 있어 장비만 가져오면 캠핑도 OK. 물놀이 보트, 모래놀이, 농구대, 잔디밭, 방방이 등 놀거리가 풍부하고, 밤에는 캠프파이어도 준비되어 있다. 카라반마다 데크가 있어 편안하고 오붓하게 바비큐도 즐길 수 있다. 벌레가 적은 봄, 가을에 찾는 게 좋다.

⊙ 제주시 구좌읍 송당6길 78-1 ☎ 064-784-2417

아이노리터 키즈 펜션

서귀포 도순동의 귤밭에 지은 신축 키즈 펜션이다. 50평 규모의 아이동과 노리터동으로 나누어져 있으며, 두 공간을 4~10인이 이용할 수 있다. 2층에서 1층까지 네트 놀이방과 미끄럼틀로 이어져 있어 어른들도 함께 놀며 동심으로 돌아갈 수 있다. 실내 온수 풀이 있으며, 겨울에는 귤 따기 체험도 할 수 있다. 너른 잔디 마당과 데크에서 남국의 정취를 즐기며 한라산을 감상할 수 있다.

⊙ 서귀포시 도순남로 44-25 ☎ 010-4940-2063

스테이아이

2022년 5월 애월읍 장전리의 한적한 곳에 오픈한 독채 키즈 풀 빌라이다. 새로 생긴 만큼 눈이 휘둥그레지는 시설을 갖추고 있다. 루프톱의 해먹 그물을 비롯하여 넓은 실내 온수 풀과 모래놀이장이 즐거움을 북돋운다. 2층에서 1층으로 내려올 땐 스틸 슬라이드를 타고 신나게 내려올 수 있고, 최고급 전자기기를 갖추고 있어 다양한 재미를 누릴 수 있다. 침실은 2개로, 8명까지 이용할 수 있어 여러 가족이 함께 여행할 때 좋다.

⊙ 제주시 애월읍 광상로 411-13 ☎ 010-5960-0304

여기도 좋아요!

쉼127 키즈 가족 펜션

한림 오일장과 협재해수욕장에서 가까운 가성비 좋은 키즈 펜션이다.

◎ 제주시 한림읍 옹포남2길 25

나무앤씨 키즈펜션

가격이 합리적인 친환경 목조 키즈 펜션이다. 협재와 금능해수욕장에서 5분 거리인 월령리 선인장 마을에 있다. 실내 놀이방 및 야외 놀이터가 있다.

◎ 제주시 한림읍 월령2길 40-67

몽키즈

사계절 실내 온수 풀과 넓은 잔디 마당 놀이터를 갖추고 있다.

◎ 제주시 조천읍 교래리 183

풀스토리 키즈풀빌라펜션

실내 놀이방, 사계절 온수 풀과 넓은 마당을 갖추고 있다.

◎ 제주시 구좌읍 월정중길 12

비자림스테이

40평대 키즈 테마 독채 숙소 단지이다. 단기 숙박부터 한달살이도 가능하다.

◎ 제주시 구좌읍 다랑쉬북로 61

서툰가족

산방산이 보이는 모던한 가족 펜션이다. 감성 가득한 인테리어가 매력적이다.

◎ 서귀포시 안덕면 사계중앙로 41-15

나무와 아이

교래리 삼다수 마을 한적한 곳에 있는 독채 키즈 풀빌라로, 다락방 놀이 공간과 두 개의 침실을 갖추고 있다. 널찍하고 편안한 공간과 비교적 저렴한 가격이 매력적이다.

◎ 제주시 조천읍 비자림로 699-53

가족키즈펜션M

다양한 육아용품과 장난감을 갖춘 가족 펜션. 산방산과 중문관광단지에서 가깝다.

◎ 서귀포시 안덕면 화순로 191-25

아몽가

제주 전통 가옥인 돌집을 키즈 펜션으로 리모델링했다. 본채, 키즈카페, 실내 바비큐장 등 3채로 구성돼 있다.

◎ 서귀포시 대정읍 영락중동로8번길 10

채움키즈풀빌라

독채형이다. 사계절 실내 온수가 나오는 풀빌라 4채로 구성돼 있다. 키즈 룸, 바비큐장을 갖추고 있다.

◎ 서귀포시 대포중앙로 44

제주해바라기펜션

가족 스파 키즈 룸부터 최대 15인 대가족 키즈 룸까지 객실이 다양하다.

◎ 서귀포시 표선면 일주동로6285번길 13-12

3대가 모이거나 여러 가족이 함께 모일 때 가기 좋은 숙소를 소개한다. 여럿이 모여 앉을 수 있는 커다란 거실과 테이블, 2개 이상의 화장실, 각자 편하게 쉴 수 있는 방 등을 살펴 두 곳을 엄선했다.

휘닉스제주 섭지코지

섭지코지에 있는 고급 리조트이다. 성산일출봉, 우도 등 숙소에서 가까운 명소 일정을 소화하기 좋다. 방 2개와 거실을 갖춘 54평 스위트룸에선 8명까지 머무를 수 있다. 사계절 온수 풀, 레스토랑 및 다양한 부대시설과 키즈프로그램을 갖추고 있다. 섭지코지까지 이어지는 드넓은 산책로는 가족이 함께 즐거운 추억을 만들 수 있는 멋진 코스다. 아쿠아플라넷이 바로 옆이어서 아이와 더불어 바다 동물과 해양 체험을 하기 편리하다. 사방이 오션 뷰인 레스트랑 민트도 바로 옆에 있다.

⊙ 서귀포시 성산읍 섭지코지로 107 ☎ 1577-0069

서머셋 제주신화월드

테마파크, 워터파크, 푸드코트 등 제주 최대 리조트 시설인 신화월드에 있는 가족여행 숙소로, 고급 빌라촌을 연상케 한다. 침실 3개, 욕실 2개, 풀 옵션 주방을 갖췄다. 방송에도 자주 소개될 만큼 럭셔리 가족 여행에 이상적인 숙소다. 투숙객은 수영장, 찜질방 등을 이용할 수 있으며 상가동에는 마트 부럽지 않은 대형 편의점과 베이커리 카페 등이 있다.

⊙ 서귀포시 안덕면 신화역사로304번길 89 ☎ 1670-8800

07 가성비 만점 펜션과 민박

합리적인 가격에 우리 가족만 오붓하게 보내기 좋은 숙소는 없을까? 그래서 준비했다. 가성비 좋은 펜션과 민박. 낮에는 제주도 정취가 스며든 마을을 산책하고, 밤에는 바비큐를 즐기며 가족애를 확인해보자.

애월여가한옥

신축 한옥 독채 펜션이다. 소나무 숲으로 둘러싸여 있어 머무는 것만으로도 힐링이 된다. 조식이 무료이며, 숙박비는 7~17만 원으로 크게 부담스럽지 않다. 미니 바이킹과 외줄 그네, 미끄럼틀, 트램펄린, 노래방 등이 있다. 5~9월에는 유리 온실 수영장을 개장한다. ⓥ 제주시 애월읍 천덕로 399-86 ☏ 010-9581-1400

귤낭귤낭

남원의 감귤 과수원을 품은 목조 농어촌 민박이다. 2층 전체를 5인까지 독채로 사용할 수 있다. 멀리 바다가 보이고, 테라스에선 한라산도 조망할 수 있다. 여름엔 수국 향이 가득하고, 겨울에는 동백꽃이 흐드러지게 핀다.
ⓥ 제주 서귀포시 남원읍 남한로 185-4 ☏ 010-7176-5082

우도 돌담길 민박

천진항 근처 구옥을 리모델링했다. 안채는 두 가족까지 머물 수 있으며, 바깥채는 원룸형이다. TV는 없지만, 에어컨, 제습기, 세탁기 등 최신 시설을 갖추고 있다. 마당과 데크에서 섬마을의 정취를 느끼며 바비큐를 즐길 수 있다. 에어비앤비에서 예약 가능. ⓥ 제주시 우도면 하우목길 8-10 ☏ 010-7551-8251

-------- ONE MORE --------
여기도 좋아요!

로그밸리펜션 애월읍 산속에 있는 통나무집이다. 잔디밭이 넓고, 동물 먹이 주기 체험도 가능하다. ⓥ 제주시 애월읍 소길남길 190-19

제주마중펜션 금능해수욕장 바로 앞이라 경치가 끝내준다. 일몰과 일출이 아름답다. 물놀이와 바다 체험이 가능해 더 좋다. ⓥ 제주시 한림읍 금능9길 10-1

오늘 하루도 제주 마당이 있는 전통 가옥을 세련된 민박으로 리모델링했다. 금능 해안 마을 정취를 느낄 수 있어서 좋다. ⓥ 제주시 한림읍 금능5길 7

사계스테이 형제해안로 앞에 있는 바다 전망 가성비 숙소. 도보 이동 거리에 바닷가, 편의점, 맛집, 카페가 있어서 편하다. ⓥ 서귀포시 안덕면 형제해안로 24

고파크 에코랜드 앞에 있는 가성비 좋은 신축 펜션이다. 실내외가 널찍하고 시설이 깔끔하다. 온돌도 있다. ⓥ 제주시 조천읍 남조로 2044-38

월정소랑 월정리의 프라이빗 렌탈하우스이다. 바다까지 도보 5분. 깔끔한 실내외와 잔디밭 정원을 갖추고 있다. ⓥ 제주시 구좌읍 월정1길 79-3

08 숲속의 힐링 숙소 자연휴양림

제주 숲속에서 보내는 하룻밤은 그야말로 지상 낙원이다. 맑은 공기를 마시며 자연 속에서 최고의 힐링을 경험하자. 노루들이 벗처럼 찾아오고, 밤에는 별이 무수히 빛난다. 예약 경쟁이 치열하니 시간 맞춰 빠르게 클릭하자! 휴양림 예약 사이트 foresttrip.go.kr

붉은오름자연휴양림

숲 체험 휴양림의 정석! 유모차가 갈 수 있는 삼나무 데크 산책로와 널찍한 유아 숲 놀이터, 목재 문화 체험장까지 갖추고 있다. 제주도 내 휴양림 중 가장 최근에 지은 건물이라 깔끔하다. 오름은 물론 산책로도 여럿이며, 상대적으로 덜 알려져 인파로 붐비지 않아 좋다. 사려니 숲길이 바로 옆이다.

◎ 서귀포시 표선면 남조로 1487-73 📞 064-760-3481

제주교래자연휴양림

제주의 허파, 곶자왈에 펼쳐진 드넓은 잔디밭에서 마음껏 뛰놀 수 있다. 야영장 쪽으로 가면 최근 오픈한 유아 숲체원이 산책로를 따라 길게 펼쳐진다. 흔들리는 나뭇잎 사이로 스며드는 빛을 맞으며 그네를 타고 통나무 균형대를 걸어 보자.

◎ 제주시 조천읍 남조로 2023 📞 064-710-7475

행복한 가족 여행을 위한 베스트 추천 코스 5

베스트 추천 코스 1 바다와 숲을 넘나드는 서쪽 2박 3일

Day 1

12:30
🍴
모들한상
마당과 놀이공간이 있는
제주 로컬 퓨전 레스토랑

자동차 5분

13:30
📷
애월해안도로
제주 서쪽 해안 드라이브

자동차 5분

자동차 13분

한담해안산책로
유모차도 가능한
찬란한 해안 산책길,
작은 해변도 있다
or
곽지해수욕장
용천수와 낭만적인
백사장에서 바다놀이

20:00
📷
루나폴
저녁부터 빛을 내는 12만평
디지털 테마파크
or
**롯데/신라호텔/
파르나스호텔**
밤에도 아름다운
중문관광단지 정원 산책

자동차 13분

18:00
🍴
항해진미
환상적인 선셋 펍 다이닝에서
만찬을

Day 3

10:00
📷
송악산
유모차도 갈 수 있는
해안 절경 둘레길

자동차 1분

11:30
📷
형제해안로
수식어가 필요 없는
환상적인 해안 드라이브

자동차 3분

11:50
🍴
해조네
천연재료로 맛을 내는 정갈한
보말성게요리 전문점
or
까사디노아
대평리 포구 앞의
작은 이탈리아 맛집

자동차 3분

제주도 면적은 서울의 약 3배로 무척 넓다. 한정된 시간 동안 동서남북을 다 돌아보려면 이동만 하다 끝날 수 있다. 준비할 것도 많은데, 일정까지 짜기엔 머리가 지끈지끈한 엄마 아빠를 위해 준비했다. 제주도민이 보장하는 즐거운 여행 코스! 우리처럼 놀아요, 요렇게!

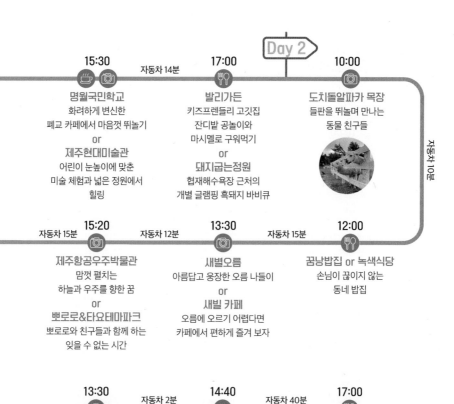

Day 2

15:30
자동차 14분
명월국민학교
화려하게 변신한
폐교 카페에서 마음껏 뛰놀기
or
제주현대미술관
어린이 눈높이에 맞춘
미술 체험과 넓은 정원에서
힐링

17:00
발리가든
키즈프렌들리 고깃집
잔디밭 공놀이와
마시멜로 구워먹기
or
돼지굽는정원
협재해수욕장 근처의
개별 글램핑 흑돼지 바비큐

10:00
도치돌알파카 목장
들판을 뛰놀며 만나는
동물 친구들

자동차 10분

15:20
자동차 15분
제주항공우주박물관
맘껏 펼치는
하늘과 우주를 향한 꿈
or
뽀로로&타요테마파크
뽀로로와 친구들과 함께 하는
잊을 수 없는 시간

13:30
자동차 12분
새별오름
아름답고 웅장한 오름 나들이
or
새빌 카페
오름에 오르기 어렵다면
카페에서 편하게 즐겨 보자

자동차 15분

12:00
꿈낭밥집 or 녹색식당
손님이 끊이지 않는
동네 밥집

13:30
자동차 2분
산방산
신비로운 산에서 즐기는
시원한 바다 전망

14:40
자동차 40분
원앤온리
산방산과 바다를 품은
라운지 카페에서 힐링하며 뛰놀기

17:00
이운 소나이
조미료를 쓰지 않는
깔끔한 고기국수와 국밥
+
공항에서 가까운
'용담해안도로'에서
마지막 추억을 남기자.
바다 전망 놀이터도 있다.

Day 1

12:30
🍴

자동차 20분

골막식당
현지인의 사랑을 받는
명불허전 고기국수

13:30
📷

자동차 20분

아침미소목장
동화 같은 풍경에서
즐기는 목장 체험.
아이스크림 만들기는
예약 필수

16:00
📷

자동차 20분

절물자연휴양림
몽환적인 삼나무숲을 거닐며
자연 속에서 힐링을
or
노루생태관찰원
노루 먹이 주기, 목공체험,
놀이터, 오름 둘레길이
한곳에

Day 3

10:00
📷

비자림
신비로운 천년의 숲을
도란도란 걸어보자
or
해안도로 드라이브
월정-평대-세화-하도로
이어지는 해안도로를 따라
드라이브

18:20
🍴

청파식당횟집
산지에서만 맛볼 수 있는
고등어회 즐기기
or
한울타리한우
제주한우협회장이 운영하는
가심비 정육식당

자동차 20분

12:00
🍴

자동차 5분

교래곶자왈손칼국수
제주 토종닭 육수로 끓인
푸짐한 칼국수

13:20
📷

자동차 10분

에코랜드
기차타고 떠나는
곶자왈 테마파크 여행
or
삼다마을목장
사계절 썰매타기와
먹이주기 체험을 할 수 있는
신나는 테마파크

15:40
📷

자동차 40분

말로
먹이 주기 체험과
초원의 이국적인 정원이 있는
목장 카페

18:00   자동차 20분   **20:20**   **10:00**

흑섬
바다 전망 흑돼지 근고기집
or
모두락 화로구이
좌식 테이블과 놀이방이 있는
도민 고기 맛집

별빛누리공원
멋진 야경 구경과
알찬 천문 체험을 할 수 있는
천문과학관

함덕해수욕장
에메랄드빛 해변과
바다 위에 떠 있는 듯한
'델문도' 카페

자동차 13분

17:00   자동차 15분   **14:20**   자동차 1분   자동차 20분   **13:00**

아부오름
정상에서 만나는
눈부신 굼부리의 절경

스누피가든
스누피와 함께 즐기는
신나는 어드벤처와
자연 속 힐링

선흘곶
산골식당에서 즐기는
제주 건강 밥상.
정원엔 미끄럼틀도 있다

17:40

제주미담
제주산 고기로 만든
향토 음식을 푸짐하게 즐기자

➕

공항에서 가까운
'용담해안도로'에서
마지막 추억을 남기자.
바다 전망 놀이터도 있다.

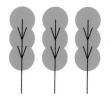

베스트 추천 코스 3 남국의 품 안에서, 서귀포 2박 3일

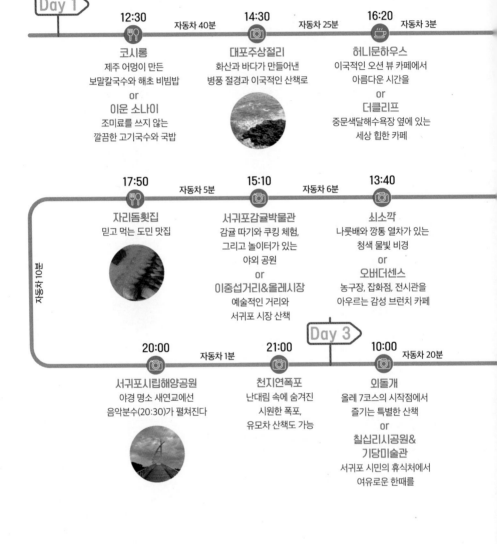

Day 1

12:30
자동차 40분
코시롱
제주 어멍이 만든
보말칼국수와 해초 비빔밥
or
이운 소나이
조미료를 쓰지 않는
깔끔한 고기국수와 국밥

14:30
자동차 25분
대포주상절리
화산과 바다가 만들어낸
병풍 절경과 이국적인 산책로

16:20
자동차 3분
허니문하우스
이국적인 오션 뷰 카페에서
아름다운 시간을
or
더클리프
중문색달해수욕장 옆에 있는
세상 힙한 카페

17:50
자동차 5분
자리돔횟집
믿고 먹는 도민 맛집

15:10
자동차 6분
서귀포감귤박물관
감귤 따기와 쿠킹 체험,
그리고 놀이터가 있는
야외 공원
or
이중섭거리&올레시장
예술적인 거리와
서귀포 시장 산책

13:40
쇠소깍
나룻배와 깡통 열차가 있는
청색 물빛 비경
or
오버더센스
농구장, 잡화점, 전시관을
아우르는 감성 브런치 카페

자동차 10분

Day 3

20:00
자동차 1분
서귀포시립해양공원
야경 명소 새연교에선
음악분수(20:30)가 펼쳐진다

21:00
천지연폭포
난대림 속에 숨겨진
시원한 폭포,
유모차 산책도 가능

10:00
자동차 20분
외돌개
올레 7코스의 시작점에서
즐기는 특별한 산책
or
칠십리시공원&
기당미술관
서귀포 시민의 휴식처에서
여유로운 한때를

17:30

소라의성
세상에 이런 뷰가!
무료 북카페까지
가볍게 걸을 수 있는 산책로
or
서귀포칼호텔
뛰놀 곳이 필요하다면
이곳 정원이 으뜸

자동차 4분

18:30

구두미연탄구이
모래놀이장과 잔디밭이 있는
예스키즈 존 흑돼지 근고기집
or
아솔
글램핑 텐트 안에서 구워 먹는
육즙 가득 솥뚜껑 삼겹살

자동차 7분

20:00

로즈마린
서귀포항의 낭만을 품은
가족 친화적인 야외 주점

Day 2

자동차 6분

12:30

띠미
제주산 재료로 만든
따뜻한 한끼
or
보목포구
제주식 된장 물회의 메카

자동차 15분

10:00

상효원
8만 평의 비밀 정원.
목재 놀이터와
관람 열차도 있다
or
코코몽에코파크
숲속 테마파크와
오션 뷰 레스토랑

11:50

씨에스호텔앤리조트
눈부신 바다와 뜰을 벗 삼아
즐기는 올 데이 브런치.
넓은 정원은 아이들 놀이터
or
UDA
범섬과 파노라마 오션 뷰에서
즐기는 브런치

자동차 3분

14:30

여미지식물원
3만 4천 평에 펼쳐진 꽃과
나무의 예술 정원.
관람차도 즐겁다

자동차 5분

17:00

예래고을
돌솥밥과 갈치조림 등이
맛있는 정갈한 맛집

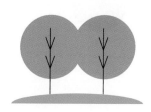

베스트 추천 코스 4 아이도 엄마, 아빠도 즐거운 3박 4일

Day 1

12:30
골막식당
명불허전 고기국수

자동차 20분

13:30
아침미소목장
동화 같은 풍경에서
즐기는 목장 체험.
아이스크림 만들기는
예약 필수

자동차 20분

16:20
절물자연휴양림
몽환적인 삼나무숲에서
힐링을
or
노루생태관찰원
노루 먹이 주기, 목공체험,
놀이터, 오름 둘레길이
한곳에

자동차 20분

Day 3

베로 15분 + 차로 12분

12:30
소섬전복
전복 요리 세트로
즐길 수 있는
예스키즈 존 식당

자동차 7분

오전
하고수동해수욕장
한적한 비치는
우리만의 무대

19:00
해와달그리고섬
싱싱하고 푸짐한
해산물 파티

자동차 5분

15:30
우도
지중해를 닮은
아름다운 섬에서의
하룻밤

Day 4

14:30
아쿠아플라넷
동양 최대 해양수족관
or
성산일출봉
산책로만 즐겨도
멋짐 뿜뿜하는
세계자연유산

자동차 20분

18:30
한아름식당
or
제주흑돈세상수라간
표선점
도민들이 극찬하는
진짜 제주 돼지고기구이

자동차 2분

20:10
표선해수욕장
밤바다 산책
or
해비치 호텔
해안가 정원 산책
or
제주허브동산
밤 10시까지 야간개장

10:00
보롬왓
사계절 꽃밭에서
아이는 생생한 자연 체험,
엄마 아빠는 완벽한 힐링!
or
제주민속촌
옛날 제주 사람들은
어떻게 살았을까

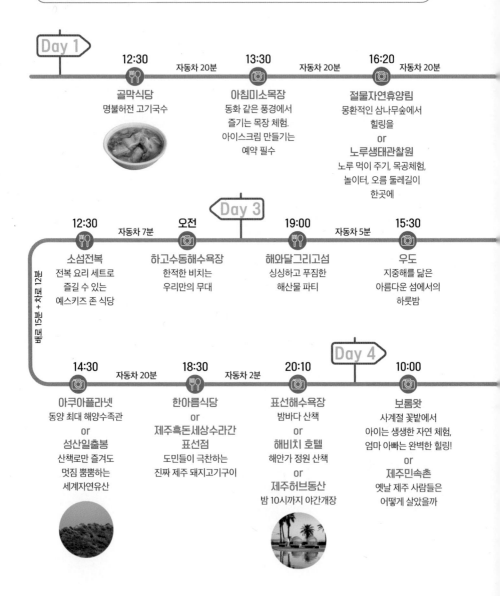

Day 2

18:00
자동차 20분

흑섬
바다 전망 흑돼지 근고기집
or
모두락 화로구이
좌식 테이블과 놀이방이 있는
고기구이 맛집

20:20

별빛누리공원
멋진 야경과 천문체험을
할 수 있는 알찬 천문과학관

10:00

월정-평대-세화바다
환상 세계로 가는 해안도로
or
해녀박물관
바다 전망대와
놀이공간이 있는
어린이 해녀관

자동차 12분

15:00
배로 15분

성산포항여객종합터미널

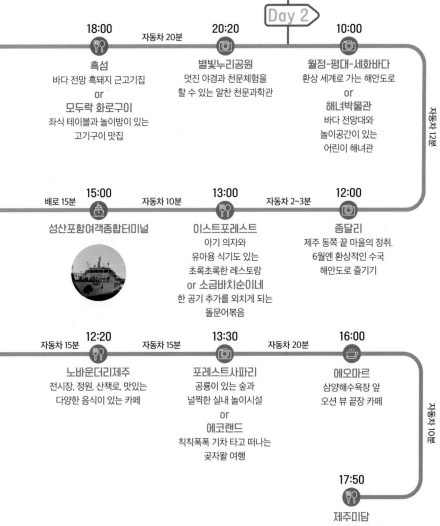

13:00
자동차 10분

이스트포레스트
아기 의자와
유아용 식기도 있는
초록초록한 레스토랑
or 소금바치순이네
한 공기 추가를 외치게 되는
돌문어볶음

12:00
자동차 2~3분

종달리
제주 동쪽 끝 마을의 정취.
6월엔 환상적인 수국
해안도로 즐기기

12:20
자동차 15분

노바운더리제주
전시장, 정원, 산책로, 맛있는
다양한 음식이 있는 카페

13:30
자동차 15분

포레스트사파리
공룡이 있는 숲과
널찍한 실내 놀이시설
or
에코랜드
칙칙폭폭 기차 타고 떠나는
곶자왈 여행

16:00
자동차 20분

에오마르
삼양해수욕장 앞
오션 뷰 끝장 카페

자동차 10분

17:50

제주미담
도민 맛집에서 향토음식 즐기기
+
공항에서 가까운 '용담해안도로'에서
마지막 추억을 남기자.
바다 전망 놀이터도 있다.

베스트 추천 코스 5 온 가족이 행복한 여름 휴가 4박 5일

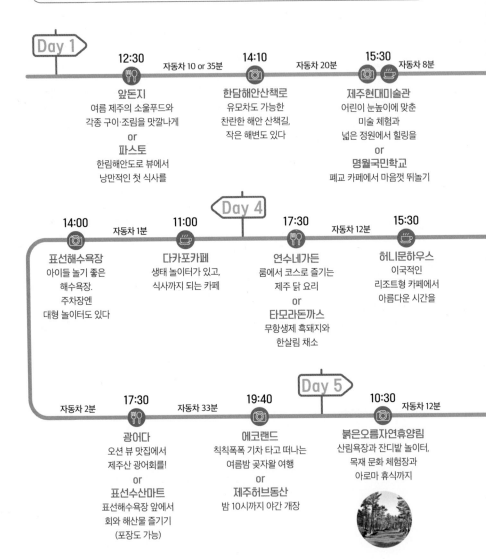

Day 1

12:30
앞돈지
여름 제주의 소울푸드와
각종 구이·조림을 맛깔나게
or
파스토
한림해안도로 뷰에서
낭만적인 첫 식사를

자동차 10 or 35분

14:10
한담해안산책로
유모차도 가능한
찬란한 해안 산책길,
작은 해변도 있다

자동차 20분

15:30
제주현대미술관
어린이 눈높이에 맞춘
미술 체험과
넓은 정원에서 힐링을
or
명월국민학교
폐교 카페에서 마음껏 뛰놀기

자동차 8분

Day 4

14:00
표선해수욕장
아이들 놀기 좋은
해수욕장.
주차장엔
대형 놀이터도 있다

자동차 1분

11:00
다카포카페
생태 놀이터가 있고,
식사까지 되는 카페

17:30
연수네가든
룸에서 코스로 즐기는
제주 닭 요리
or
타모라돈까스
무항생제 흑돼지와
한살림 채소

자동차 12분

15:30
허니문하우스
이국적인
리조트형 카페에서
아름다운 시간을

Day 5

17:30
광어다
오션 뷰 맛집에서
제주산 광어회를!
or
표선수산마트
표선해수욕장 앞에서
회와 해산물 즐기기
(포장도 가능)

자동차 2분

자동차 33분

19:40
에코랜드
칙칙폭폭 기차 타고 떠나는
여름밤 곶자왈 여행
or
제주허브동산
밤 10시까지 야간 개장

10:30
붉은오름자연휴양림
산림욕장과 잔디밭 놀이터,
목재 문화 체험장과
아로마 휴식까지

자동차 12분

Day 2

17:00
발리가든
키즈프렌들리 고깃집.
잔디밭 공놀이와
마시멜로 구워먹기
or
돼지굽는정원
협재해수욕장 근처
글램핑 흑돼지 바비큐

10:00
제주항공우주박물관
맘껏 펼치는
하늘과 우주를 향한 꿈

자동차 15분

13:30
금능샌드
달걀 듬뿍 현무암 샌드위치와
든든한 파니니 테이크아웃

자동차 1분

Day 3

10:00
신화월드
제주 최대 워터파크에서
신나는 하루!
or
WE호텔
투숙하지 않아도
이용할 수 있는 숲속 수영장

자동차 35분

19:00
일품 횟집
상다리가 부러지는
도민 맛집

자동차 8분

14:00
금능해수욕장
제주 바다에서
원 없이 놀아보자

13:00
낭뜰에쉼팡
상다리 부러지게 나오는
만족스러운 정식

자동차 15분

15:30
조함해안로
함덕에서 시작하는
멋진 해안로 드라이브
or
아침미소목장
동화 같은 풍경에서
목장 체험을.
아이스크림 만들기는 예약 필수

자동차 15분

17:40
제주미담
제주산 고기로 만든 향토음식
✚
공항에서 가까운
'용담해안로'에서
마지막 추억을 남기자.
바다 전망 놀이터도 있다.

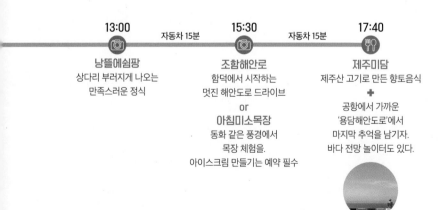

PART 2

맞춤 테마 여행

▼▼▼▼

제주를 행복하게 여행하는
12가지 방법

내 손으로 따서 먹는 과일 체험농장

갓 딴 싱싱한 과일 맛을 설명해 무엇하랴!
입안에선 과육이 톡 터지고, 향긋한 내음은 손안에 오래도록 남는다.
아이들에게 마트 진열대가 아닌 주렁주렁 나무에 열린 과일을 보여주고
직접 따보게 하는 것만큼 좋은 체험 학습이 또 있을까.
농장에 따라 체험비가 다르다. 방문 전 전화로 확인하자.

01 딸기, 빨갛고 탐스러워 2월~5월

제주에도 딸기가 난다. 하우스에 들어서면 달콤한 향기가 진동한다. 빨갛게 익은 딸기를 보면 군침이 절로 돈다. 바구니 한가득 딸기를 담은 아이들이 함박웃음을 짓는다. 아이들 눈높이에 맞게 열매가 달려 있고, 손으로 따서 바로 먹을 수 있다. 제주 딸기는 대부분 무농약이라 더 좋다.

딸기나무
제주 동부 구좌읍 행원리에 있는 딸기 체험농장이다. 체험 시간은 한 시간이다. 체험하는 동안 맘껏 따서 먹고, 나갈 때 500g을 가져갈 수 있다. 네이버 예약 필수.
ⓥ 제주시 구좌읍 덕행로 323 📞 010-8438-6989
🌐 인스타그램 b2rry_nice

제주별딸기
수확부터 케이크 만들기 체험까지 가능한 농장
ⓥ 제주시 애월읍 어음서1길 7
📞 010-5077-1621 🌐 인스타그램 jeju_star_strauberry

아꼬아체험농장
딸기 맘껏 따먹기와 퐁듀 체험이 가능한 농장
ⓥ 서귀포시 남원읍 생기악로 47-38 아꼬아체험농장
📞 010-9458-2247 🌐 인스타그램 akkoa_farm_jeju

02 블루베리, 싱싱한 여름의 슈퍼푸드 5월 말~8월 말

폴개협동조합은 예비적 사회기업으로, 블루베리를 유기농으로 재배한다. 까다롭기로 유명한 백화점 식품관에도 들어간다. 유기농이니 그 자리에서 톡톡 따먹어도 걱정 없다. 직접 딴 블루베리로 케이크와 청 만들기 체험도 할 수 있다. 겨울에는 감귤 따기 체험도 진행한다. 농장과 만들기 체험 장소가 다르므로 사전에 전화로 문의하고 가는 게 좋다.

농장
ⓥ 서귀포시 남원읍 원님로 465-24
₩ 블루베리 따기 체험 10,000원

만들기 체험장
ⓥ 서귀포시 남원읍 원님서로326번길 38-51
📞 064-764-0116 ₩ 블루베리 케이크 만들기 15,000원, 블루베리 청 만들기 10,000원, 수공예품 체험 10,000~15,000원 🌐 홈페이지 polgae.com 인스타그램 jeju.polgae

03 바나나, 제주산 열대과일 연중

열대과일농장 유진팡
해설사 동반 열대과일 체험농장. 놀이터와 동물 먹이 주기 체험장 등도 갖추고 있다. 잼, 장아찌 만들기, 귤 따기 체험도 가능하다. 여름은 하우스라 덥고 모기가 많다. 시원한 계절에 가자.
ⓥ 서귀포시 남원읍 원님로399번길 31-7 📞 010-3747-6896
🌐 인스타그램 jeju_yujinfang_official

새콤달콤 감귤 따러 가자

제주의 열매! 11월이 되면 제주 어딜 가나 귤이 주렁주렁 매달려 있는 모습을 볼 수 있다. 귤림추색귤이 주렁주렁 열린 귤밭 풍경. 영주십이경 중 하나이다이라는 말이 있을 정도로 영롱한 황금색 열매가 섬을 빛낸다. 제주 감귤은 11세기 이전부터 재배되었다. 당시엔 매우 중요한 진상품이었다. 전통 감귤, 한라봉, 천혜향, 레드향 등 감귤의 종류도 다양하다. 노지 감귤은 비교적 손쉽게 딸 수 있어 체험농장도 가장 많다. 아이 데리고 가기 편하며, 포토존 등 즐길 거리를 갖춘 곳만 골라 소개한다.

감귤나무숲

다양한 종류의 만감류 체험을 사계절 즐길 수 있다. 감각적인 포토 존이 돋보이며, 공항에서 가까운 거리에 있다.

⊙ 제주시 도련남3길 81 ☎ 064-752-7733
🌐 인스타그램 jejudrforest

보메와산 감귤체험농장

체험비 5천 원에 1kg을 따갈 수 있다. 포토존, 카페, 잔디밭, 자연 친화적인 놀이터에서 추억 남기기 좋다!

⊙ 제주시 조천읍 와산리 1194 ☎ 010-3698-6448
🌐 인스타그램 bomews

달달미깡감귤밭

맛있기로 유명한 타이벡 감귤이 있다. 구매 없이 귤 따기 체험만도 가능하다. 귤밭 안에 카페가 있다.

⊙ 제주시 애월읍 광령리 3899-5 ☎ 010-5193-3678
🌐 인스타그램 daldalmikkang

감따남

감성 포토존이 많아 사계절 방문하기 좋다. 겨울엔 귤과 한라봉 따기 체험을, 다른 계절엔 귤밭 피크닉과 스냅 사진관을 즐길 수 있다.

⊙ 서귀포시 월산로 16 ☎ 010-4041-6915
🌐 인스타그램 gamttanam_cafe

어클락

한라산 뷰의 귤 농장이 있는 카페로, 늦가을부터 감귤 따기 체험을 할 수 있다. 카페 메뉴 중 토스트가 실하게 나온다.

⊙ 제주시 애월읍 고성북동길 18 ☎ 010-3619-2809
🌐 인스타그램 oclock_jeju

파더스가든

정원과 목장, 귤밭이 어우러진 테마파크로 감귤 따기 체험, 알파카 등 동물 먹이 주기 체험을 할 수 있다.

⊙ 서귀포시 안덕면 병악로 44-33 ☎ 070-8861-8899
🌐 인스타그램 fathers_garden

서귀포감귤박물관

감귤의 모든 것을 알 수 있는 체험형 박물관. 귤 따기 체험, 귤 족욕, 감귤 머핀과 과즙 만들기 체험을 할 수 있다.

⌖ 서귀포시 효돈순환로 441 ☎ 064-767-3010~1

제주에인감귤밭

포토존이 많은 감성 가득한 감귤밭 카페이다. 감귤 따기 체험과 청귤 및 감귤청 만들기 체험을 할 수 있다.

⌖ 서귀포시 호근서로 20-14 ☎ 010-2822-1787
🌐 인스타그램 jejue_in_farm

최남단체험감귤농장 가뫼물

사계절 감귤 따기 체험이 가능하다. 동물농장, 모노레일, 감귤 비누 만들기 체험 프로그램도 연중 운영한다.

⌖ 서귀포시 남원읍 남위남성로 164 ☎ 064-764-7759
🌐 홈페이지 가뫼물.kr 인스타그램 gamoemul

어린왕자 감귤밭

카페와 게스트하우스를 같이 운영한다. 감귤 수확 체험뿐 아니라 알파카 등 동물 구경도 할 수 있다.

⌖ 서귀포시 대정읍 추사로36번길 45-1
☎ 010-4245-3132 🌐 인스타그램 littleprince_tangerine_cafe

휴애리

계절마다 꽃 축제를 하는 자연 테마공원으로, 10월부터 감귤 따기 체험에 참여할 수 있다. 동물 체험장도 있다.

⌖ 서귀포시 남원읍 신례동로 256 ☎ 064-732-2114
🌐 인스타그램 jeju_hueree

ONE MORE

제주에선 가게마다
서비스 귤을 준다

귤 철이 되면 식당, 카페, 상점 어디든 입구나 계산대 앞에 귤을 가득 놓아둔다. 워낙 귤이 많다 보니 오가는 이에게 주는 서비스 같은 거다. 그냥 가져가서 먹으면 된다. 주로 상품성이 떨어지는 못난이 귤이지만 맛은 뒤지지 않는다.

---

05 피톤치드 숲에서 자연산 버섯 따기   11월~5월

제주표고사려니농장

표선면 가시리의 숲속 버섯 농장을 누비며 바구니 한가득 자연산 제주 표고버섯을 딸 수 있다. 친절한 안내에 따라 농장을 누비다 보면 절로 힐링이 된다. 아이들이 직접 딴 표고는 선물로도 좋다.

⌖ 서귀포시 표선면 원님로630번길 182 ☎ 010-4516-8204
🌐 홈페이지 www.제주표고.com 인스타그램 eung.jin.kim

동물 친구들아, 우리랑 놀자!

말, 양, 노루, 오리, 송아지, 알파카, 돌고래, 바다 동물⋯⋯.
호기심 가득한 아이들이 동물 친구들과 교감할 수 있는 곳을 소개한다.
직접 올라타고, 먹이 주기 체험을 하고,
부드러운 털을 쓰다듬으며 잊을 수 없는 추억을 만들어 보자.

01 아쿠아플라넷

섭지코지 옆의 대형 아쿠아리움이다. 동양 최대 규모의 해양 수족관으로, 눈부신 바다를 그대로 재현한 수중 터널과 대형 수족관이 압권이다. 특히 직접 해양 동물을 만져보거나 먹이를 줄 수도 있고, 실내 미끄럼틀 등 아이들이 즐길 거리가 많다. 메인 수조의 해양 동물 식사 시간, 해녀 물질 시연 등 각종 프로그램이 시간대별로 운영되며, 오션 아레나에서는 수중 공연을 관람할 수 있다. 건물 뒤편으로 나오면 성산일출봉이 보이는 멋진 바닷가 정원이 이어진다.

⊙ 서귀포시 성산읍 섭지코지로 95 ☎ 1833-7001

02 돌고래 투어 & 잠수함

돌고래를 만나는 방법은 요트 투어와 바닷가 관찰이 있다. 요트 투어는 김녕항과 대정읍의 운진항(M1971)에서 출발한다. 대정읍 영락리와 신도리의 노을해안로 앞바다는 돌고래를 관찰하기 가장 좋은 곳이다. 파도가 잔잔하고 만조일 때 잘 나타난다. 바닷속을 관찰할 수 있는 잠수함은 서귀포와 우도에 있다. 가족 단위로 주로 이용하는 잠수함정(국제리더스클럽, 함덕잠수함)도 있다. 먹이 주기도 함께할 수 있어 아이 동반 시 좋다.

김녕 요트 투어
⊙ 제주시 구좌읍 구좌해안로 229-16 ☎ 064-782-5271

M1971 요트 투어
⊙ 서귀포시 대정읍 최남단해안로 116 ☎ 010-4977-1971

노을해안로
⊙ 대정읍 노을해안로 288일대

서귀포잠수함
⊙ 서귀포시 남성중로 40 ☎ 064-732-6060

우도잠수함
⊙ 서귀포시 성산읍 성산등용로 112-7 ☎ 064-784-2333

국제리더스클럽
⊙ 제주시 조천읍 조함해안로 321-21 ☎ 064-783-0000

함덕잠수함
⊙ 제주시 조천읍 조함해안로 378 ☎ 064-783-1334

03 테우 낚시 체험

테우는 육지와 가까운 바다에서 자리돔을 잡거나 해초 채취를 위해 사용했던 제주 전통 통나무배다. 이를 재현한 낚시 체험장이 한림읍 대수포구 근처에 있다. 올레바당체험마을과 제주체험마을인데, 둘 다 마을회에서 운영한다. 배를 타고 나가지 않아 멀미와 안전 걱정이 없으며, 가두리 물고기를 잡는 것이라 일반 낚시보다 성공률이 높다.

올레바당체험마을
⊙ 제주시 한림읍 한림해안로 271 ☎ 010-7754-2461

제주체험마을
⊙ 제주시 한림읍 한수리 914-14 ☎ 064-796-7535

04 아침미소목장

제주 월평동 한라산 자락 끝에 초원이 펼쳐진다. 동화책 어딘가에서 보았던 그런 풍경이다. 이곳에선 송아지 우유주기와 아이스크림 만들기예약 필수, 농기구 타기 체험을 할 수 있다. 우유는 3천원을 내고 자판기에서 뽑는 방식이라 시작 전부터 재미난다. 곳곳에 포토존과 산책로가 있고, 놀이터까지 있으니 아이들이 절로 신이 난다. 목장 체험 후엔 창밖으로 초원이 펼쳐지는 카페에서 쉬어 가자. 우유, 치즈, 아이스크림, 요구르트를 먹을 수 있다.

⊙ 제주시 첨단동길 160-20 ☎ 064-727-2545

05 노루생태관찰원

노루를 생생하게 만날 수 있는 곳이다. 먹이 주기도 직접 해볼 수 있다. 먹이 주는 시간인 오전 8시 30분, 오후 4시에 방문하면 가장 많은 노루를 만날 수 있다. 전시실에도 들어가 보자. 제주에 사는 노루의 생태를 이해하기 쉽게 해 두었다. 목각으로 노루 모형을 만들 수 있다. 제주와 노루를 기억하는 값진 기념품이 될 것이다. 노루 관찰로는 거친오름 산책 코스이다. 유모차와 킥보드가 다닐 수 있고, 놀이터까지 있어 아이와 가기 편하다.

⊙ 제주시 명림로 520 ☎ 064-728-3611

06 도치돌알파카목장

애월읍 납읍리 숲속에 있다. 선한 눈과 걸음걸이가 귀여운 알파카가 목장의 주인이다. 유순한 성격이라 안으로 들어가 먹이를 주며 쓰다듬어볼 수 있다. 엄마 곁에서 낮잠을 청하는 새끼 알파카는 너무나 귀엽다. 닭과 염소는 울타리 밖에서 자유롭게 다니고, 말, 토끼, 양도 있다. 언덕 위의 통유리 카페는 뷰 명당이다. 울타리를 최소한만 설치해 자연스럽게 동물과 인사 나눌 수 있다. 아이들은 신나게 뛰놀며 행복한 표정을 짓는다.

◎ 제주시 애월읍 도치돌길 293 ☎ 010-3382-6909

07 조랑말체험공원

서귀포시 표선읍 가시리에 있다. 승마 체험과 먹이 주기 프로그램을 상시 진행한다. 참, 그 전에 카페에 들러 말똥 쿠키를 만들어 오븐에 넣어두자! 쿠키가 맛있게 구워질 동안 말을 만나고 오면 시간이 딱 맞다. 조랑말 박물관도 둘러보고 전망대에 올라 중산간 풍경을 파노라마로 즐겨 보자. 이 일대는 봄이 오면 제주에서 가장 아름다운 유채꽃 물결로 일렁인다. 축구장 14배에 달하는 유채밭이 펼쳐지고, 녹산로엔 유채와 벚꽃의 콜라보가 10km 넘게 이어져 그야말로 환상적이다.

◎ 서귀포시 표선면 녹산로 381-17 ☎ 064-787-0960

- - - - - - - - - - - ONE MORE - - - - - - - - - - -

키즈 프렌들리 승마체험장

이어도승마장
◎ 서귀포시 성산읍 서성일로 269 ☎ 064-783-0916

토이승마장
◎ 서귀포시 안덕면 동광로 265-14 ☎ 010-9843-3301

목장카페밭디
◎ 서귀포시 표선면 번영로 2486 ☎ 0507-1371-6019 ⊕ 인스타그램 batti_jeju

옷귀마테마타운
◎ 서귀포시 남원읍 서성로 955-117
☎ 064-764-9771 ⊕ 홈페이지 otgwima.modoo.at

풍덩 첨벙, 물놀이를 즐기자!

물놀이도 하고 모래놀이도 즐기고 싶은데, 어디로 가면 좋을까?
편의시설이 가까이에 있고, 놀거리까지 갖추고 있다면 금상첨화!
아는 사람들만 아는 숨겨진 해변은 천국과 견줄 만하다.
아이와 함께 즐기기 좋은 제주 바다를 집중 탐구한다.
더불어 천연 물놀이장과 아이들과 찾기 좋은 수영장까지 한데 모았다.

아이와 즐기기 좋은 제주 바다 BEST 7

❶ 곽지해수욕장

약 1km의 길고 넓은 백사장이 있어 제주 바다를 마음
껏 즐길 수 있다. 용천수가 솟아오르는 노천탕과 해
질 무렵 풍경으로 유명하다. 여름엔 광장에서 바닥 분
수가 나온다. 한담해변부터 이어지는 해안 산책로가
아름답다.

◎ 제주시 애월읍 곽지리 1565

❷ 협재해수욕장

제주를 대표하는 해수욕장이다. 에메랄드 물빛이 아
름답고, 바다 건너 비양도까지 조망할 수 있어서 풍경
도 끝내준다. 수심이 얕고 물결이 잔잔해 물놀이하기
좋다. 하지만 여름엔 언제나 사람이 많다.

◎ 제주시 한림읍 한림로 329-10

❸ 금능해수욕장

제주라서 가능한 에메랄드빛 바다의 표본이다. 고운
모래사장과 잔잔한 물결까지 있는 만점짜리 해수욕
장이다. 협재해수욕장 바로 옆이지만 인파는 훨씬 덜
하다. 비양도가 보이는 풍경이 아름다워 바라만 봐도
힐링이 된다.

◎ 제주시 한림읍 금능길 119-10

❹ 삼양해수욕장

철분이 많은 검은 모래로 유명하다. 건강에 좋아 찜질
하는 사람이 많다. 유모차가 다닐 수 있는 해변 데크
와 산책로를 잘 갖추어 놓았다. 근처 삼화지구 신도시
의 편의시설을 이용할 수 있다.

◎ 제주시 선사로8길 13-6

❺ 함덕해수욕장

코발트 색 바다를 보면 탄성이 절로 난다. 해변 따라
편의시설을 갖추고 있고, 바다 위에 떠 있는 듯한 카
페 델문도는 명불허전 핫플이다. 유모차도 오를 수 있
는 서우봉 둘레길에는 꽃이 만발하고, 잔디밭 공원은
뛰놀기 좋다.

◎ 제주시 조천읍 조함해안로 525

❻ 김녕해수욕장

비현실적인 바다색과 풍력발전기가 어우러져 이국적
인 풍경을 선사한다. 얕은 수심과 잔잔한 파도, 부드
러운 백사장이 이어지는 야영장이 매력적이다. 편의
시설이 적은 대신 한적하게 즐길 수 있다.

◎ 제주시 구좌읍 김녕리 497-4

❼ 표선해수욕장

육지 쪽으로 둥글게 들어와 물이 얕고 잔잔해 물놀이
하기 좋다. 썰물 때는 탄탄한 모래사장이 드넓게 펼쳐
져 원 없이 모래놀이를 할 수 있다. 주차장에 있는 커
다란 놀이터도 반갑다.

◎ 서귀포시 표선면 표선리 44-4

물놀이 준비물

① 기본 준비물

수영복(UV 차단 긴 팔), 캡 달린 모자, 구명조끼,
튜브, 방수 기저귀, 선크림, 비치타월 또는 가운,
갈아입을 옷, 모래 싫어하는 아이를 위한 장화, 쌀
쌀한 날엔 전신 미술 가운 또는 전신 슈트, 모래
놀이 도구, 바다생물 채집통(없으면 텀블러나 뚜
껑 달린 물통), 뜰채

② 샤워용 생수 2병

2L 생수 두 병을 미리 사 차에 놓으면 물이 따뜻
해진다. 물놀이를 마친 후 이 물로 가볍게 씻으면
미온수 샤워와 다름없다.

③ 물놀이 준비물 구매 장소

대형마트와 다이소, 또는
해수욕장 근처 편의점과
상점에서 웬만한 물놀이
용품과 방수 기저귀를 판
매한다. 지정 해수욕장에
는 여름 동안엔 튜브와 구명조끼 대여소를 연다.

물놀이하기 좋은 숨은 해변

금능-협재 야영장
협재해수욕장과 금능해수욕장 사이에 낀 숨은 해변. 사람이 없으면 얕고 잔잔한 바다를 프라이빗 비치처럼 즐길 수 있다.
◎ 제주시 한림읍 한림로 301-7

신흥리해수욕장
함덕해수욕장 옆에 있는 작은 해변으로 아는 사람만 찾는 곳이다. 고운 모래와 얕고 잔잔한 해변에서 여유롭게 놀기 좋다. 화장실과 샤워장도 있다.
◎ 제주시 조천읍 신흥리 731-9

하고수동해수욕장
우도에서 아이들이 가장 놀기 좋은 해변이다. 제주도 본섬과는 또 다른 이국적인 풍경이 돋보인다. 코발트빛 바다는 오키나와나 몰디브 바다 부럽지 않다. 여행객이 모두 떠난 뒤 한적한 시간은 그야말로 인생 바다다.
◎ 제주시 우도면 우도해안길 814

하도해수욕장
철새도래지 옆에 있는 인적 드문 해변이다. 규모가 꽤 크며 바다가 잔잔하고 수심이 얕아 가족 나들이하기 좋다.
◎ 제주시 구좌읍 하도리 53-66

소금막해변
표선해수욕장 바로 북쪽에 있는 작은 해변. 캠핑과 레저를 즐기는 사람들이 많이 찾는다.
◎ 서귀포시 표선면 하천리 94-2

물놀이를 더 재미있게 하는 꿀팁

① 한여름엔 한낮을 피하자
여름철 한낮엔 모래와 볕이 너무 뜨겁다. 오후 4시 이후에 가면 열기와 인파도 덜하고, 석양까지 즐길 수 있다. 다만, 흐리고 바람 없는 날이라면 오히려 한낮에 놀기 좋다.

② 한여름이 아니라면 한낮이 좋다
여름이 아니라면 해가 중천에 떴을 때가 물이 따뜻해 놀기 좋다. 바람이 너무 많이 부는 날초속 6m이상엔 모래가 흩날려 눈코입에 들어가기 쉽다.

③ 채집 놀이는 썰물 때 하자
보말, 게 등 채집을 희망한다면 썰물 1~2시간 전부터가 가장 좋다. 해변의 바위 틈은 보물 창고다. 가끔 큰 바위 밑에 문어나 물고기도 보인다. 구멍이 송송 뚫린 모래를 파면 조개가 나오기도 한다.

④ 온수 샤워장 있는 곳
금능, 협재, 곽지, 이호테우, 월정해수욕장에서 여름철 해수욕장 개장 기간에 사용할 수 있다.

⑤ 바다놀이 때 유용한 앱
썰물과 밀물 시간을 알고 싶다면 '물때와 날씨', '바다 타임' 앱을 사용하면 좋다. 여름을 제외하고 바람이 초속 6m 이상이면 추위를 조심해야 한다. 바람의 세기를 알고 싶다면 '윈디날씨' 앱을 활용하자.

해수·담수 풀장과 자연 물놀이터 그리고 호텔 수영장

해수·담수 풀장	이호테우해수풀장	⊙ 제주시 이호일동 1665-11
	삼양 샛도리물	⊙ 제주시 삼양1동 1938-3(가름선착장)
	옹포천 어울공원	⊙ 제주시 한림읍 옹포리 17
	화순금모래담수풀장	⊙ 서귀포시 안덕면 화순리 776-8
	논짓물	⊙ 서귀포시 논짓물로 15-10
	생수천 물놀이장	⊙ 서귀포시 색달로81번길 53
	산짓물 물놀이장	⊙ 서귀포시 동홍동 1288
	하모최남단해수풀장	⊙ 서귀포시 대정읍 하모리 646-20
	남원용암해수풀장	⊙ 서귀포시 남원읍 남태해안로 140
	태흥리용천수풀장	⊙ 서귀포시 남원읍 태흥리 364-5
자연 물놀이터	돈내코 원앙폭포	⊙ 서귀포시 돈내코로 137
	솜반천 선반내	⊙ 서귀포시 서홍동 1223
	정모시쉼터	⊙ 서귀포시 서귀동 109
	강정천	⊙ 서귀포시 강정동 2673-6
비투수객도 이용 가능한 호텔 수영장	마레보리조트	⊙ 제주시 애월읍 신엄안3길 135
	마이테르유스호스텔	⊙ 제주시 애월읍 애원로 474-29
	디아넥스호텔	⊙ 서귀포시 안덕면 산록남로762번길 71
	신화워터파크	⊙ 서귀포시 안덕면 신화역사로 304번길 38
	제주부영호텔	⊙ 서귀포시 중문관광로 222
	WE호텔	⊙ 서귀포시 1100로 453-95
	담모라호텔앤리조트	⊙ 서귀포시 안덕면 일주서로 1975-11
	금호리조트제주	⊙ 서귀포시 남원읍 태위로 522-12
	휘닉스 제주 섭지코지	⊙ 서귀포시 성산읍 섭지코지로 107

봄 여름 가을 겨울, 제주의 꽃 명소

유채, 매화, 벚꽃, 겹벚꽃, 청보리, 메밀꽃, 수국, 동백…….

봄 여름 가을 겨울, 어느 계절에 가도 제주도엔

수채화 물감을 뿌린 듯 다채로운 꽃이 섬을 물들인다.

형형색색, 제주의 꽃 사태를 제대로 즐길 수 있는 명소를 샅샅이 소개한다.

가벼운 돗자리 하나 챙겨 꽃밭에 펼치면 완벽한 피크닉이 시작된다.

©제주도청

제주의 봄은 노랑이다. 최고의 유채 꽃밭을 보려면 표선면의 조랑말체험 공원으로 가자. 축구장 14배 공원에 유채꽃이 물결친다. 풍력발전기와 어우러져 더 이국적이다. 당신이 제주 서부에 있다면 애월읍 상귀리의 항파두리 항몽유적지로 가라. 고려 시대 삼별초가 쌓은 토성길 옆으로 눈부신 유채 꽃밭이 펼쳐진다. 토성이 그리는 곡선과 그 너머 바닷가 마을 풍경까지 카메라에 담으면 그대로 사진 작품이 된다. 안덕면과 대정읍을 여행 중이라면 산방산으로 가자. 산 아래 사유지의 유채꽃이 장관이다. 1인당 1천 원을 내고 사진을 찍을 수 있다. 중문관광단지의 엉덩물계곡도 유채꽃 명소이다. 중문해수욕장 뒤편에 숨겨진 골짜기가 온통 유채꽃으로 뒤덮인다. 제주 동부에선 서우봉 둘레길과 섭지코지가 유명하다. 서우봉 둘레길엔 에메랄드빛 바다를 배경으로, 섭지코지 해안 언덕엔 성산일출봉을 배경으로 노란 유채 물결이 펼쳐진다. 성산의 광치기해변 건너편도 성산읍 고성리 263 주차장을 갖춘 드넓은 유채꽃 단지이다.

조랑말체험 공원 서귀포시 표선면 녹산로 381-15

항파두리 항몽유적지 제주시 애월읍 항파두리로 50

산방산 서귀포시 안덕면 사계리 산 16

영덩물계곡 서귀포시 색달동 3384-4

서우봉 제주시 조천읍 함덕리 산1

섭지코지 서귀포시 성산읍 고성리 174

제주시 벚꽃 명소

제주 신화를 품은 삼성혈 벚꽃은 고목의 풍성한 꽃잎과 기와가 어우러져 명도와 채도가 남다르다. 삼성혈
에서 나와 우측으로는 신산공원이, 좌측으로는 왕벚꽃 축제가 열리는 전농로가 이어진다. 밤이면 청사초롱
이 낭만적이다. 제주대학교엔 아라동 입구부터 캠퍼스 안까지 벚꽃 길이 이어진다. 중앙 잔디광장도 놓치지
말자. 제주대학교 위쪽, 한라산으로 올라가는 길목에 있는 제주국제대학교도 숨은 벚꽃 명소이다. 고지대에
있어 멀리 해안선도 보이고, 벚꽃과 동백이 함께 만개한다. 오라동의 제주종합경기장 일대도 시민들이 많이
찾는 벚꽃 명소다. 여러 개의 체육관을 둘러싸고 벚꽃 로드가 이어진다. 한라수목원 진입로도 눈부시게 아
름답고, 탐라도서관 정원도 좋다. 회랑을 따라 걸으면 이국적인 느낌이 든다. 조천의 골체오름은 동부의 벚
꽃 명소이다. 10분이면 오르는 야트막한 산 전체가 벚꽃이다. 대흘1리복지회관제주시 조천읍 중산간동로 647 앞
연못엔 아름드리 벚나무가 멋진 자태를 뽐내고, 한적한 마을 곳곳에 벚꽃 가로수길이 황홀하게 펼쳐진다.

삼성혈 제주시 삼성로 22　　　　　　　　　　　제주종합경기장 제주시 오라일동 3817-2
신산공원 제주시 일도이동 830　　　　　　　　　한라수목원 제주시 수목원길 72
전농로 삼도1동주민센터 및 제주중앙여자중학교 일대　탐라도서관 제주시 정원로 50
제주대학교 제주시 제주대학로 102　　　　　　　골체오름 제주시 조천읍 선흘리 1911
옹포천어울공원 제주시 한림읍 옹포리 21

애월읍 벚꽃 명소

애월읍에선 장전리사무소 일대 거리를 일정의 맨 앞에 놓아야 한다. 왕벚꽃 축제 때가 되면 도로가 벚꽃 터널로
변한다. 밤에는 더 황홀하다. 사람 많은 게 싫다면 바로 길 건너에 있는 흥국사 입구로 가보자. 언덕길을 따라 늘
어선 키 큰 벚나무가 화양연화 같은 풍경을 연출해준다. 광령리에 있는 제주관광대학교 역시 온통 벚꽃이다.

흥국사 제주시 애월읍 용흥3길 142　　　　　　　제주관광대학교 제주시 애월읍 평화로 2715

서귀포시 벚꽃 명소

중문관광단지 입구~중문초등학교 앞, 약천사~강정초등학교 앞, 서호새마을금고 본점 일대의 호근서호로, 위미초등학교 앞~연화사 입구가 서귀포의 벚꽃 명소다. 중문관광단지 근처 예래생태공원도 벚꽃이 아름답다. 공원을 거닐면 동화 속에 들어온 것 같다. 노란 유채꽃이 같이 펴 더 아름답다. 난대아열대산림연구소 앞 인도와 건강과성박물관 입구도 벚꽃 명소이다. 서귀포 원도심의 웃물교 산책로는 최근 알려진 벚꽃 명소다. 유모차·킥보드도 다닐 수 있으며, 왕복 10~15분 소요된다. 남원읍의 이승이오름 입구 목장 길도 벚꽃 명소다. 초원에 방목하는 소들도 눈앞에서 볼 수 있다.

예래생태공원 서귀포시 예래로 213
난대아열대산림연구소 서귀포시 돈내코로 22
건강과 성 박물관 서귀포시 안덕면 일주서로 1611

이승이오름 서귀포시 남원읍 신례리 산2-1
웃물교 서귀포시 서홍동 2053-1

ONE MORE

환상적인 벚꽃 엔딩 드라이브 코스

녹산로 서귀포시 표선면의 녹산로는 봄철 환상 드라이브 코스이다. 핑크빛 벚꽃과 노란 유채꽃의 환상적인 콜라보가 10km 넘게 이어진다. 대한민국 아름다운 길 100선에 꼽힌 길이지만, 봄에는 단언컨대 대한민국 최고의 길이다.

◎ 서귀포시 표선면 녹산로 381-17

정실~한북로 제주시 KCTV입구에서 제주대까지 이어지는 6.5km 드라이브 또한 환상적이다. 중간에 온난화대응농업연구소 앞 버스정류장에 잠시 정차해 보자. 갑자기 드러난 드넓은 목초지 뒤로 한라산이 한눈에 들어오고 길가엔 벚꽃 비가 흩날린다.

◎ KCTV 입구(제주시 아연로 2) → 온난화대응농업연구소 삼거리(제주시 오등동 1730-9) → 제주대 사거리(제주시 516로 3157)

남산봉로 녹산로가 차로 붐빈다면 미니 녹산로로 알려진 성산읍 삼달리의 남산봉로로 가자. 숲속으로 난 옛길이라 더욱 비밀스럽다. 3.5km 남짓 꽃길이 이어져 꿈결 같다. 아직은 많이 알려지지 않아 차량 통행도 무난한 편이다.

◎ 서귀포시 성산읍 삼달리 2149-6 → 신풍리 교차로

애월읍 광성로 애월읍 광령 1리에서 시작해 고성 1리를 지나는 2차선 광성로에도 벚꽃이 흐드러지게 핀다. 곧이어 나오는 장전리의 왕벚꽃 축제 길을 둘러보고 애월고등학교까지 가보자. 벚나무 가로수가 멋진 봄꽃 등굣길을 만들어준다.

◎ 광령초등학교 → 고성1리 종합운동장 일대

03 겹벚꽃 (4월 중순~4월 말)

벚꽃 엔딩의 아쉬움을 달랠 즈음, 황홀한 핑크빛 겹
벚꽃이 오감을 마비시킨다. 겹벚꽃 명소 1번지는 제
주시의 오라CC이다. 골프장으로 가는 2차선 도로
에 길고 커다란 겹벚꽃 터널이 펼쳐진다. 황홀경이
따로 없다. 조천읍의 감사공묘역도 겹벚꽃 명소이
다. 감사공 이세정의 묘지로, 묘역을 겹벚꽃 나무들
이 둘러싸고 있다. 나무가 많지는 않지만 곱은달길
의 만나다공원과 함덕초등학교 선흘분교장 겹벚꽃
도 아름답다. 서귀포시 상효원의 커다란 겹벚꽃 나
무는 손꼽히는 포토존이다. 3월 말~4월 중순엔 상
효원에서 튤립 축제도 열린다. 한림공원, 상효원, 보
롬왓이 튤립 명소이다.

오라CC 제주시 오라남로 130-16
감사공묘역 제주시 조천읍 함대로 362
만나다공원 제주시 조천읍 곱은달길 33
선흘분교장 제주시 조천읍 선흘동1길 41
상효원 서귀포시 산록남로 2847-37
한림공원 제주시 한림읍 한림로 300
보롬왓 서귀포시 표선면 번영로 2350-104

04 청보리 (3월 중순~5월 중순)

겹벚꽃 떨어져 가슴 한구석이 허전할 즈음 이번에
는 청보리가 춤을 추며 위로해준다. 가파도는 청보
리의 명소이다. 모슬포의 운진항에서 배로 10분이
면 가파도에 닿는다. 청보리밭 면적은 무려 17만 평.
언덕 하나 없이 평평한 섬 전체가 푸른 물결로 술렁
인다. 청보리 옆으로는 바다 물결이, 그 뒤로 한라산
능선이 시야 가득 들어온다. 3월 중순부터 5월 중순
까지 청보리 축제가 열린다. 4월 말 청보리 축제가
열리는 오라동메밀밭도 기억하자.

모슬포 운진항 서귀포시 대정읍 최남단해안로 120
오라동메밀밭 제주시 연동 132

5월과 9월의 제주 들판엔 눈 같은 메밀꽃이 내려앉는다. 제주는 메밀 생산량 전국 1위다. 일 년에 두 번 씨뿌리는 덕에 봄과 가을에 메밀꽃을 만날 수 있다. 드라마 <도깨비> 촬영지로 알려진 표선면의 보롬왓과 안덕면 광평리의 한라산아래첫마을영농조합에서 메밀꽃 축제를 연다. 식당과 카페도 운영한다. 제주시의 오라동메밀밭은 9~10월에 메밀꽃 축제를 연다. 조천읍 와흘리에선 5월이 되면 10만 평의 메밀꽃밭에서 다채로운 문화행사가 열린다. 5~6월은 양귀비꽃의 계절이기도 하다. 매혹적인 붉은 빛이 맴도는 양귀비꽃은 렛츠런팜과 항파두리 항몽유적지 주차장 뒤편 정원에서 만나볼 수 있다. 6월 초에 절정을 이룬다.

보롬왓 ⊙ 서귀포시 표선면 번영로 2350-104 ☏ 010-7362-2345
한라산아래첫마을영농조합 ⊙ 서귀포시 안덕면 산록남로 675 ☏ 064-792-8245
오라동메밀밭 제주시 연동 132
렛츠런팜 ⊙ 제주시 조천읍 남조로 1660 ☏ 064-780-0131
항파두리 항몽유적지 제주시 애월읍 항파두리로 50
와흘리 농촌체험휴양마을 제주시 조천읍 남조로 2455

제주의 여름은 수국이 연다. 장마가 시작되면 커다란 꽃잎을 피워낸다. 비 온 다음이 가장 크고 싱그럽다. 하양, 보라, 빨강. 토양의 성분에 따라 꽃 색깔이 다르게 피어나 더욱 신비롭다. 수국 명소는 너무 많다. 제주시 남국사 수국 길, 안덕면의 동광리 수국 길, 안덕면사무소 수국 길, 대정읍의 안성리, 송악산 둘레길 제1전망대, 성산읍의 혼인지가 수국 명소이다. 모두 무료라 더 좋다. 수국 길 환상 드라이브를 즐기고 싶다면 구좌읍의 종달리해안도로와 안덕면의 산방로로 가자. 유료 수국 명소로는 보롬왓, 답다니 수국밭, 휴애리, 마노르블랑, 카멜리아힐, 파더스가든, 상효원, 한림공원, 여미지식물원 등을 꼽을 수 있다.

남국사 제주시 중앙로 738-16

동광리 수국 길 서귀포시 안덕면 동광리 78

안덕면사무소 서귀포시 안덕면 화순서서로 74

안성리 수국 길 서귀포시 대정읍 안성리 994-2

혼인지 서귀포시 성산읍 혼인지로 39-22

종달리해안도로 제주시 구좌읍 종달리 85-1

산방로 서귀포시 안덕면 산방로 53

07 해바라기 7월~8월

해를 향해 노란 머리를 치켜드는 해바라기는 그야말로 여름의 꽃이다. 제주의 여름을 특별하게 카메라에 담고 싶다면 해바라기밭으로 가자. 해바라기 명소는 동서남북에 골고루 있다. 제주시 번영로의 김경숙 해바라기농장, 애월읍의 항파두리 항몽유적지, 조천읍의 렛츠런팜, 그리고 가파도이다. 네 곳 중 어디를 가든 노란 해바라기꽃이 가득하다. 특히 가파도는 여름이 되면 17만 평 청보리밭이 그대로 해바라기밭으로 변한다. 그야말로 장관이다. 노란 꽃밭이 끝나는 곳, 그곳은 푸른 바다다.

김경숙 해바라기농장 제주시 번영로 854-1
항파두리항몽유적지 제주 애월읍 항파두리로 50
렛츠런팜 제주 제주시 조천읍 남조로 1660
모슬포 운진항 서귀포시 대정읍 최남단해안로 120

08 억새 9월~10월

억새는 피어날 땐 핑크 빛이 돌고, 무르익으면 은빛으로 출렁인다. 비현실적인 아름다움! 억새꽃 따라 당신의 마음에도 은빛 물결이 인다. 억새 명소는 단연 애월읍의 새별오름이다. 오름은 물론 주변이 온통 억새밭이다. 억새 물결은 보고 또 봐도 장관이다. 표선의 유채꽃프라자 억새 군락도 대단하다. 언덕 위라서 남원 앞바다까지 조망할 수 있다. 9월엔 코스모스가, 10월부터는 거대한 억새밭이 물결친다. 근처의 따라비오름도 마찬가지다. 산굼부리도 빼놓을 수 없다. 가을엔 억새 물결과 성산일출봉을 비롯한 동부의 오름 능선을 한눈에 담을 수 있다. 조천의 닭머르해안길에도 인생 사진을 찍으려는 여행자가 몰린다. 나무 데크 길 사이로 억새가 춤을 추고, 아름다운 바다 전망까지 즐기며 산책할 수 있다.

새별오름 제주시 애월읍 봉성리 4554-12
유채꽃프라자 서귀포시 표선면 녹산로 464-65
따라비오름 서귀포시 표선면 가시리 산63
산굼부리 제주시 조천읍 비자림로 768
닭머르해안길 제주시 조천읍 신촌북3길 62-1

제주도의 단풍 명소는 한라산 천아숲길이다. 제주 시내에서 한라산 쪽으로 차로 15분 정도면 닿는다. 천아숲길은 한라산 둘레길 중 하나다. 해안동 천아수원지에서 서귀포시 색달동 보림농장 삼거리까지 8.7km 구간이지만 일부만 걸어도 좋다. 주차 공간이 있지만 무척 붐비고, 건천 계곡을 건너야 해서 5세 미만 아이는 쉽지 않다. 10월 말~11월 초면 울긋불긋 단풍이 절정에 이른다. 더 가까이에서 가을을 느끼고 싶다면 제주대학교로 가자. 교직원 아파트로 들어가는 길을 환영하듯 은행나무가 쭉 늘어서 있다. 개천절 전후쯤 노란 단풍이 색채의 향연을 펼쳐준다. 너무 낭만적이어서 시 한 편 쓰고 싶어진다. 아파트 놀이터와 캠퍼스의 잔디밭, 편의시설도 누릴 수 있어 좋다. 차 안에서 단풍 구경하고 싶다면 제주시와 서귀포를 잇는 1,100로(1139번 도로)로 차를 돌리자. 환상적인 가을 드라이브를 즐길 수 있다.

천아수원지 주차장 제주시 해안동 산217-5 　　　　　　제주대학교 제주시 제주대학로 64-29 아라인빌 아파트

10 동백 11월~4월 초

제주의 겨울이 특별한 건 동백 때문이다. 푸른 잎 사이로 붉게 피어오른 동백도 아름답지만, 꽃이 다 진 뒤에도 동백은 처연하게 아름답다. 꽃송이가 뚝뚝 떨궈진 붉은 카펫 길에선 자꾸만 걸음을 멈추게 된다. 2월부터는 유채도 노랗게 얼굴을 들기 시작하는데, 동백과 유채의 색 대비도 황홀하다. 남원읍의 제주동백수목원, 위미동백군락지, 동백포레스트, 동박낭카페가 최고 동백 명소이다. 남원읍 수망리, 안덕의 카멜리아힐 동백도 카메라를 들게 한다. 표선면 신흥리의 동백마을엔 3월 중순 즈음 토종동백이 레드카펫을 펼친다.

제주동백수목원 ⓥ 서귀포시 남원읍 위미리 927 ☏ 064-764-4473
위미동백군락지 서귀포시 남원읍 위미중앙로300번길 23-7
동백포레스트 ⓥ 서귀포시 남원읍 생기악로 53-38 ☏ 010-5481-2102
동박낭카페 ⓥ 서귀포시 남원읍 태위로 275-2 ☏ 064-764-3004
신흥2리 동백마을 서귀포시 남원읍 중산간동로 5807
수망리 서귀포시 남원읍 수망로 51
카멜리아힐 ⓥ 서귀포시 안덕면 병악로 166 ☏ 064-792-0088

11 설경과 눈놀이 12월~2월

한라산에 눈이 내렸다는 소식이 들리면 사람들은 썰매를 들고 아이와 함께 1,100고지로 간다. 시야 가득 겨울왕국이 펼쳐진다. 1,100고지엔 휴게소와 습지, 데크 산책로가 있다. 눈을 돌리면 그곳이 곧 눈썰매장이다. 하지만 주차공간이 많지 않아 눈이 온 뒤에는 교통난이 생긴다. 이게 부담이라면 눈썰매 대여소와 어묵 트럭이 들어서는 어승생삼거리로 가자. 편의시설은 없지만 자연 그대로의 눈썰매장이 흥미진진하다. 한라생태숲에는 겨울이면 넓은 산책로가 천연 눈썰매장이 된다. 게다가 1,100고지보다 안전하다. 겨울 산간 도로는 제설이 필요할 경우 통제한다. 사전에 교통 상황을 꼭 확인하자. 눈썰매는 마트와 다이소 등에서 살 수 있다. 제주교통정보센터 www.jejuits.go.kr

1,100고지 서귀포시 색달동 산1-1   어승생삼거리 제주시 해안동 산64-44
한라생태숲 제주시 516로 2596

놀멍 배우멍, 제주 여행이 더 즐겁다

놀면서 배울 수 있다면 이보다 더 좋은 체험이 또 있을까?
제주도엔 놀면서 지식을 쌓고, 즐기면서 감성을 키울 수 있는
박물관과 미술관이 많다.
제주의 문화 공간 중에서 아이들 눈높이에 맞는 다양한 체험을 할 수 있는
박물관과 미술관만 엄선했다.

01 국립제주박물관 어린이박물관

⊙ 제주시 일주동로 17 📞 064-720-8000

2022년 리뉴얼하여 문을 열자마자 어린이들의 핫플이
되었다. 안녕 제주(Hi there Jeju)를 주제로 산, 들, 바다
를 배경으로 살아온 제주 사람들의 이야기를 어린이 눈
높이에 맞는 다양한 체험으로 만나볼 수 있다. 귀로 듣
고 눈으로 보고 손으로 만지며 만나는 제주는 머리에 쏙
쏙 남는다. 미디어아트와 옥상정원도 갖추고 있으며, 국
립제주박물관과 연결되어 있어 제주의 역사와 문화를
압축해서 만나볼 수 있다. 박물관 뒤편 정원엔 잔디밭과
연못이 있어 아이들과 뛰놀며 산책하기에도 좋다.

02 제주민속자연사박물관

⊙ 제주시 삼성로 40 📞 064-710-7708

제주 사람들이 간직해 온 전통문화와 자연환경을 깊이
이해하기에 으뜸인 곳이다. 제주의 탄생 설화에 대해 알
수 있는 '제주 상징관'에서는 제주의 탄생 설화에 대해
알 수 있고, '자연사 전시실'에선 애니메이션으로 제주
도의 생성 과정을 실감 나게 만날 수 있다. 또한 다양한
동식물 표본을 만날 수 있어 아이들의 흥미를 끈다. 전
통 생활 풍습을 재현한 '민속 전시실' 또한 육지와 다른
제주만의 색다른 모습을 이해할 수 있는 공간이다. 전시

내용이 알차고, 제주 신화의 발상지인 '삼성혈', 도심 휴식 공간인 '신산공원'과 붙어 있으니 시간을 넉넉히
잡아 돌아보자. 봄이 오면 손꼽히는 벚꽃 명소가 되니 이 또한 놓치지 말자.

03 해녀박물관

⊙ 제주시 구좌읍 해녀박물관길 26 📞 064-782-9898

해녀박물관은 유네스코 인류무형문화유산으로 등재된
제주 해녀의 일과 삶을 만나볼 수 있는 특별한 곳이다.
보석처럼 빛나는 세화 앞바다가 한눈에 들어오는 곳에
있다. 매서운 파도와 바람에 맞서 가족을 지키기 위해
물속으로 뛰어들었던 해녀들의 삶을 이해하기 쉽게 구
성하여 전시해 인상적이다. 전시실은 나선형 구조로 되
어 있어 걷기 편하다. 이곳엔 '어린이 해녀관'이 있어 더
욱 즐겁다. 해녀 관련 놀이기구를 만지고 놀면서 해녀와
제주 바다를 느낄 수 있다.

04 서귀포 감귤박물관   📍 서귀포시 효돈순환로 441 📞 064-767-6400

제주도에서 귤 맛이 가장 좋기로 소문난 효돈 마을에 있다. 주황 열매가 주렁주렁 매달린 하귤 나무 가로수라 더욱 특별하게 느껴진다. 아열대 식물원과 감귤 족욕, 쿠킹 프로그램이 마련돼 있어 가족 여행 코스로 찾기 좋다. 쿠키·머핀·피자·과즐 만들기는 사계절 할 수 있고, 11월부터는 감귤 따기 체험도 한다. 야외 공연장은 동네 사람들만 아는 피크닉 스폿이다. 공놀이를 할 수 있는 넓은 잔디밭이 있고, 커다란 나무가 시원한 그늘을 만들어주는 놀이터가 숨어 있다.

05 넥슨컴퓨터박물관   📍 제주시 1100로 3198-8 📞 064-745-1994

아이들이 더 좋아하는 신나는 디지털 놀이터이다. 컴퓨터와 게임의 역사를 살펴보고 직접 체험과 놀이를 할 수 있다. 애플의 공동 창업자인 스티브 잡스와 스티브 워즈니악이 수작업으로 만든 1976년산 애플 1, 세계 최초로 PC라는 이름을 사용한 IBM PC 5150 등이 관람객을 흥분시킨다. 입체 3D 프린터도 직접 관람할 수 있고, 초창기 게임과 3D 게임도 두루 체험할 수 있다. 박물관에서는 다양한 교육 프로그램도 운영한다. '이지 코딩'에선 블록 코딩을 통해 간단한 3D 게임을 직접 제작하며 프로그래밍의 원리와 기초를 이해할 수 있다. 디지털 장난감을 만드는 '만지작' 교육 프로그램도 있다.

06 제주항공우주박물관
📍 서귀포시 안덕면 녹차분재로 218 📞 064-800-2000

제주항공우주박물관은 아시아 최대 규모를 자랑한다. 체험 요소가 집중적으로 배치돼 있어 우주를 향한 반짝이는 꿈을 맘껏 펼칠 수 있다. 실제 비행했던 전투기와 항공기를 속속들이 살펴볼 수 있다. 각종 영상 상영과 상시 교육 체험 프로그램이 시간대별로 매우 다양하다. 영유아 체험관도 무척 알차다. 로비에는 스펀지 블록이 가득한 어린이 상상공작소와 키즈카페를 방불케 하는 '아이 잼 스페이스'가 있다. 실제 비행에 쓰였던 비행기와 전투기 등이 야외에 전시돼 있다. 한번 박물관에 들어온 아이들은 좀처럼 떠나려 하지 않을 테니 단단히 맘먹고 출발하자!

07 제주도립미술관
📍 제주시 1100로 2894-78 📞 064-710-4300

한라산 자락 자연 속에서 국내외 현대미술을 만날 수 있다. 도심을 살짝 벗어났을 뿐인데 공기는 더없이 상쾌하고 풍경은 목가적이다. 미술관 앞 인공 연못에 한라산이 고여 있어 쉽게 발길이 떨어지지 않는다. 어린이 미술학교가 있고, 아이들도 쉽게 접근할 수 있는 체험 전시가 종종 열려 가족 단위로 많이 찾는다. 관람을 마치면 뒤쪽으로 나가 보자. 한라산이 보이는 옥외 정원은 산책하며 휴식하기 좋다. 야트막한 구릉이 이어져 있어 아이들의 장난스러운 발걸음이 빨라진다.

08 제주현대미술관
📍 제주시 한경면 저지14길 35 📞 064-710-4300

저지문화예술인마을을 대표하는 미술관이다. 제주의 자연 친화성을 주제로 한 공모전 최우수작품을 구현한 건축물이다. 개관 당시 작품을 기증한 김흥수 화백의 그림 20여 점과 눈길을 사로잡는 수준 높은 현대미술을 만날 수 있다. 동물 조각이 많은 야외공원도 놓치지 말자. 발길 닿는 곳마다 생생한 예술 체험 학습장이 된다. 길 건너편엔 미디어아트를 즐길 수 있는 문화예술 공공수장고가 있고, 정원 산책로를 따라가면 제주도립김창열미술관이 있다.

토닥토닥, 숲으로 떠나는 힐링 여행

아이에게 있는 그대로의 자연을 보여주자.

자연 속에서 아이들은 좀처럼 지루해하지 않는다.

고개를 내민 새싹과 꽃, 떨어진 솔방울, 고인 물 모두 훌륭한 놀잇감이다.

제주의 숲은 걷기 좋다.

태초의 모습을 간직한 난대림과 곶자왈에서 숨을 크게 들이마시고 내쉬자.

© 제주도청

01 절물자연휴양림 ⊙ 제주시 명림로 584 ☎ 064-728-1510

삼나무가 빽빽하고 시원한 해풍이 불어와 한여름에도 시원하다. 안개가 끼면 무척 몽환적이다. 100만 평 면적으로, 산책로가 비교적 완만하고, 유모차나 휠체어가 다닐 수 있도록 데크가 잘 되어 있다. 숲에 사는 노루나 토끼가 놀러 올 때도 있다. 숲에서 아이들은 어느 때보다 천진난만하다. 아이들이 즐거워하는 이유는 또 있다. 바로 숲길을 걷다가 만나는 놀이터 때문이다!

02 붉은오름자연휴양림 ⊙ 서귀포시 표선면 남조로 1487-73 ☎ 064-760-3481

바로 옆 사려니숲길 유명세에 밀려나 있지만 아이 동반이라면 여기가 정답이다. 삼나무 데크 길은 유모차와 킥보드로도 갈 수 있어 편하다. 잔디광장에 이르면 놀이터와 나무로 만든 자연 놀이 시설이 펼쳐진다. 신나게 뛰놀고 숲과 친해지는 일만 남았다. 목재문화체험장도 들르자. 상시 체험할 수 있는 목공 프로그램이 있고예약·숲나들e 홈페이지 foresttrip.go.kr, 편백 반신욕과 아로마 체험실, 목재 놀이방 등이 있다.

03 제주곶자왈도립공원 ⊙ 서귀포시 대정읍 에듀시티로 178 ☎ 064-792-6047

곶자왈은 용암이 나무, 양치식물, 덩굴식물과 어우러진 특별한 숲이다. 세계에서 유일하게 북방한계 식물과 남방한계 식물이 공존하는 특별한 숲이자 제주의 허파이다. 마치 영화 <아바타> 속 숲에 들어온 것 같다. 제주곶자왈도립공원은 다른 곶자왈에 비해 아이와 걷기 편하게 산책로가 조성돼 있어 가족 단위로 찾기 좋다. 전망대에 서면, 숲 한가운데 있음을 실감하게 된다.

04 서귀포자연휴양림 ⊙ 서귀포시 영실로 226 ☎ 064-738-4544

원시림을 걷는 느낌이 든다. 유모차가 다닐 수 있는 데크도 있지만, 차로 둘러볼 수 있는 순환로가 있어 더 매력적이다. 순환로 마지막에 나오는 '유아 숲체원'은 나무로 만든 놀이 시설이 있어 아이와 가기 좋은 곳이다. 휴양림 온도는 서귀포 시내와 10℃ 정도 차이가 나 피서지로 으뜸이다. 평상과 벤치, 캠핑장과 목재 놀잇감들이 곳곳에 있는 최남단 자연휴양림이다.

오름, 가장 제주다운 자연으로 가자

제주는 화산이 폭발하여 생긴 섬이다.

오름에 오르면 제주가 화산섬임을 가장 실감 나게 느낄 수 있다.

오름은 기생화산을 뜻하는 제주 사투리이다. 제주도에 360개가 있다.

대부분은 10~20분이면 오를 수 있다.

정상에 서면 풍경은 환상적이고, 분화구는 다른 행성에 온 듯 신비롭다.

©제주도청

01 사라봉과 별도봉 ⊙ **사라봉** 제주시 사라봉동길 74, **별도봉** 제주시 화북1동 4472

사라봉은 제주시의 도심 공원이다. 봄에는 벚꽃이 아름다워 밤에도 산책을 많이 나온다. 늦은 밤에도 조명을 켜 위험하지 않다. 사라봉 북쪽 해안에 있는 산지등대제주시 건입동 340-1까지는 차로도 갈 수 있다. 사라봉 전망대에선 제주 도심 풍경을, 등대 쪽에선 항구와 해안 풍경을 눈에 넣을 수 있으며, 카페도 들어섰다. 별도봉은 사라봉 동쪽에 있다. 제주 도심에서 가장 멋진 오름이 아닐까 싶다. 사라봉이 도심 공원이라면, 이곳은 절경 산책길이다. 산책로에서 내려다보면 기암괴석과 주상절리가 아찔하게 벼랑을 이루고 있다. 고개를 돌리면 한라산이 우뚝 서 있다.

02 도두봉 ⊙ 제주시 서해안로 195

공항 활주로와 가장 가까운 오름이다. 비행기를 좋아하는 아이에게는 최고 전망대다. 체력단련 시설과 잘 정비된 탐방로 덕에 남녀노소 힘들이지 않고 오를 수 있다. 너른 데크와 벤치가 있는 정상에 서면 사방이 뻥 뚫려있다. 남쪽은 푸른 바다이고, 북쪽은 제주국제공항과 한라산이 손에 잡힐 듯 다가온다. 정상에 서서 바다, 비행기, 한라산을 모두 만끽해 보자. 입구가 여럿인데, 가장 쉬운 코스는 장안사 쪽이다. 5분만 오르면 정상이다. 벚꽃, 야경 명소로도 유명하다.

03 아부오름   ⓥ 제주시 구좌읍 송당리 산175-2

오름의 마을 송당리에 있다. 본래 이름은 '앞오름'이었다고 한다. 10~15분이면 정상에 올라설 수 있어 부담 없고, 30분이면 굼부리분화구 주변을 한 바퀴 돌 수 있다. 방목하는 소는 열심히 풀을 뜯고, 분화구에 동그랗게 줄을 선 삼나무 군락은 예술 작품이다. 따뜻한 날 들꽃이 춤추는 능선에 앉아 피크닉을 하면 지상낙원이 따로 없다. 단, 시작 1/3은 급경사 구간이다. 스냅과 웨딩 촬영지로 인기를 끌면서 대형 주차장과 화장실도 갖추어 놓았다.

04 군산오름   ⓥ 서귀포시 안덕면 창천리 산3-1

군산은 많은 이들이 제주 최고의 전망으로 꼽는 오름이다. 사계절, 아침부터 저녁까지 언제 가도 전망이 아름답다. 다른 오름보다 두 배 정도 높아 360도 파노라마 뷰를 즐길 수 있다. 시선을 북동쪽으로 돌리면 한라 산이 성큼 다가와 있고, 반대로 돌리면 서귀포 시내와 남쪽 바다가 시원하게 내려다보인다. 그뿐이 아니다. 산방산, 형제섬, 송악산에 이어 가파도와 마라도 너머까지 볼 수 있다. 고맙게도 차를 타고 5분 정도만 올라가면 정상 부근까지 갈 수 있다. 이곳에서 숲길 계단을 조금만 오르면 황소의 뿔처럼 솟아오른 봉우리다. 길이 좁으니 운전이 서툴면 걸어서 올라가자.

05 송악산

송악산은 유모차를 끌고 중간지점까지 갈 수 있다! 서쪽에서 으뜸 절경으로 꼽히는 곳이다. 둘레길이 파도 부서지는 해안 절벽을 따라 이어지는데, 형제섬, 산방산, 군산, 한라산으로 이어지는 남쪽의 아름다운 풍경 을 차례로 감상할 수 있다. 풍경이 너무 아름다워 걷는 내내 감탄을 금할 수 없다. 봄에는 유채꽃밭이, 초여 름엔 수국 군락지가 비밀의 정원처럼 펼쳐진다. 사유지가 아니라 입장료 없이 촬영할 수 있다. 중간중간 벤 치나 식당, 말타기 체험장 등 쉬어 갈 곳도 많다.

06 식산봉 ◎ 서귀포시 성산읍 오조리 313

성산 10경 중 하나로, 성산일출봉 서쪽에 있다. 포구가 둘러싸고 있어 마치 섬 같다. 올레 2코스와 성산오조 지질트레일이 옆으로 지나간다. 10분이면 오르는 고도 60m의 아담한 오름이지만, 전망대에서 성산일출봉 과 바닷가 마을의 멋진 풍경을 조망할 수 있다. 식산봉 입구에는 '오조리감상소'가 있는데, 드라마 <웰컴투 삼달리>, <우리들의 블루스>, <공항 가는 길> 등의 촬영지이다. 주차는 오조리 종합복지회관 또는 오조리조개체험장 건너편에 하고 걸어가야 한다.

만들고 그리는 특별한 체험 여행

이번엔, 직접 만들고 그리며 체험하는 여행을 해보자.
쿠킹클래스, 목공 체험, 그림 그리기……. 제주에서 보고 만난 재료가
상상력의 원천이다. 날이 궂거나 무더운 날에도 할 수 있으니 더욱 좋다.
감성을 키우고 몸의 감각을 깨우는 실내 활동으로
또 하나의 제주 여행 이야기를 만들어 보자.

01 토토아뜰리에

두건을 쓰고 앞치마를 두른 꼬마 셰프들이 어느 때보다 진지하
다. 먼저 텃밭에서 요리에 사용할 제철 재료를 직접 수확한다.
흙 묻은 당근을 뽑고, 탱글탱글 매달린 토마토를 따는 손이 귀
엽다. 전담 선생님과 함께 재료를 손질하고, 레시피에 맞게 음
식을 만든다. 재료 수확부터 시작해 플레이팅까지 모든 과정
에 아이들이 참여한다. 키즈 쿠킹은 48개월~9세 대상이며, 10
세 이상은 성인 프로그램으로 참여하면 된다. 전문 사진작가가
사진을 남겨주어 더 좋다.

◎ 제주시 애월읍 고성북길 112 📞 064-745-7676 ⏱ 10:00, 11:00, 13:30, 14:30, 15:30, 16:30 (매주 월요일 휴관)
₩ 이용가격 20,000원대(네이버 예약) ⊕ 인스타그램 thankstoto_atelier

02 펀빌리티와 아꼬운밧

미술과 책을 영어로 배우는 '펀빌리티'에서는 오설록 녹차밭,
WE호텔 숲, 여미지식물원 등 제주의 자연을 만끽할 수 있는 공
간에서 미술 체험 원데이 클래스를 진행한다. 기질에 따라 펼치
는 신체 정신 예술의 놀이 프로젝트를 지향하는 '아꼬운밧'에서
도 제주다운 클래스를 다양하게 만날 수 있다. 농장이나 테마
농원에서 진행하는 자연물을 활용한 원데이클래스는 물론, 시
즌별로 마을 여행 프로젝트를 진행해 밀도 있는 체험학습 기회
를 마련할 수 있다. 부모에게는 휴식을 줄 수 있도록 사진 촬영도 함께 해주니 마음이 더욱 편안하다.

⊕ 펀빌리티 인스타그램 fun_bility 아꼬운밧 인스타그램 artgoonbat
　*장소와 시간은 인스타그램 공지 참조

03 성수미술관 제주특별점

누구나 손쉽고 자유롭게 그림을 완성할 수 있는 곳이다. 다양
한 도안이 있어 취향에 맞게 고르고 색칠하면 된다. 켄트지에
아크릴 물감으로 칠하는 방식이다. 아이들이 다루기 쉬운 반짝
이, 파스텔, 색연필, 크레용 같은 그리기 도구도 있다. 2시간 동
안 마음껏 상상의 나래를 펼친 뒤 뒷마당과 해안 산책로에서
신나게 뛰어놀자. 미취학 아동은 부모와 함께 그릴 수 있는 패
키지를 선택하면 된다.

◎ 제주시 구좌읍 해맞이해안로 1726 📞 070-7725-1990 ⏱ 11:00~20:00 (매주 월·화 휴무)
₩ 1인 이용권 23,000원부터, 부모1+미취학 아동1은 33,000원부터 ⊕ 인스타그램 seongsu_misulgwan_jeju

THEME TRAVEL
09
소풍가기 좋은 공원

놀거리 가득한 공원에서 소풍 즐기기

공원은 온 가족이 편히 다녀갈 수 있는 쉼터이자
무궁무진한 놀이가 펼쳐지는 곳이다.
제주의 공원은 자연과 어우러져 좋다.
게다가 저마다 특색 있는 모습으로 여행자를 반긴다.
입장료 없이 즐길 수 있는 아름다운 공원으로 달려가자!

01 어영소공원과 용담레포츠공원

바다까지 맘껏 누릴 수 있는 멋진 공원이다. 공항에서 가깝고, 올레 17코스가 지나는 용담해안도로에 있다. 어영소공원은 바다 바로 앞에 있다. 그네를 타면 푸른 바다로 뛰어들 것 같고, 미끄럼틀을 타면 빨려들 것 같다. 용담레포츠공원엔 어린이용 집라인과 통나무 놀이터가 있다. 활주로 바로 옆에 있어 머리 위로 지나가는 비행기를 구경하는 재미도 특별하다.

어영소공원 제주시 서해안로 448
용담레포츠공원 제주시 용담삼동 1071

02 칠십리시공원

서귀포는 공원도 남다르다. 칠십리시공원은 서귀포 사람들의 가족 나들이 장소로 사랑받는 곳이다. 계절마다 옷을 갈아입는 풀과 나무, 돌다리가 놓인 연못 등 자연과 인공이 조화롭게 공존한다. 놀이터는 한라산을 배경으로 들어서 있다. 천지연 폭포와 난대림을 내려다볼 수있는 전망대, 초봄의 매화 군락과 가을의 억새는 공원을 더욱 빛나게 해준다.

◎ 서귀포시 서홍동 648-12

03 대왕수천 예래생태공원

중문 옆 예래 마을에 있다. 공원 전체가 생태 학습장과 다름없다. 2월엔 매화가, 3월엔 벚꽃이 만개한다. 예래생태체험관에선 이 지역의 생태와 문화를 전시한다. 생태 체험 프로그램도 운영한다. 올레 8코스의 일부로, 끝에서 끝까지 걷기엔 꽤 힘들 만큼 공원이 넓다. 대왕수천을 따라 한라산 방향으로 걸으면 냇물과 꽃밭이, 바다 쪽으로 걸으면 논짓물 해변이 나온다.

◎ 서귀포시 예래로 213

04 낙천의자공원, 천 개의 의자

하늘이 천 가지의 기쁨을 내려주었다는 한경면의 낙천 마을의 명물은 올레 13코스에도 포함된 낙천의자공원이다. 각자 이름을 가진 천 개의 의자를 볼 수 있는 곳으로, 마을 주민들이 직접 만들었다. 커다란 미끄럼틀도 있는데, 어른이 타도 스릴이 넘칠 정도다. 초입엔 간식을 파는 매점도 있다. 공원 끝에서 제주의 옛길을 엿볼 수 있는 잣담길 산책로가 이어지며, 엘리베이터가 있는 높은 전망대에 오르면 숨통이 확 트인다. ◎ 제주시 한경면 낙수로 97

여행하며 만나는 제주의 역사

제주에는 우리가 몰랐던 숨겨진 이야기가 가득하다.

섬이라는 지리적 특성 때문에 다채로운 신화와 설화가 전해져 내려온다.

제주는 또한 굴곡진 세월을 견뎌온 섬이다.

섬사람들이 지나온 길을 살펴보는 진짜 여행이 여기에 있다.

자, 과거로 가는 시간 여행 버튼을 눌러보자. 수리수리마수리 얍!

© 제주도청

01 삼성혈
⊙ 제주시 삼성로 22 ☎ 064-722-3315

탐라는 제주의 옛 이름이다. 삼성혈은 탐라의 개국 신화를 간직한 곳이다. 움푹 파인 세 개의 구덩이에서 제주의 시조인 삼성인 고을나, 양을나, 부을나이 용출했다고 한다. 이곳은 눈이 와도 그대로 녹아 쌓이지 않고, 비바람이 몰아쳐도 무너져 내리지 않아 그 신비로움을 더해준다. 세 사람은 활을 쏘아 화살이 떨어진 곳에 터를 잡고 살기로 했다. 그곳이 각각 일도, 이도, 삼도다. 지금도 원도심 지명으로 쓰인다. 봄에는 벚꽃이 흐드러져 산책하기 참 좋다.

02 제주목관아
⊙ 제주시 관덕로 25 ☎ 064-710-6714

제주시의 원도심 삼도동에 있다. 조선 시대의 관청이 있던 곳으로, 이곳은 탐라국 때부터 정치, 행정, 문화의 중심지였다. 연못·조형물·전통 놀이 체험 등 놀거리도 풍부하다. 목관아 바로 옆에 자리를 잡은 관덕정은 제주에서 가장 오래된 건물이다. 보물 제322호로, 세종 30년 1448년에 제주 목사 신숙청이 병사를 훈련할 목적으로 지었다. 지금은 차가 달리는 도로변에 있지만, 예전엔 장이 섰고, 광장 역할을 했다. 동문시장, 칠성로 등 상점가와 가까워 함께 걸으면 더욱 좋다.

03 제주민속촌
⊙ 서귀포시 표선면 민속해안로 631-34 ☎ 064-787-4501

100여 채의 전통 가옥과 제주의 독특한 민속 문화를 만날 수 있는 곳이다. 산촌, 어촌, 중산간촌 등 다양한 제주의 거주 형태를 부락으로 재현해 두었다. 관람 열차, 동물 먹이 주기, 민속 공예품 만들기 등 놀거리가 많아 지루할 틈이 없다. 옛 주막을 닮은 장터에서 향토 음식을 먹으며 쉬어 갈 수 있고, 영유아 동반 가족을 위한 편의 시설도 많아 불편함 없이 둘러볼 수 있다. 표선해수욕장 앞에 있어 제주의 역사와 바다를 함께 즐길 수 있다.

04 너븐숭이 4·3기념관 ⓥ 제주시 조천읍 북촌3길 3 ☎ 064-783-4303

4.3 사건을 생각하면 가슴이 먹먹해진다. 1948년 4월 3일부터 1949년 8월 17일까지 미군정과 이승만 정권은 좌익, 반정부 인사라는 딱지를 붙여 제주도민 3만여 명을 학살했다. 죄 없는 아버지, 아들, 어머니와 딸이 영문도 모른 채 죽음을 당했다. 억울하게 죽은 이들 가운데 10세 이하 어린이만도 약 1,800여 명이었다. 매년 음력 12월 19일 조천읍 북촌리에 가면 고소한 제사 음식 냄새가 진동한다. 한마을에 살던 400여 명이 한날한시에 총과 창에 죽음을 당했기 때문이다. 북촌초등학교 주변의 널찍한 돌밭 '너븐숭이'가 학살 현장이다. 너븐숭이 4·3기념관'은 이 슬픈 죽음을 기념하는 곳이다. 당시의 비극을 재현한 전시관에 들어서면 절로 고개를 숙이게 된다. 곳곳에 솟은 작은 흙무더기는 그날 죽은 아기의 무덤이다. 현기영의 소설 <순이 삼촌>의 무대가 바로 이곳이다.

05 제주4.3평화공원 ⓥ 제주시 명림로 430 ☎ 064-723-4344

4.3 사건 때 학살당한 희생자들을 기리기 위한 공간이다. 2003년 노무현 대통령이 55년 만에 국가 폭력에 의한 희생을 사과했으며, 2014년부터 정부 주도로 희생자를 위로하는 '추념 행사'를 이곳에서 열고 있다. 봉개동 언덕의 공원 안에는 평화기념관, 위령 제단, 위령탑, 봉안관 등이 있다. 아이와 함께 여행한다면 '4.3어린이체험관'에 들러보자. 어린이들이 제주의 아픈 역사를 알기 쉽게 꾸며 놓았다. 만들기와 컬러링 등 체험 프로그램은 6~11세에게 적합하며, 예약 우선제다. 평화, 인권, 민주주의에 대한 가치관을 세워주기에 이만한 곳도 드물다.

06 알뜨르비행장과 섯알오름

알뜨르비행장은 제주도 서남쪽 송악산 아래에 있는 평야 지대이다. 제주도에서 가장 넓은 평지이다. 일제가 제주도 주민을 강제로 징용하여 만든 비행장 흔적이 남아 있다. 들판 곳곳에 20여 개 격납고가 있으며, 그중 19기가 원형 그대로 보존되어 있다. 이곳에서 중일전쟁과 남경 폭격을 준비하고, 가미카제 조종 훈련을 했다. 비행장 옆으로 난 길을 따라가면 만나는 섯알오름은 4.3사건 때 군인과 경찰이 양민을 학살한 곳이다. 일제 강점기에 폭탄 창고가 폭발해 생긴 큰 웅덩이가 있었는데, 이곳에서 양민을 학살했다. 바닷바람이 벌판을 지나 불어올 때마다 비극적인 희생자들의 울음소리가 들리는 듯하다.

알뜨르비행장 서귀포시 대정읍 상모리 1670   섯알오름 서귀포시 대정읍 상모리 1618

ONE MORE
4.3사건 더 알기

동백꽃 마크가 달린 표지판은 4.3 유적지를 나타낸다. 토벌대를 피해 숨어들었던 오름이나 산속의 굴이 유적지이다. 동백꽃 마크는 희생자를 상징한다. '잃어버린 마을' 표석을 따라가면 당시 불타서 없어진 마을 터를 만날 수 있다. 제주 전역에 무려 134곳이나 된다. 좀 더 생생하게 4.3을 만나고 싶다면 영화 <지슬>과 현기영의 소설 <순이 삼촌>을 보고 가자.

책 속으로 떠나는 여행

책 읽는 아이의 눈에선 꿈이 피어난다.

제주에서 만날 수 있는 특별한 어린이 도서관을 모았다.

도서관마다 제주를 테마로 하는 도서 섹션을 별도로 꾸며 놓아 더 특별하다.

자연 가까이에 있는 어린이 도서관으로 가자.

잠시 시간 내어 책 속에 빠져도 좋고, 정원을 거닐며 쉬어도 좋다.

제주특별자치도 공공도서관 lib.jeju.go.kr 제주특별자치도교육청 공공도서관 org.jje.go.kr/lib

01 제주꿈바당어린이도서관

대통령이 제주도를 방문할 때 숙소로 쓰이던 공간
으로, 한때는 제주도지사 관사로 사용했다. 2017년
꿈바당어린이도서관으로 새롭게 탈바꿈했으며, 전
시실도 있다. 연령대별로 책이 다양하다. 숲 놀이터
가 있는 앞뜰도 아름답다. 그네, 오두막 등이 있으
며, 옆에는 작은 매점이 있다.

◎ 제주시 연오로 140 ☎ 064-745-7101
🕐 09:00~18:00(매주 화요일, 설·추석, 12/31, 1/1 휴관)

02 별이내리는숲 어린이도서관

제주학생문화원 옆에 개관한 꿈의 도서관이다. 바다,
곶자왈, 한라산, 하늘 등 제주의 자연을 떠올리게 하
는 멋진 공간이 많다. 유·아동부터 초등학생까지 눈
높이에 맞춰 책을 읽을 수 있다. 계단식 서가와 소파
열람실에선 지루하지 않게 책을 즐길 수 있다. 수유
실과 엘리베이터, 카페, 디지털 존 등을 갖추고 있다.

◎ 제주시 연삼로 489
🕐 09:00~18:00(월요일, 법정 공휴일, 12월 31일 휴관)

03 기적의도서관

MBC <느낌표>와 지자체가 협력해 제주시와 서귀
포시에 하나씩 만들었다. 제주기적의도서관의 넓은
마당은 아이들의 놀이터이다. 유아 그림책 방엔 인
형과 공룡 모형이 있다. 서귀포기적의도서관은 오
름을 닮았다. 서가와 열람 공간이 중정의 소나무를
중심으로 빙 둘러 있다.

제주기적의도서관 ◎ 제주시 동광로12길
☎ 064-728-1504 🕐 09:00~18:00(매주 월요일,
설·추석 연휴, 12/31, 1/1 휴관)
서귀포기적의도서관 ◎ 서귀포시 일주동로 8593
☎ 064-732-3251 🕐 08:00~19:00(매주 월요일, 신정·
설·추석 연휴 휴관)

04 한라도서관

제주도 공공도서관 중 어린이 도서 목록이 가장 많
고, 어린이 자료실도 있다. 화장실이 내부에 있다.
밖으로 나오면 연못 정원과 잔디 마당, 자연학습장
과 방선문 계곡 둘레길이 있다. 체력단련 시설과 벤
치 등도 있어 피크닉 하기 좋다. 구내식당에선 아이
들이 좋아하는 돈가스도 판다. 주차장이 넓고, 버스
정류장도 바로 앞이라 이용하기 편리하다.

◎ 제주시 오남로 221 ☎ 064-710-8666
🕐 어린이 자료실 09:00~18:00(매주 금요일,
설·추석 연휴, 12/31, 1/1 휴관)

사시사철 넘치는 제주 제철 횟감

삼치, 자리돔, 한치, 갈치, 방어……

과일도 제철 과일이 맛있듯 생선도 제철 생선이 맛이 좋다.

횟집에는 죽과 구이류도 충실하게 갖추고 있어서

아이들 먹을거리를 걱정하지 않아도 된다.

봄철의 삼치부터 겨울철의 방어까지 제주도 제철 횟감을 소개한다.

01 삼치

12월~3월

고등어, 꽁치와 함께 등이 푸른 생선을 대표한다. 보통 11월부터 살이 오르기 시작하지만 2~3월에 잡히는 삼치가 살이 가장 튼실하다. 도톰한 삼치 한 점 입에 넣으면 아이스크림처럼 사르르 녹는다. 구운 김에 참기름 고루 묻힌 밥을 얹고 여기에 각종 채소와 비법 양념장을 곁들이면 감동 그 자체다. 제주시에 추자본섬, 일도촌 등 삼치회 맛집이 제법 많다.

추자본섬 ⓥ 제주시 선덕로 14-1 ☎ 064-747-1115
일도촌 ⓥ 제주시 천수로8길 7 ☎ 064-759-4141
사방팔방 ⓥ 제주시 우정로10길 12 ☎ 064-743-4080
추자회소랑 ⓥ 제주시 신설로9길 46-3 ☎ 064-725-5155

02 자리돔

4월~7월

나이 들어 허리 굽지 않으려면 자리돔을 많이 먹으라는 말이 있다. 오래전부터 제주 어른들이 해오던 말이다. 자리돔에 칼슘이 그만큼 많다는 뜻이다. 몸길이 15cm 안팎으로, '돔' 자 붙은 물고기 중 제일 작다. 보목, 대정, 가파도, 마라도 바다에서 많이 잡힌다. 자리돔물회는 제주도가 선정한 향토 음식 가운데 당당히 첫손에 꼽혔다. 보목해녀의집, 어진이네횟집이 유명하다.

보목해녀의집 ⓥ 서귀포시 보목포로 46 ☎ 064-732-3959
어진이네횟집 ⓥ 서귀포시 보목포로 93 ☎ 064-732-7442
바다나라횟집 ⓥ 서귀포시 보목포로 55 ☎ 064-732-3374
바다나라횟집 2호점 ⓥ 제주시 아란9길 19 ☎ 064-755-3374

03 한치

7월~9월

밤바다에 한치잡이 배의 어화가 별처럼 빛나면 여름이 왔다는 뜻이다. 한치는 오징어보다 다리가 짧아 딱 한 치만 하다고 해서 붙여진 이름이다. 제철 한치는 회로 먹어도 좋고, 물회로 즐겨도 좋다. 한치는 여름철 제주 사람들의 소울푸드이다. 한치는 제철이 되면 도내 거의 모든 횟집에서 취급한다. 물회, 비빔밥 등으로 즐길 수 있다. 활어 한치는 투명한 빛깔이 돌고 냉동 한치는 흰색이다.

04 갈치

7~11월 사이가 제철이지만 가을 갈치를 최고로 친다. 몸을 덮고
있는 은분의 색이 밝으면 상품이다. 가을 밤바다를 수놓는 어선
이 모두 갈치잡이 배다. 갈치회는 산지에서만 먹을 수 있다. 횟집
이나 시장의 회 포장 센터에서 취급한다. 배추와 고추, 달콤한 늙
은 호박이 들어간 갈칫국도 별미다. 요즘엔 놀라운 스킬로 뼈를
발라주는 통갈치구이 식당의 인기가 많다.

갈칫국 맛집

네거리식당 ⊙ 서귀포시 서문로29번길 20 ☏ 064-762-5513

한라식당 ⊙ 제주시 광양9길 19 ☏ 064-758-8301

가시 발라주는 통갈치구이 식당

갈치왕 성산점 ⊙ 서귀포시 성산읍 성산중앙로37번길 9 ☏ 064-805-1166

춘심이네 ⊙ 서귀포시 안덕면 창천중앙로24번길 16 ☏ 064-794-4010

올레삼다정 ⊙ 서귀포시 중앙로54번길 18, 2층 ☏ 064-732-7230

제주오성 ⊙ 서귀포시 중문관광로 27 ☏ 064-739-3120

운정이네 ⊙ 서귀포시 중산간서로 726 ☏ 064-738-3883

05 히라스

히라스는 방어의 사촌이다. 원래 이름은 부시리이고 히라스는
일본어이다. 방어보다 높은 섭씨 18~22℃에서 자라기 때문에 늦
여름에 나타나기 시작하여 가을에 많이 잡힌다. 행동이 빨라 낚
시꾼 사이에 '미사일'로 불린다. 방어보다 맛이 더 좋다. 배 부분
이 특히 맛있다.

마라도횟집 ⊙ 제주시 신광로8길 3 ☏ 064-746-2286

만배회센타 ⊙ 제주시 국기로2길 2-9 ☏ 064-742-2553

혁이네수산 ⊙ 서귀포시 동홍중앙로 8 ☏ 064-733-5067

06 고등어

대표적인 회유성 어종으로 무리를 지어 다니는 물고기이다. 서
해에서는 여름에도 잡히지만, 제주도에선 가을에 많이 잡힌다.
불포화지방산 DHA와 단백질이 풍부하다. 가장 맛있는 시기는
가을부터 겨울 사이이다. 이때 지방질이 최대로 올라오는 까닭
이다. 제주도의 횟집에서 대부분 즐길 수 있다.

미영이네식당 ⊙ 서귀포시 대정읍 하모항구로 42 ☏ 064-792-0077

원담 ⊙ 제주시 동광로1길 13 ☏ 064-900-0211

07 옥돔　　　　　　　　　　　　　　　　　　　　　11월

제주도 특산 고급 어종 가운데 하나이다. 바다 밑바닥에서 자란
다. 살이 매우 희며, 맛이 좋다. 11월이 제철이나 잡히는 기간이
짧아 주로 건조 후 냉동 상품으로 많이 판매한다. 회보다는 구이
로 주로 먹는다.

08 광어　　　　　　　　　　　　　　　　　　　　11월~2월

넙치가 본래 이름이지만 광어로 더 많이 불린다. 늦가을부터 잡히기 시작하여 겨울이 제철이지만 양식 덕에
1년 내내 즐길 수 있다. 양식 광어는 배가 검은색에 가깝지만 자연산 광어는 흰색이다. 겨울 광어가 맛이 가
장 좋다. 제주도의 횟집 어디서든 즐길 수 있다.

09 방어　　　　　　　　　　　　　　　　　　　　11월~2월

방어는 제주도를 대표하는 겨울철 횟감이다. 방어 축제가 열리는 모슬포가 방어의 고장이다. 소고기를 떠올
리게 하는 식감에 기름기가 단단히 차오른 제철 방어는 그야말로 특별한 맛이다. 방어는 크기가 클수록 맛
이 좋다. 신토불이수산, 만배회센타가 제철마다 도민들도 즐겨 찾는 방어 맛집이다.
신토불이수산 ⊙ 제주시 정존3길 25 📞 064-748-3346
만배회센타 ⊙ 제주시 국기로2길 2-9 📞 064-742-2553

PART 3
제주시 도심권

▼▼▼▼

여행 지도 | 버킷리스트 | 핫스폿
맛집 | 카페 & 베이커리 | 숍

제주시 도심권 여행지도

듀포레
삼다도횟집
용담레포츠공원
어영소공원
은갈치김밥
마두천손칼국
용담해안도로
제주국제공항

도두해수파크
도두봉
카페나모나모

조랑말 등대

제주명품쑥보리빵(1km)

이호테우 해수욕장
1132

제주시 민속오일장

호텔 시리우스
캐니언파크
도갈비 공항점
롯데시티호텔
엉덩물
베스트웨스턴 제주호텔
제주도청
제주돔베고기집
대춘해장국 노형점
송림식당
수복강녕
그랜드하얏트제주
메종 글래드호텔
추자본섬

서부회센터

한살림제주담을
광어공방 노형점
노조미
코시롱
바로족발보쌈
도갈비
김밥상회
한라대학교
넥슨컴퓨터 박물관
수목원길 야시장
한라수목원
그러므로Part2
담아래 본점

브릭캠퍼스

제주도립미술관
바사그미
미스틱3도

눈비 올 때 갈 수 있는 곳

도두해수파크 제주시 서해안로 236
제주시티투어 제주시 공항로 2
동문재래시장 제주시 동문로 16
국립제주박물관 제주시 일주동로 17
제주민속자연사박물관 제주시 삼성로 40
제주도립미술관 제주시 1100로 2894-78
제주꿈바당어린이도서관 제주시 연오로 140
제주시민속오일장 제주시 오일장서길 26
넥슨컴퓨터박물관 제주시 1100로 3198-8
브릭캠퍼스 제주시 1100로 3047
제주교육박물관 제주시 오복4길 25
제주과학탐구체험관 제주시 산록북로 421
캐니언파크 제주시 삼무로 51
노형수퍼마켙 제주시 노형로 89
김만덕기념관 제주시 산지로 7
소소소 제주시 관덕로 44
        제주시소통협력센터 2층
수목원테마파크 제주시 은수길 69
제주수학체험관 제주시 전농로 88
바운스슈퍼파크 제주센터 제주시 연사6길 61
4.3평화기념관 제주시 명림로 430

하루방보쌈
디앤디파트먼트 제주
스위츠제주호텔
일통이반
제주항
88로스터즈
별도연대
화북포구
삼양해수욕장(1.3km)
샛도리물(1.4km)
수도서관
호텔 휘슬락
서두부수산시장
제주항여객터미널
사라봉
별도봉
1132
크로와상제주빵집
용두암
브라보
제주목관아
아라리오 동문호텔
국립제주박물관
떡집
동문시장
두맹이골목
더 아일랜더
탐라가든
신산공원
전농로 벚꽃길
제주도민속
자연사박물관
젝트
삼성혈
자매정식
한라식당
골막식당
제주시
버스터미널
제주미담
제주시청
일도전복
제주어린이교통공원(7.8km)
제주4·3평화공원(7.8km)
노루생태관찰원(8.7km)
절물자연휴양림(9.2km)
제주
종합경기장
제주교육박물관
적인당보리빵 제주점
빵근
대춘해장국
본점
나이체
피커스
1136
왓섬
1131
아침미소목장(1.7km)
1139
제주대학교
벚꽃길
제주별빛누리공원(700m)
한라생태숲(5.2km)
비자림로(7km)
사려니숲길(7.8km)

☆ 제주시 도심권 버킷리스트 10

① 물빛 반짝이는 이호테우 나들이

이호테우P101는 제주공항에서 가장 가까운 해변이자 제주 시민이 사랑하는 가족 나들이 장소이다. 해수욕장, 광장, 산책로에서 눈부시게 부서지는 파도를 감상하기 좋고, 아이와 뛰어놀기도 그만이다. 쌍둥이 조랑말 등대 사이로 넘어가는 일몰도 장관이다.

② 제주에서 놀멍, 배우멍

알고 만나면 제주는 더 재밌다. 국립제주박물관P102과 제주민속자연사박물관P103에는 아이들 눈높이에 맞춘 전시와 프로그램이 가득하다. 도심에서 보기 힘든 숲이 우거진 삼성혈P105은 자연 속에서 탐라국 개국 설화를 살펴볼 수 있는 멋진 곳이다.

③ 한라수목원에서 힐링 산책하기

한라수목원P106은 제주 시민이 즐겨 찾는 최고 산책로다. 식물들이 싱그러운 숨을 뿜어내는 5만 평의 산림욕장은 힐링 그 자체. 중앙 광장과 연못은 아이들이 맘껏 뛰놀 수 있어 좋다. 가볍게 오를 수 있는 광이오름에선 한라산과 제주 시내를 조망할 수 있다

④ 별이 반짝이는 제주의 밤 즐기기

밤에 아이들과 갈 곳이 마땅치 않아 고민일 때 제주별빛누리공원P113은 혜성 같은 곳. 천체 관측도 직접 해볼 수 있고, 체험 위주의 시설과 넓은 야외까지 갖추고 있어 더 즐겁다. 반짝이는 별과 함께 아이들의 꿈도 무럭무럭 자란다.

⑤ 한 편의 동화 같은 목장 체험

아침미소목장P108에는 송아지 우유주기, 아이스크림 만들기 등 즐거운 체험 프로그램이 많다. 방목 목장은 동화 속에서 튀어나온 것 같은 풍경을 연출한다. 풀밭은 자연 축구장이고, 웅장한 한라산이 보이는 놀이터는 아이들 웃음소리로 가득하다.

⑥ 몽환적인 삼나무 숲, 절물자연휴양림

절물자연휴양림P109의 빽빽한 삼나무 숲으로 들어서면 마음까지 시원해진다. 이슬과 안개가 내리면 무심코 찍은 사진도 작품이 되는 몽환적인 숲이다. 놀이터와 연못도 있고, 데크 산책로를 잘 만들어 놓아 아이와 거닐기 좋다.

⑦ 노루야~ 친구 하자

노루생태관찰원P110은 동물원이 아닌 자연 속의 노루를 만나볼 수 있는 곳이다. 오름 둘레길의 관찰로를 따라 자연의 주인인 노루가 사는 모습을 볼 수 있다. 먹이 주기 체험과 목각 노루 만들기 코너가 있고, 놀이터도 갖추고 있다. 절물자연휴양림 남쪽에 있다.

⑧ 가볍게 올라 시원하게 바라보자! 도두봉

5분이면 오를 수 있는 도두봉P101은 아이와 부모 모두에게 훌륭한 전망대다. 공항 바로 옆에 있어 바다와 한라산을 배경으로 이착륙하는 비행기를 실컷 볼 수 있다. 사방이 뻥 뚫린 정상에서 바라보는 제주는 언제나 아름답다.

⑨ 오션 뷰 카페에서 비행기를 구경하자

듀포레p129는 용담해안도로 동쪽 초입에 있는 카페다. 제주공항으로 착륙하는 비행기와 밀려오는 파도를 동시에 구경할 수 있다. 아이들은 알록달록 비행기와 등대를 보며 즐거워한다. 빵은 프랑스산 재료로 만들어 당일에 판매한다. 뷰는 2층과 루프톱이 좋다.

⑩ 도민 맛집에서 고기국수 한 그릇 뚝딱

고기국수는 아이들이 참 좋아하는 메뉴이다. 진한 육수에 쫀득한 돼지 수육이 듬뿍 올려져 있어 김 가루를 뿌려 후루룩 먹고, 밥까지 말아 먹으면 든든하기 그지없다. 골막식당P118, 제주미담P118 등 도민이 많이 찾는 찐 맛집이 곳곳에 있다.

제주시 도심권 명소
SIGHTSEEING

박물관, 해수욕장, 체험 목장, 별 관측……
직접 체험한 엄마의 경험을 담아 아이와 함께 가면 더 좋을 제주시의 핫플만 엄선했다.
아침부터 저녁까지, 행복은 깊어지고 추억은 차곡차곡 쌓일 것이다.

© 제주도청

▼▼▼▼▼▼

용담해안도로

어영소공원 👤 **추천 나이** 1세부터 📍 제주시 용담삼동 2396-2 (폴바셋 제주 용담DT점 건너편)
ⓘ **편의시설** 주차장, 유모차, 놀이터 🚌 **버스** 444, 445, 447, 453, 454 (도보 5분)
용담레포츠공원 👤 **추천 나이** 1세부터 📍 제주시 용담삼동 1071 ⓘ **편의시설** 주차장, 유모차, 놀이터
🚌 **버스** 444, 445, 447, 453, 454

알록달록 해안도로 놀이터

용담해안도로는 공항에서 가장 가까운 해안도로다. 바다를 바라볼 수 있는 음식점과 카페, 포토존이 줄지어 있어 많은 이들이 찾는다. 어영소공원은 올레길 17코스가 지나는 이곳 바닷길에 있다. 멋진 경관뿐만 아니라 놀이터도 있어 공항 가기 전에 들르면 딱 좋다. 제주에서의 마지막 추억을 바다 앞 놀이터에서 남겨 보자. 용담레포츠공원도 같은 길에 있다. 어린이용 집라인과 흔들다리 등 좀 더 다이나믹한 놀거리가 있다. 머리 위로 아찔하게 지나가는 비행기도 멋진 구경거리다. 해안도로를 따라 서쪽으로 가면 도두동 '무지개해안도로'로 자연스럽게 이어진다. 알록달록 무지개색으로 꾸민 방화벽 앞에서 아이들과 귀여운 사진도 남겨 보자. 실내 공간을 찾는다면 도두해수파크제주시 서해안로 236, 연중무휴, 24시간는 어떨까. 대형 찜질방으로, 놀이방이 있고 바다와 한라산을 바라보며 뜨뜻하게 힐링할 수 있다.

SIGHTSEEING
▼▼▼▼▼▼
동문재래시장

👤 **추천 나이** 1세부터 📍 제주시 동문로 16 📞 064-722-3284, 3001 🕐 매일 08:00~21:00 ⓘ **편의시설** 주차장, 유모차, 수유실&기저귀갈이대(동문수산시장 6번 게이트 앞 생기발랄 청년몰, 동문시장 4번 게이트 앞 제주중앙지하상가 1, 2, 11, 12번 출구) ℗ **주차** 공설시장 공영주차장(동문로4길 9), 재래시장 공영주차장(이도1동 1330-5), 수산시장 공영주차장(이도1동 1349-44)

제주 먹거리는 여기 다 모였다

1945년에 개장한 동문재래시장은 제주에서 가장 크고 오래된 시장이다. 농수산, 축산물 등 제주에서 나는 거의 모든 것이 있다. 각종 생활용품을 파는 상점과 노포도 많아 정감 있는 풍경을 구경만 해도 즐겁다. 요즘은 갈치, 옥돔, 귤, 초콜릿, 오메기떡 등 제주 음식과 기념품을 구매하기 위한 관광객의 필수 쇼핑 코스가 되었다. 사랑분식, 서울분식 등 오래된 떡볶이 맛집과 길거리 음식 코너는 특히 북적인다. 밤에는 야시장으로 변신한다. 8번 게이트 쪽에 푸드트럭 30여 곳이 밤 12시까지 문을 연다. 사람이 무척 많아 어린아이와 함께라면 피로도가 높아질 수 있다.

2, 3번 게이트로 나와 횡단보도를 건너면 산지천이다. 한라산에서 시작한 물줄기가 제주 도심을 관통해 제주항까지 도달한다. 올레 18코스의 시작점이기도 하고, 물길을 따라 산책로가 잘 정비돼 있다. 매일 저녁월요일 미운영 8시부터 30분 동안 음악분수 쇼가 펼쳐진다. 주변에 산지천갤러리, 김만덕 기념관 등 실내 볼거리도 다양하다. 산지천갤러리 주변은 차가 다니지 않아 아이들 놀기도 편하다. 제주사랑방제주시 관덕로 17길 27-1은 숨은 공간이다. 일본식과 제주식이 섞인 전통가옥 고씨주택을 리뉴얼하여 무료로 개방하는 북카페다. 스케이트보드와 킥보드 등을 탈 수 있는 산짓물공원도 바로 옆이다.

> **TIP** **찹찹배송** 동문시장 상품과 시내 유명 맛집의 음식을 공항으로 배달해준다. 전날까지만 예약하면 주차와 웨이팅 지옥을 피할 수 있어 아이 동반 시 편리하다. 네이버 예약을 이용하면 된다.
> 🌐 **홈페이지** jejuchapchap.modoo.at

◀ ONE MORE

이날만 기다렸어!
제주시민속오일시장

👤 **추천 나이** 1세부터
📍 제주시 오일장서길 26
📞 064-743-5985
🕐 매월 2, 7, 12, 17, 22, 27일(08:00~18:00)
ⓘ **편의시설** 주차장, 유모차(대여 가능), 수유실(1층 상인회 사무실 앞), 기저귀갈이대, 놀이터

제주도 곳곳에서 오일장이 열리는데, 그중 가장 크고 역사가 깊은 곳이다. 동문시장이 관광지라면 오일장은 진짜 시장이다. 한 달에 단 여섯 번만 개장해 더욱 특별하다. 약 1,000여 개의 점포가 들어설 만큼 규모가 엄청나다. 도민들이 즐겨 찾는 길거리 음식과 맛집이 즐비한 먹자골목에 들어서면 군침이 절로 돈다. 제주 특산물을 구매해 택배로 보낼 수도 있다. 토끼와 닭, 물고기 등을 파는 곳 앞에선 아이들이 눈을 떼지 못한다. 시골 정취가 물씬 느껴져 구경하는 재미가 쏠쏠하다.

SIGHTSEEING
제주목관아

👤 추천 나이 1세부터 📍 제주시 관덕로 25
📞 064-710-6714 🕐 09:00~18:00(입장 마감 17:30, 연
중무휴) ₩ 성인 1,500원, 청소년 800원, 어린이 400원
ℹ️ 편의시설 주차장(관덕로 7길 13, 매표소까지 도보 5분),
유모차, 수유실, 기저귀갈이대, 정원
🚌 버스 316, 325, 326, 344, 365, 370, 411, 412, 434, 435,
440, 441, 442, 444, 445, 446, 447, 455, 465, 466,
제주시티투어버스

여기가 바로 제주 역사의 중심

제주목 관아는 조선 시대 관청으로, 탐라국의 성주청이 들어선 이래 제주의 정치, 행정, 문화의 중심지였다. 1991년부터 8년 동안 제주대학교 연구단이 발굴 조사를 한 뒤, 2002년에 현재의 모습으로 복원했다. 임금이 계신 한양을 바라볼 수 있도록 지은 망경루에 오르면 제주목관아 풍경이 한눈에 들어온다. 부지가 크지 않아 아이와 함께 둘러볼 수 있고, 연못·조형물·전통 놀이 체험 등 놀거리도 풍부하다. 제주중앙지하상가, 칠성로 상점가, 동문시장 등 구제주 원도심 곳곳과 더불어 둘러보기 좋다. 목관아에서 나오면 바로 옆으로 관덕정이 보인다. 보물 제322호로, 제주에 현존하는 가장 오래된 건물이다. 세종 30년1448년에 제주 목사 신숙청이 병사를 훈련할 목적으로 창건했다. 지금은 차들이 달리는 도로변에 있지만, 예전엔 장이 섰고, 광장 역할을 했던 곳이다. 목관아 주변엔 구제주의 매력을 간직한 카페가 많다. 길 건너편엔 무슈부부커피스 탠드관덕로22, 음파관덕로4길 6, 어반브루잉관덕로 16-1이, 뒷골목엔 대중목욕탕을 개조한 리듬무근성7길 11이 있다.

SIGHTSEEING

이호테우해변

👤 **추천 나이** 2세부터 📍 제주시 이호일동 1665-13
ℹ️ **편의시설** 주차장, 수유실(종합상황실 2층), 유모차(방파
제 및 산책로)
🚌 버스 444, 445, 446, 447, 451, 452, 453, 제주시티투어
버스(도보 5분)

가장 가까운 바다, 정말 멋진 바다

이호테우는 공항과 제주 시내에서 가장 가까운 해변이다. 널따란 모래사장이 있고, 수심이 얕아 아이와 놀기 편하다. 해수욕장 뒤편으로 주차장, 수유실 등 편의시설도 여럿 들어서 있다. 파도가 좋아 사계절 서핑하는 이들도 많다. 해수욕장에서 동쪽으로 눈을 돌리면 조랑말 모양 등대 두 개가 우뚝 서 있다. 빨간색과 흰색을 사이좋게 나눠 입고 있다. 제주의 손꼽히는 인생 샷 명소로, 등대 사이로 떨어지는 일몰이 장관이다. 이호 방파제 쪽에는 차가 다니지 않는 큰 광장제주시 이호일동 374-4이 있다. 가족 단위로 놀러 나온 이들이 많다. 킥보드나 자전거 타는 아이들도 많다. 성수기에는 전동 자동차를 대여해주고 간식을 파는 가판이 생기기도 한다. 해수욕장 개장과 함께 해변 포차도 문을 연다. 성수기엔 주차장이 붐빈다. 주차를 못 했다면 여유로운 편인 방파제 쪽으로 가보자.

ONE MORE

해안도로에서 가볍게 오를 수 있는
도두봉

👤 **추천 나이** 1세부터
📍 제주시 도두일동 산1
🅿️ **주차** 장안사 앞(제주시 서해안로 195)
🚌 버스 444, 445, 447, 453, 454,
제주시티투어버스(입구까지 도보 4분)

공항 활주로와 가까운 도두봉은 비행기가 이착륙할 때 자연스레 마주하게 되는 오름이다. 벚꽃, 일몰, 야경 명소로 유명하다. 용담해안도로 끝자락에 있다. 드라이브만으론 아쉽다면 가볍게 올라 보자. 비행기 좋아하는 아이에게는 최고의 전망대다. 잘 정비된 탐방로 덕에 남녀노소 어렵지 않게 오를 수 있다. 산책하는 주민도 많다. 사방이 뻥 뚫린 풀밭 정상에서 바다, 한라산, 비행기를 모두 만끽해 보자. 입구가 여럿인데, 가장 쉬운 코스는 장안사 쪽이다. 5분만 오르면 정상이다.

SIGHTSEEING
▼▼▼▼▼▼▼

국립제주박물관과 어린이박물관

아이 눈높이로 만나는 제주

> 👤 추천 나이 2세부터
> 📍 제주시 일주동로 17 📞 064-720-8000
> 🕐 09:00~18:00(주말·공휴일 ~19:00, 매주 월요일, 설날, 추석 휴관)
> ⓘ 편의시설 주차장, 유모차(대여 가능), 수유실, 기저귀갈 이대, 정원 🚌 버스 434, 435, 제주시티투어버스

국립제주박물관에선 제주도의 독특한 역사와 문화를 압축해서 만나볼 수 있다. 제주도의 역사를 VR과 영상 등으로 알기 쉽게 접할 수 있고, 특별 전시와 연계되는 교육프로그램도 만나볼 수 있다. 같은 건물에 새롭게 문을 연 '어린이박물관'은 그야말로 어린이 핫플레이스다. 제주의 역사와 문화를 오감으로 경험할 수 있다. 지하에 있는 실감 영상실에선 미디어아트로 아름다운 제주의 모습을 만날 수 있고, 박물관 뒤편 정원엔 잔디밭과 연못이 있어 아이들과 뛰놀며 산책하기 좋다. 숲길을 따라 올라가면 우당도서관과 사라봉, 별도봉으로 이어진다. 이곳까지 둘러본다면 박물관 여행이 더 풍성해진다. 홈페이지 jeju.museum.go.kr

ONE MORE

박물관 앞 오름

사라봉과 별도봉

사라봉 👤 추천 나이 1세부터
📍 제주시 사라봉동길 74
🅿 **주차** 모충사 입구 공영주차장, 우당도서관, 제주국립박물관 주차장 이용
산지등대 📍 제주시 건입동 340-1
별도봉 👤 추천 나이 5세부터
📍 제주시 화북1동 4472
🅿 **주차** 우당도서관 입구 도로변 또는 별도봉길 7

사라봉은 제주항의 뱃고동 소리가 울려 퍼지는 도심 공원이다. 봄에는 벚꽃이 피어 밤에도 아름답다. 늦은 밤에도 조명을 켜 위험하지 않다. 유모차는 계단이 없는 보림사와 영등굿전수관 쪽 길로 오르면 된다. 전망대, 화장실, 자판기, 운동기구 등 편의시설이 잘 갖춰져 있다. 사라봉 북쪽 해안에 있는 산지등대까지는 차로도 갈 수 있다. 등대 앞에는 카페 물결이 있어서 아이와 쉬어가기 좋다. 사라봉이 도심 공원이라면, 별도봉은 절경 산책길이다. 푹신한 매트가 깔린 산책로에서 아래를 내려다 보면 기암괴석과 주상절리가 아찔하게 벼랑을 이루고 있다. 고개를 돌리면 한라산이 우뚝 서 있다.

▼▼▼▼▼▼▼

제주민속자연사박물관

👤 **추천 나이** 2세부터 📍 제주시 삼성로 40 📞 064-710-7708 🕐 09:00~18:00(입장 마감 17:30. 매주 월요일, 명절 당일과 다음날 휴관) ₩ 성인 2,000원 청소년 1,000원 (주차료 1시간 1,000원) ℹ️ **편의시설** 주차장, 유모차(대여 가능), 수유실, 기저귀갈이대, 정원 🚌 **버스** 434, 435, 제주시티투어버스 🌐 **홈페이지** meuseum.jeju.go.kr

제주 사람들은 어떻게 살았을까?

제주민속자연사박물관은 제주 사람들이 간직해 온 전통문화와 자연환경을 깊이 이해하기에 으뜸인 곳이다. '제주 상징관'에서는 제주의 탄생 설화에 대해 알 수 있고, '자연사 전시실'에선 애니메이션으로 제주도의 생성 과정을 실감 나게 만날 수 있다. 또 다양한 동식물 표본이 아이들의 흥미를 자극한다. 전통 생활 풍습을 재현한 '민속 전시실' 또한 육지와 다른 제주만의 색다른 삶의 풍경을 이해할 수 있는 공간이다. 전시 내용이 알차고, 제주 신화의 발상지인 삼성혈, 도심 휴식 공간인 신산공원과 붙어 있어 시간을 넉넉히 잡아 돌아보길 권한다.

> ONE MORE

벚꽃 엔딩
신산공원

👤 **추천 나이** 1세부터
📍 제주시 일도이동 830
ℹ️ **편의시설** 주차장(문예회관·민속자연사박물관·제주영상문화산업진흥원 유료), 유모차
🚌 **버스** 201, 426, 434, 제주시티투어버스

신산공원은 도심 한복판에 있는 시민들의 대표적인 휴식처다. 원형 광장을 중심으로 커다란 놀이터와 잔디밭, 운동기구가 있고, 88올림픽 기념비 등 여러 조형물이 설치돼 있다. 봄에는 벚꽃이 만발하고, 가을엔 단풍이 짙게 물든다. 공원 동쪽에 있는 비인BE-IN 공연장에서는 종종 어린이를 대상으로 하는 공연이 열린다.

SIGHTSEEING
▼▼▼▼▼▼

넥슨컴퓨터박물관

👤 **추천 나이** 7세부터 📍 제주시 1100로 3198-8 📞 064-745-1994 🕐 10:00~오후 18:00(월요일과 설·추석 당일 휴관)
₩ 6,000원~12,000원 ⓘ **편의시설** 주차장, 유모차 운행 가능, 기저귀갈이대, 정원 🚌 **버스** 332, 465, 466

신나는 디지털 놀이터

컴퓨터와 게임의 역사를 살펴보고 직접 체험과 놀이를 할 수 있는 박물관이다. 애플의 공동 창업자인 스티브 잡스와 스티브 워즈니악이 수작업으로 만든 1976년산 애플 1, 최초의 마우스인 엥겔바트, 세계 최초로 PC라는 이름을 사용한 IBM PC 5150 등이 관람객을 흥분시킨다. 특히 애플 1은 전 세계에 50여 대만 남아 있는데, 그중에서 정상적으로 가동되는 건 단 6대뿐이다. 그 6대 중 하나를 이곳에서 구경할 수 있다. 영화 <접속>에 등장하는 PC 통신을 체험해보는 코너도 있다. 입체 3D 프린터 등도 직접 관람할 수 있다. 2층은 게임 체험 공간이다. 초창기 게임부터 3D 게임까지 두루 체험할 수 있다. 박물관에서는 다양한 교육 프로그램도 운영한다. '이지 코딩'에선 블록 코딩을 통해 간단한 3D 게임을 직접 제작해보며 프로그래밍의 원리와 기초를 이해할 수 있다. '만지작'은 디지털 장난감을 만드는 과정이다. 광마우스의 원리를 이해하고 나만의 마우스 만들기 등을 체험할 수 있다. 홈페이지 computermuseum.nexon.com (예약 필수)

SIGHTSEEING
▼▼▼▼▼▼▼

삼성혈

👤 **추천 나이** 1세부터 ⊙ 제주시 삼성로 22 📞 064-722-3315 🕘 09:00~18:00 (입장 마감 17:30. 1.1, 설날, 추석 10시 개장. 연중무휴) ₩ 성인 2,500원, 청소년·군인 1,700원, 어린이(7~12세) 1,000원 ⓘ **편의시설** 주차장(관람 시 1시간 30분 무료), 유모차 운행 가능, 기저귀갈이대 🚌 **버스** 312, 315, 332, 351, 352, 365, 370, 380, 412, 415, 421, 434, 435, 440, 441, 442, 446, 447, 455, 461, 제주시티투어버스(도보 5분)

신비로운 제주 신화를 만나다

제주는 다양한 신화를 간직한 섬이다. 그 가운데 삼신인三神人 신화가 가장 유명한데, 그 이야기를 간직한 터가 바로 삼성혈이다. 국가지정문화재 사적 제134호이며, 한반도에서 가장 오래된 유적이다. 제주인의 시조인 삼성인고을나, 양을나, 부을나이 용출한 장소로, 세 개의 구멍이 아직도 남아 있다. 실제로 제주에는 고, 양, 부 성씨를 가진 사람들이 유난히 많다. 구제주 도심에 있지만, 고목이 숲을 이루고 있어 산책하기 좋다. 굴곡진 곳이 없어 유모차 끌기 편하고, 면적도 아이들과 한 바퀴 돌기 딱 좋은 크기다. 봄에는 고목에서 피어나는 왕벚꽃이 기와를 감싸 무척 아름답다. 애니메이션 영상실과 전통 놀이 체험도 있다. 아이 달랠 거리가 필요하다면 정문을 나와 길 하나만 건너면 놀이터와 편의점이 있으니 걱정 없다. 우측으로는 신산공원과 제주민속자연사박물관이 있다.

SIGHTSEEING

한라수목원

👤 **추천 나이** 1세부터 📍 제주시 수목원길 72 📞 064-710-7575
🕐 야외 전시원 및 산책로 연중무휴 상시개방(일몰 후~23:00 가로등 점등)
₩ 무료(주차료 : 기본 2시간 경차 500원, 소형·중대형 1,000원) ⓘ **편의시설** 주차장, 유모차, 기저귀갈이대
🚌 **버스** 240, 270, 311, 312, 325, 326, 331, 332, 415, 440, 465, 466, 795, 제주시티투어버스(입구까지 도보 10분)

숲의 아이가 되어 보자!

제주의 자생 나무와 아열대식물 1,100여 종의 식물이 자라는 수목원으로, 제주 시민이 즐겨 찾는다. 5만 평에 달하는 삼림욕장엔 1.7㎞의 산책코스가 있다. 광이오름 정상까지 올라갔다 내려오게 된다. 체력 단련 시설과 시소가 있고, 잔디 광장과 생태 학습장 등이 곳곳에 있다. 특히 봄이 되면 입구에 늘어선 벚꽃 가로 수길이 환상적이고, 대나무 숲 계단은 영화 속을 걷는 듯한 착각에 빠지게 한다. 주차장 앞에 편의점과 카페가 있다. 한라수목원 가는 길에 만나는 수목원 테마파크도 아이들과 가기 좋다. 식당과 카페를 비롯하여 사계절 얼음 썰매와 5D 영상관이 있는 '아이스뮤지엄'이 들어서 있다.

◀ ONE MORE ▶ ┈┈┈┈┈┈┈┈┈┈┈┈┈┈┈┈┈┈┈┈┈┈┈┈┈┈┈┈┈┈┈┈┈┈┈┈

즐거운 이 밤!
수목원길 야시장

👤 **추천 나이** 2세부터
📍 제주시 은수길 65(수목원테마파크 내)
📞 064-742-3700
🕐 18:00~23:00(동절기~22:00)

한라수목원 입구 수목원 테마파크에서 매일 야시장이 열린다. 대한민국 최초로 울창한 소나무 숲에 들어선 야시장이다. 빛이 반짝이는 소나무 숲속에서 푸드트럭 음식과 플리마켓을 즐길 수 있다. 음식점, 액세서리 노점, 맥주 가게 등 약 50여 개 상점이 들어선다.

SIGHTSEEING
제주도립미술관

👤 **추천 나이** 1세부터
📍 제주시 1100로 2894-78 📞 064-710-4300
🕘 09:00~18:00(7~9월 20:00까지. 매주 월요일, 신정,
　설날, 추석 휴관)
₩ **입장료** 500~2000원(특별전 요금 상이)
ℹ️ **편의시설** 주차장, 유모차(대여 가능), 수유실, 기저귀갈
　이대, 정원 🚌 **버스** 240, 465, 466

제주의 자연과 현대미술을 한 곳에

국내외 현대미술을 만날 수 있는 복합문화공간이다. 공항에서 노형동 지나 1139번 도로1,000도로를 따라
한라산 쪽으로 오르면 나타난다. 도심을 살짝 벗어났을 뿐인데 목가적인 풍경이 마음을 상쾌하게 해준다.
건물 앞 인공 연못엔 한라산이 비쳐 쉽게 발길이 떨어지지 않는다. 관람을 마치면 뒤쪽으로 나가 보자. 한
라산이 보이는 옥외 정원은 산책하며 휴식하기 좋다. 야트막한 구릉이 이어져 있어 아이들의 장난스러운
발걸음이 빨라진다. 채광이 좋은 1층에는 함덕해수욕장의 유명 카페 델문도가 입점해 있다. '그림책오름'
은 어린이들에게 미술에 대한 호기심을 북돋아 줄 수 있는 곳이다. 어린이용 미술 도서 및 팝업북을 전시
하고 있다. 1시간 단위로 2팀이 입장할 수 있으며, 예약제로 운영한다. 미술관이 있는 1,100도로는 제주에
서 가장 높은 차도로 한라산 1,100고지를 지나 서귀포 중문까지 이어진다. 고도에 따라 달라지는 풍경을
즐기며 한라산을 넘는 드라이브를 하는 것도 색다른 추억이 될 것이다.

아침미소목장

👤 추천 나이 2세부터

📍 제주시 첨단동길 160-20 📞 064-727-2545 🕙 10:00~17:00 (매주 화요일·명절 휴무)
₩ 무료(송아지 우유주기 3,000원, 동물 채소 주기 2,000원, 아이스크림 만들기 7,000원)
ⓘ **편의시설** 주차장, 기저귀갈이대, 정원, 놀이터 🌐 **인스타그램** morningsmile_dairy_farm

동화 속 풍경 같은 목장 체험

월평동 한라산 자락에 있는 아침미소목장은 어른과 아이들 모두가 좋아하는 곳이다. 1978년 문을 열었고, 이후 친환경 목장으로 인정받았다. 한라산의 정기가 내려앉은 곳에 끝없는 초원이 펼쳐진다. 곳곳에 포토존과 산책로가 있고, 잔디밭에서 그네를 타거나 축구를 할 수도 있다. 놀이터까지 있으니 아이들은 떠날 생각이 없다. 송아지 우유주기와 동물 채소 주기 등 아이들이 좋아할 만한 체험 프로그램이 많다. 체험 도구는 현장에서 자판기로 구매하면 된다. 아이스크림 만들기 체험도 할 수 있는데 미리 네이버를 통해 예약해야 한다. 마지막 체험 시간은 오후 세 시이며 시간은 약 20분 걸린다. 각종 컨테스트에서 상을 여럿 수상한 아침미소목장의 신선한 유제품은 카페에서 맛볼 수 있다. 우유, 치즈, 아이스크림 모두 깔끔하고 고소한 맛이 일품이다.

SIGHTSEEING
▼▼▼▼▼▼▼

절물자연휴양림

🧍 추천 나이 1세부터 📍 제주시 명림로 584 📞 064-728-1510 🕐 07:00~18:00(연중무휴)
₩ 성인 1,000원 청소년 600원 어린이(만 7세~) 300원(주차료 경형 1,000원, 중소형 2,000원, 대형 3,000원)
ⓘ 편의시설 유모차, 수유실, 기저귀갈이대 🚌 버스 343, 344

몽환적인 삼나무 숲 놀이터

제주시 봉개동 화산 분화구 아래에 있다. 약 1백만 평에 50년이 넘은 삼나무가 빽빽하게 자라고 있다. 하늘을 밀어 올릴 듯 수직으로 뻗은 삼나무 숲은 평소에도 이국적으로 아름답지만, 안개가 내린 날에는 더 몽환적이다. 산책로가 비교적 완만하고, 유모차나 휠체어가 다닐 수 있도록 데크가 잘 되어 있어 남녀노소 모두에게 무난하다. 산새들이 지저귀고 목청 큰 까마귀가 노래하는 숲에 들어서면 절로 숨을 크게 들이마시게 된다. 피톤치드 가득한 이곳에선 걷기만 해도 힐링이고, 무심코 찍은 사진도 작품이 된다. 입구에서 우측 숲으로 걷다 보면 유아 숲체원과 놀이터가 나온다. 숲에서 아이들은 어느 때보다 천진난만하다. 숲에 사는 노루나 토끼가 놀러 올 때도 있다. 휴양림에는 숲속의 집, 산림문화휴양관, 약수터, 연못, 잔디 광장, 맨발 지압 산책로, 흙길 산책로 등 다양한 시설이 있다. 휴양림 뒤편은 절물오름이다. 전망대가 있는 정상까지 30분이면 오를 수 있다.

SIGHTSEEING
▼▼▼▼▼▼▼
노루생태관찰원

👤 추천 나이 2세부터 📍 제주시 명림로 520 📞 064-728-3611 🕐 09:00~18:00(11~2월은 17:00까지,
목각 노루 만들기 매표 마감 15:30, 만들기 체험은 주말·공휴일 휴무)
₩ 13세 이상 청소년 600원, 성인 1,000원, 먹이주기 1,000원, 목각 노루 만들기 3,000원
ⓘ 편의시설 주차장, 유모차 운행 가능, 기저귀갈이대, 놀이터
🚌 버스 201, 426, 434, 제주시티투어버스

노루와 함께하는 시간

제주시 봉개동 절물자연휴양림 바로 아래에 있다. 거친오름을 중심으로 2.6km의 노루 관찰로를 조성했다.
유모차나 킥보드가 다닐 수 있도록 길이 잘 닦여 있다. 관찰로 중간에 정자와 연못들도 만날 수 있다. 이곳
에선 자연의 주인으로 사는 노루의 모습을 가까이서 만나볼 수 있다. 코스를 천천히 둘러보면 한 시간 남짓
걸린다. 언덕길이 포함되어 있으나 크게 걱정할 필요는 없다. 입구의 놀이터와 상시 관찰원, 먹이 주기 체험
만 해도 아주 즐겁다. 입구에 위치한 전시실에서는 영상과 이미지 등으로 노루의 종류와 생태를 아이들이
이해하기 쉽게 전시하고 있다. 목각으로 노루를 만드는 체험 프로그램을 운영하고 있다. 어린아이도 조금
만 도와주면 손쉽게 나만의 노루를 만들 수 있다. 제주와 노루를 기억하는 값진 기념품이 될 것이다.

SIGHTSEEING
▼▼▼▼▼▼▼
제주4.3평화공원

👤 추천 나이 6세부터 📍 제주시 명림로 430
📞 064-723-4344 🕐 09:00~17:30(입장 마감 16:30, 1·3주 월요일 휴관, 야외 공원은 연중 24시 개방) / 4.3어린이체험관: 09:00~18:00(입장 마감 17:00, 주말·공휴일 휴관), 상설+특별 프로그램 1일 총 4회 진행, 6~11세 참여 가능
₩ 무료 ⓘ 편의시설 주차장, 유모차, 수유실, 기저귀갈이대
🚌 버스 343, 344

제주의 아픔을 기리다

제주4.3평화공원은 4.3사건1948년 4월 3일부터 1954년 9월까지 경찰과 군인에 의해 제주 시민 3만여 명이 희생된 사건 때 희생당한 사람들을 기리는 공간이다. 공원 안에는 평화기념관, 위령 제단, 위령탑, 봉안관 등이 있다. 매년 4월 3일 희생자들을 기리는 행사를 연다. 해맑게 뛰노는 아이들을 보면서 과거의 아픔을 기억하면 마음이 절로 아리다. '4.3어린이체험관'은 제주의 아픈 역사를 어린이들이 알기 쉽게 접할 수 있는 곳이다. 평화, 인권, 민주주의에 대한 올바른 가치관 성립을 목적으로 설립됐다. 주말과 공휴일은 휴관하며, 예약 우선제다. 만들기와 컬러링 등 체험 프로그램은 6~11세에게 적합하며, 체험하지 않더라도 열람실에서 책을 보며 쉬어갈 수 있다.

ONE MORE ────────────

체험하며 교통 안전을 배운다
제주어린이교통공원

👤 추천 나이 5세부터
📍 제주시 명림로 437 📞 064-719-6282
🕐 13:00~17:00(토요일은 10:00부터)
ⓘ 편의시설 주차장, 유모차, 수유실, 기저귀갈이대
🚌 버스 343, 344

4.3평화공원 맞은편에 있다. 실내외 체험관과 놀이터가 있다. 각종 시뮬레이션 장비와 직접 전동차를 운전할 수 있는 체험장이 있어 아이들이 무척 좋아한다. VR, 영상 교육, 자동차 전복체험, 자전거 체험 등 아이들의 흥미를 끌 수 있는 시설을 갖추고 있다. 야외에는 도로와 신호등, 표지판, 놀이터가 있어서 실습하며 놀기 좋다.

SIGHTSEEING
한라생태숲

👤 **추천 나이** 1세부터 📍 제주시 516로 2596 📞 064-710-8688 🕐 09:00~18:00(동절기 17:00까지), 숲 해설 및 유아숲 프로그램 하절기 오전 10시, 오후 2시(인터넷 예약) / 제주도 초등학생 주말 숲 체험 탐방프로그램 4~11월 셋째 토요일(인터넷 예약) / 5·8월 생태학교 일정 별도 공지 ₩ 무료 ℹ️ **편의시설** 주차장, 유모차(대여 가능), 기저귀갈이대
🚌 **버스** 212, 222, 232, 281

제주 숲 체험 일번지

제주시 북쪽 한라산 자락 마방목지 건너편에 있다. 어린이들의 현장학습과 숲 체험 장소로 사랑받는 곳이다. 훼손되고 방치됐던 야초지를 원래의 숲으로 복원했다. 트레킹과 함께 자연 생태계의 다양한 모습을 즐길 수 있다. 연중 운영되는 숲 체험 프로그램은 예약하면 누구나 탐방 서비스를 경험할 수 있다. 유모차, 휠체어가 다닐 수 있는 무장애길을 따라가면 유아 숲체원이 나온다. 아이 동반이라면 필수 코스이다. 나무로 만든 놀이시설이 많다. 계곡 식생 탐방로의 연못에는 아이들이 좋아하는 수중식물과 물고기가 산다. 3~11월에는 월 2회 주말 숲 체험 탐방 프로그램을 운영한다. 초등학생부터 가능하며, 홈페이지에서 예약하면 된다. 5월에는 제주의 상징 참꽃 군락지가 진분홍 물결을 선사한다. 한라생태숲은 겨울도 좋다. 고도가 높아 눈놀이하기에 적합하다. 주차장의 전망대에서는 한라산과 제주 북쪽 바다가 훤히 눈에 들어온다. 절물 휴양림으로 이어지는 숫모르숲길은 많은 이들에게 사랑받는 편백나무 트레킹 코스다.

▼▼▼▼▼▼
제주별빛누리공원

👤 **추천 나이** 1세부터 📍 제주시 선돌목동길 60 📞 064-728-8900 🕐 4~9월 15:00~23:00, 10~3월 14:00~22:00
(폐장 1시간 30분 전 입장 마감. 매주 월요일, 1월 1일, 설날, 추석 휴관 / 입체상영관, 천체투영실, 관측실 운영시간은 계절별
상이하므로 홈페이지 참조) ₩ **통합 관람료** 성인 5,000원, 7~18세 2,000원(선택 관람료 성인 2,000원, 어린이 800원)
ⓘ **편의시설** 주차장, 유모차(대여 가능), 수유실, 기저귀갈이대, 놀이방 🚌 **버스** 441, 442

반짝반짝 빛나는 하늘 아래에서 꿈을 펼쳐봐

제주별빛누리공원은 천체 탐구와 천문 학습의 장으로 활용할 수 있는 과학 문화 공간이다. 전시실과 4D
영상관키 120cm 이상부터 이용 가능, 천체투영실과 관측실 등을 갖추고 있다. 이 공원의 하이라이트는 별 관측
이다. 이를 위해 밤늦게까지 개장한다. 체험 시설은 천체에 관심을 가질 나이라면 무척 유익하다. 그렇지
않더라도 반짝이는 별을 보기만 해도 아이들의 눈은 빛난다. 야외 정원도 무척 넓다. 태양계 광장과 해시
계가 있어 원 없이 뛰어놀며 자연과 천문을 체험할 수 있다. 내부에 작은 놀이방이 있고, 수유실도 잘 되어
있어 어린아이와 동행해도 힘들지 않다. 지대가 높은 곳에 있어 제주의 야경이 아름답게 펼쳐져 저녁 먹고
산책하기 좋다.

ⓒ제주별빛누리공원

SIGHTSEEING

삼양해수욕장

👤 **추천 나이** 2세부터 📍 제주시 서흘길 1-2 ⓘ **편의시설** 주차장, 유모차(산책로) 🚌 **버스** 316, 331, 332

신비롭고 고운 검은색 모래 해변

삼양해수욕장 모래는 검은색이다. 철분이 함유되어 있고 입자가 잘고 부드러워 여름이면 모래찜질 명소가 된다. 신경통, 관절염, 비만증, 피부염, 감기 예방, 무좀 등에 효과가 있다. 뜨겁게 달궈진 몸은 해변의 시원한 용천수로 식힐 수 있다. 검은 모래가 무척 부드러워 아이들도 좋아한다. 피부에서 잘 떨어져 뒤처리하기도 좋다. 가까운 카페를 찾는다면 주차장 바로 앞 에오마르제주시 선사로8길 13-6로 가자. 삼양해변의 뷰를 오롯이 품고 있다. 먹거리, 살 거리, 산책 거리를 찾는다면 주변 아파트 단지로 가면 된다. 해변 뒤로는 울창한 숲으로 둘러싸인 원당봉제주시 원당로16길 16-30이 가깝다. 차로 3분 거리. 분화구에 연못이 숨겨진 오름으로 정상보다 둘레길 전망이 더 좋다. 해맞이 명소이기도 하고, 봄에는 벚꽃이 춤을 춘다.

ONE MORE

올레 18코스의 숨은 명소
화북포구와 별도연대

📍 제주시 화북일동 1537

삼양해수욕장에서 올레 18코스 해안도로를 따라 공항 쪽으로 조금만 가면 나오는 '화북'은 역사 깊은 포구 마을이다. 오래된 마을과 한적한 해안도로의 정취를 즐기기 좋다. '별도연대'는 조선 시대 횃불과 연기로 통신하던 곳. 앞은 바다와 너른 잔디밭, 뒤로는 한라산이 펼쳐진다. 포구 방파제에서 배 구경하며 뛰놀기도 좋다.

쉿! 여긴 정말 숨겨진 곳, 샛도리물

샛도리물제주시 삼양일동 1938-3은 삼양해수욕장 앞
으로 이어진 해안 산책로를 5분 정도 따라 걷다
보면 나온다. 천연 용천수가 흘러나와 생긴 멋진
수영장이다. 여름이면 튜브를 끼고 나와 신나게
노는 동네 아이들의 핫플이 된다. 이것이 바로
제주만의 풍경! 바로 앞에 화장실도 있고, 디저
트 잘 만들기로 유명한 카페 '미쿠니'제주시 서흘길
41도 있다.

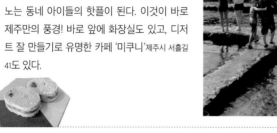

SIGHTSEEING
▼▼▼▼▼▼

제주 시티투어버스

👤 추천 나이 3세부터(월요일 휴무) 📞 064-741-8784
🔄 해안 코스 제주국제공항(2번 게이트 앞)→용담레포츠공원→어영공원→도두봉→이호테우→제주시민속오일시장→서문시
장→관덕정→동문시장→제주항→김만덕기념관→흑돼지거리→용두암→공항 도심 코스 제주국제공항(2번 게이트 앞)→연동
제주국제공항(2번 게이트 앞)→한라수목원→노형오거리→메종글래드→삼무공원→제주버스터미널→제주민속자연사박물관
(삼성혈)→사라봉→제주연안여객터미널(이후는 해안 코스와 동일)
₩ 1일 이용권 성인 12,000원, 소인 및 청소년 8,000원, 미취학 아동 무료 / 1회 이용권 5,000원 미취학 아동 무료
🌐 jejucitybus.com

2층 버스 타고 제주 한 바퀴

제주시티투어버스를 이용하면 제주시의 관광명소를 원하는 곳에서 타고 내리며 편하게 구경할 수 있다.
트롤리 모양 2층 버스라 아이들이 더 즐거워한다. 제주국제공항에서 시작해 원도심과 신제주의 관광명소
를 돈다. 제주시티투어버스 정류장이 있는 곳이면 어디서든 탑승할 수 있다. 일회권만 구매할 수도 있고, 1
일권을 구매하면 원하는 곳에 내려서 구경한 뒤 다시 탈 수 있다. 4~11월에는 금·토 야밤 버스도 운영한다.

제주시 도심권 맛집·카페·숍

RESTAURANT
CAFE&BAKERY·SHOP

 RESTAURANT

도갈비

📍 **본점** 제주시 한라대학로 85 📞 064-712-5330
🕐 16:00~22:30(설날 휴무) 📍 **공항점** 제주시 신대로7길
7 (12:00~22:00, 브레이크타임 14:30~17:00, 일요일 휴
무) ⓘ **편의시설** 주차 가능, 아기 의자
🌐 **인스타그램** jun_dogalbi

칼집 낸 흑돼지 숯불구이

한라대학교 앞에 있는 깔끔한 흑돼지 숯불구이 집이다. 경쟁 치열한 노형동의 흑돼지 식당에서 단연 눈에
띈다. 고기는 일일이 잘게 칼집을 내 불맛을 골고루 입힐 수 있게 내온다. 오겹, 목살, 갈비, 특수부위 모두
대만족이다. 추자도 꽃멸젓볶음밥은 꼭 곁들이자. 숯불구이와 궁합이 잘 맞는다. 반찬과 찌개, 냉면도 정
성이 가득하다. 아기 의자도 있어 편하게 식사할 수 있다. 차는 뒷골목이나 공영주차장에 대면 된다. 공항
점이 널찍하고 점심 영업도 하기에 아이와 가기 더 좋다. 본점은 좁지만 걸어서 3분 거리의 방일리 공원에
놀이터가 있다. 인기가 많은 곳이니 테이블링 어플로 웨이팅 예약을 하고 출발하자.

 RESTAURANT

탐라가든

⊙ 제주시 서사로 51
☎ 064-726-1300
⏱ 12:00~21:40(브레이크 타임 15:00~17:00, 마지막 주문 20:40, 매주 월요일 휴무)
ⓘ 편의시설 주차장, 좌식테이블

제주산 생갈비 전문점

외관만 보아도 오래된 맛집 포스가 느껴진다. 벽돌 건물이 어린 시절 가족 외식의 추억을 떠올리게 해준다. 탐라가든은 돼지고기 생갈비 전문점이다. 두툼한 갈빗대를 양념 없이 생으로 구워 먹는데, 양이 많아 좋고, 무엇보다 육질이 쫄깃하고 부드러워 좋다. 흑돼지 오겹살도 있다. 2층까지 좌식테이블이 있어 아이들과 편안하게 식사할 수 있다. 매콤달콤한 파절임과 냉면도 특별한 기교를 부리지 않았는데 맛이 꽤 좋다. 노련한 종업원들이 친절하게 손님을 맞는다. 동문재래시장에서 차로 5분, 제주공항에서 차로 10분 거리이다.

RESTAURANT

추자본섬

⊙ 제주시 선덕로 14-1
☎ 064-747-1115
⏱ 매일 15:00~22:00
ⓘ 편의시설 주차 가능, 좌식테이블

사르르 녹는 삼치회 맛보았나요?

이곳에선 사계절 추자도에서 공수한 생물 삼치회를 맛볼 수 있다. 특히 겨울 삼치는 입에서 사르르 녹는다. 구운 김에 참기름 고루 묻힌 밥을 얹고 여기에 각종 채소와 비법 양념장을 곁들인 삼치회는 감동 그 자체다. 이밖에 고등어회, 방어회, 제철 회를 가성비 좋은 코스로 만날 수 있다. 모두 방으로 되어 있고, 겨울에는 예약 아니면 자리 잡기 힘들다. 밑반찬과 구이, 탕도 푸짐하게 나오니 아이들 먹을 수 있는 것도 많다. 구제주의 일도촌제주시 천수로8길 7, 064-759-4141도 삼치회로 유명하다.

 RESTAURANT
골막식당

📍 제주시 천수로 12
📞 064-753-6949
🕐 06:30~18:00
ℹ️ 편의시설 주차장, 좌식테이블

고기국수, 그 이상

제주에 수많은 고기 국숫집이 있으나 어디로 갈지 고민이라면, 골막식당을 추천한다. 미식가와 택시 기사의 발길이 끊이지 않는다. 국수는 단돈 6천 원이지만 고기는 듬뿍 넣어준다. 육수는 고기와 멸치를 섞어 내어 일반적인 고기국수와 조금 다르다. 면은 중면을 쓰니 호불호가 갈릴 수는 있다. 하지만 입맛에 맞는다면 제주에 올 때마다 생각날 식당이다. 좌식테이블도 있고, 주차 공간도 넉넉한 편이다.

 RESTAURANT
제주미담

📍 제주시 가령로 19
📞 064-753-0043
🕐 09:00~21:30(브레이크타임 16:30~17:30)
ℹ️ 편의시설 주차장, 좌식테이블, 포장 가능

고기국수에서 막창순대까지

만약 고기국수만 먹는 게 아쉽다면 골막식당과 같은 골목 입구에 있는 제주미담을 찾자. 고기국수는 물론 돔베고기(돼지 수육), 순대국밥과 몸국, 아강발, 막창순대 등 제주산 고기로 만든 향토 음식을 푸짐하게 먹을 수 있다. 맛도 좋지만, 고기와 면을 아끼지 않고 넣어 양이 엄청나다. 생선구이까지 곁들일 수 있어 여러 개 시켜 나눠 먹기 좋다. 좌식테이블도 많고 넓은 편. 여름엔 콩국수도 잘한다.

 **RESTAURANT**
바로족발보쌈

◎ 제주시 진군1길 25
☎ 064-744-5585
⏱ 16:00~24:00(월요일 휴무)
ⓘ 편의시설 주차 가능, 좌식테이블, 포장 가능

흑돼지 족발은 바로족발

제주 사람들에게 맛있는 족발집 추천해 달라고 하면 열에 아홉은 이 집을 꼽는다. 족발과 보쌈 고기는 제주산 흑돼지를 쓴다. 자리에 앉으면 일단 순두부찌개를 불에 올려준다. 보글보글 끓어 얼큰하게 속을 달래고 있으면, 불맛과 양념이 고루 밴 고기가 나온다. 과연 흑돼지답게 쫀득하고 부드럽다. 막국수까지 곁들이면 환상의 조합이다. 불족, 냉채족발, 보쌈족발 세트 등 메뉴 구성도 다양하다. 바로 앞에 공영주차장이 있다.

 **RESTAURANT**
하루방보쌈

◎ 제주시 중앙로2길 9
☎ 064-752-7890
⏱ 11:30~23:00(매주 월요일 휴무)
ⓘ 편의시설 좌식테이블, 포장 가능

제주 보쌈의 정석

탑동 바닷가를 거닐다 배가 고프다면 하루방보쌈이 정답이다. 청정 제주산 돼지고기를 잡내가 나지 않게 부들부들하게 삶아 내고, 여기에 어울리는 김치와 생굴, 알싸한 쟁반막국수와 수제비까지 먹을 수 있다. 제주 막걸리를 곁들이면 완벽한 꿀맛! 도민들이 줄 서는 보쌈 맛집으로, 식사 시간에는 웨이팅이 길다. 브레이크타임이 없으니 붐비지 않는 시간이나 포장을 이용하면 편하다. 주차는 가게 앞 골목 안길, 혹은 근처 칠성골 공영주차장 이용.

🍽 RESTAURANT
일통이반

◎ 제주시 중앙로2길 25
📞 064-752-1028
🕐 12:00~23:30(화요일 휴무)
ⓘ 편의시설 아기 의자, 포장 가능

제주 해남 1호 식당

제주엔 '해녀' 말고 '해남'도 있다. 제주산 싱싱한 해산물을 먹고 싶다면 제주 해남 1호가 운영하는 일통이
반으로 가자. 직접 채취한 자연산 해산물만 취급한다. 2차로 술 한잔하기 좋은 집이지만 아기 의자도 있고,
보말죽도 있으니 가족 단위로 찾기 편하다. 진한 보말죽에 고소한 성게알을 올려 먹는 게 이 집의 트레이
드 마크이다. 좀처럼 보기 힘든 돌멍게도 신선하고, 모둠 해산물로 하나씩 맛봐도 좋다. 골목에 주차해야
하며, 주차 자리가 없으면 길 건너편 이마트 제주점 노상 주차장을 이용하면 된다.

🍽 RESTAURANT
노조미

◎ 제주시 국기로2길 2-3
📞 064-744-0730
🕐 10:30~20:30(매주 월·화요일 휴무)
ⓘ 편의시설 주차장, 아기 의자, 포장 가능

포도호텔의 명성 그대로 왕새우튀김 우동과 돈가스

왕새우튀김 우동으로 유명한 포도호텔 레스토랑에서 근무했던 셰프가 우동과 소바, 돈가스를 만드는 곳
이다. 노조미의 왕새우 튀김은 유명 백화점과 호텔에서 만드는 법을 배워서 갔을 정도로 유명하다. 쫄깃
한 면발의 붓카케 우동과 바삭한 튀김옷에 속은 촉촉한 흑돼지 돈가스가 이 집의 자랑거리다. 정식으로 주
문하면 유부초밥이 나오고, 샐러드드레싱도 직접 만들어 신선하다. 아기 의자도 구비하고 있다. 가게 앞에
주차 공간이 있으나 매우 협소하므로, 가까운 공영주차장을 이용하는 게 더 편하다.

 RESTAURANT

한라식당

📍 제주시 광양9길 19
📞 064-758-8301
🕐 09:00~15:00(주말 휴무)
ⓘ 편의시설 좌식테이블

제주에서만 먹을 수 있는 생선국

싱싱한 생물 생선 한 마리를 통째로 넣어 끓인 생선국을 먹을 수 있다. 육지에서는 상상할 수 없는 맛을 선보인다. 비린내는 전혀 없고, 신선하고 깊은 맛이 일품이다. 고추와 호박을 넣은 갈칫국은 칼칼하고, 각재기국은 시원하며, 옥돔무국은 달곰하다. 기름기 좔좔 흐르는 구이도 서비스로 주고, 성게와 옥돔미역국 메뉴도 있어 아이 반찬 걱정도 없다. 해장으로도 좋아 아침 일찍부터 문을 연다. 여름엔 된장을 푼 제주식 물회도 만날 수 있다. 제주시청 50m 앞에 있으니 공영주차장을 이용하자. 제주시 곳곳에 생선국 전문점이 있다. 앞뱅디식당, 정성듬뿍제주국도 유명하다.

 RESTAURANT

마두천손칼국수

📍 제주시 용해로 45
📞 064-711-9288
🕐 10:00~16:00(재료 소진 시 마감. 매주 수요일 휴무)
ⓘ 편의시설 좌식테이블, 포장 가능

푸짐한 뽕잎 손칼국수에 탕수육

매일 아침 성실하게 칼국수 반죽을 하는 곳이다. 뽕잎 가루를 섞어 면발에서 초록빛이 난다. 보말, 바지락, 소고기 중 육수를 선택할 수 있다. 맛과 식감도 매우 좋지만, 무엇보다 양이 정말 많다. 좌식테이블이 있고 김 가루와 밥이 서비스로 나와 아이와 앉아서 먹기 편하다. 이 집을 다시 찾게 만드는 또 하나의 메뉴는 바로 탕수육. 식당이 공항 바로 옆에 있다. 주차는 뒤쪽 골목이나 바로 옆의 출입국사무소 주차장을 이용하면 된다. 시간 여유가 있다면 아래쪽의 용담해안도로도 들러보자.

🍴 RESTAURANT
수복강녕

◎ 제주시 선덕로3길 40
☏ 064-744-3564
🕙 11:00~16:00(일요일 휴무)
ⓘ 편의시설 주차장, 좌식테이블

제주 흑돼지와 한우 떡갈비

도청 앞 식당에 가면 맛집일 확률이 높다. 수복강녕은 전라도 출신의 젊은 부부가 운영하는 떡갈비 전문점이다. 예약하지 않으면 먹을 수 없을 만큼 인기가 높다. 메뉴는 흑돼지 떡갈비와 제주 한우 떡갈비. 맛도 끝내주지만 네모반듯하고 윤기가 좌르르 흘러 보기에도 좋다. 곁들여 나온 반찬도 예사롭지 않다. 가짓수도 많고, 생선도 1인당 한 마리씩 내어준다. 전라도 손맛을 살린 김치와 국도 떡갈비와 찰떡궁합이다. 노쇼 방지를 위해 오전 9시부터 전화로 당일 예약만 받는다. 예약 없이 이용하고 싶다면 해산물 비빔밥으로 유명한 상춘재제주시 중앙로 598를 추천한다.

🍴 RESTAURANT
대춘해장국

본점 ◎ 제주시 연북로 398 ☏ 064-757-7456
노형점 ◎ 제주시 원노형로 11 ☏ 064-753-7456
시청점 ◎ 제주시 동광로2길 9-1 ☏ 064-723-7456
🕙 06:00~16:00(주문 마감 14:30, 월요일 휴무)
ⓘ 편의시설 주차장, 아기 의자, 포장 가능

치열한 해장국 열전의 승리자

제주도엔 해장국집이 정말 많다. 대춘해장국은 단연 눈에 띄는 곳이다. 주차장은 늘 차로 가득하다. 지점을 많이 내지 않고 20년 넘게 가족 경영으로 맛을 관리한다. 국물에 잡내가 없고, 내용물도 가득하다. 물김치에 고추까지 곁들이면 절로 속이 시원해진다. 선지 파라면 해장국을, 내장 파라면 내장탕을 시켜보자. 잔 막걸리도 추천한다. 국대접에 나오니 애주가라면 절로 함박웃음을 지을 것이다. 아이와 함께 간다면 주문할 때 다진 양념을 따로 달라고 하면 담백한 국물을 준다. 중문서귀포시 일주서로 982에도 지점이 있다.

 RESTAURANT

담아래 본점

📍 제주시 수목원길 23
📞 064-738-5917
🕐 11:00~마지막 주문 18:30(매주 일요일 휴무)
ⓘ 편의시설 주차장, 아기 의자
🌐 인스타그램 underthedam

제주의 자연을 담은 건강한 돌솥 밥 한 상

한라수목원 들어가는 길목에 있는 정갈한 한 상 차림 집이다. 제주에서 난 재료들로 만드는데 하나같이 맛있다. 재료 본연의 맛을 살려 간도 세지 않고, 손맛이 참 좋다. 딱새우간장밥, 한라버섯밥, 꿀꿀김치밥, 뿔소라톳밥을 모두 따뜻한 돌솥으로 만든다. 솥 밥만 시키면 기본 찬과 찌개가 나오고, 5천 원을 추가하면 돔베고기와 가지튀김이 더해져 정식이 된다. 가지튀김은 특히 인기가 좋아 추가로 주문할 수도 있다. 갓 튀긴 가지에 달콤한 소스를 얹어 내와 자꾸만 손이 간다. 먹고 나면 무척 든든하고 건강해지는 느낌이 든다. 직접 만든 귤 드레싱도 판매한다. 웨이팅이 있을 땐 대기 어플 '예써'를 이용하자. 테이블은 7개 있고, 아기 의자와 내부 화장실도 있다. 식사를 마친 뒤 한라수목원이나 수목원테마파크를 들르면 동선이 딱 맞다.

🍴 RESTAURANT

엉덩물

📍 제주시 성두길 7-7
📞 064-748-8885
🕐 11:00~20:30(브레이크타임 15:00~17:00, 일요일 휴무)
ⓘ 편의시설 주차장(건물 앞뒤), 좌식테이블, 포장 가능

물회와 생선국이 끝내주는 도민 맛집

도청 근처 연동에 있는 생선요리 전문점이다. 주메뉴는 물회와 생선국. 메뉴부터 도민 맛집 포스가 팍팍 풍긴다. 제주식 물회는 된장 베이스 국물에 고춧가루를 풀어 식초와 재피초피나무의 제주도 사투리 잎을 넣고, 다 먹을 즈음엔 국수가 아닌 밥을 말아 먹는다. 맑은 갈칫국과 고등엇국도 비리지 않고 시원하다. 매운 고추가 들어가 칼칼하고, 늙은 호박과 알배추를 넣어 균형이 잘 맞는다. 조림과 모둠회, 한여름에만 먹을 수 있는 활 한치물회도 추천한다. 옆 골목의 모살물과 두루두루도 제철 생선 음식으로 유명하다.

🍴 RESTAURANT

앞돈지

📍 제주시 중앙로1길 28 📞 064-723-0988
🕐 09:30~21:40(첫째·셋째 수 휴무, 단 5~8월은 무휴)
ⓘ 편의시설 아기 의자, 포장 가능

이렇게나 맛있는 제주 향토 음식

탑동광장 주변은 오래전부터 먹자골목이 형성된 곳이다. 앞돈지는 택시기사들이 추천하는 향토 음식 맛집이다. 도민들도 육지 손님이 오면 종종 이곳으로 안내한다. 회, 조림, 구이, 물회, 국 등 취향 따라 여러 개 시켜서 나눠 먹기 좋다. 5~8월은 이곳의 시그니처 메뉴인 성게와 한치물회가 제철이기에 휴무 없이 영업한다. 쥐치와 우럭이 들어가는 조림, 한 토막이 어른 손바닥만큼 큰 갈치구이도 추천한다. 모든 재료는 국내산이고, 별미인 젓갈은 택배도 가능하다. 든든히 먹고 탑동광장이나 산지천을 걸으면 딱 좋다.

(())RESTAURANT
삼다도횟집

◎ 제주시 서해안로 572
☏ 064-711-7085
⏲ 10:00~22:00(월요일 휴무)
ⓘ **편의시설** 주차장, 유모차, 아기 의자, 좌식테이블, 픽업
　　서비스, 포장 가능

용담해안도로의 오션 뷰 횟집

공항에서 가까운 용담해안도로에 있다. 초밥, 회덮밥 등 활어회를 사용하여 만든 점심 특선만 시켜도 찐
게 다리, 제주산 황게로 만든 간장게장, 튀김 등 상다리가 부러지게 찬이 나온다. 2인분 이상이라면 매운탕
을 서비스로 준다. 회를 시키면 구이와 탕 등 코스는 더욱 화려해진다. 이밖에 해물탕, 갈치조림 같은 메뉴
도 있다. 입구에는 놀이용 자동차가 비치되어 있으며, 바로 앞은 해안도로 산책로, 뒤는 놀이시설이 있는
용담레포츠공원이라 더 좋다. 주차장 쪽 출입문은 계단이 없어 유모차나 휠체어가 자유롭게 이동할 수 있
게 설계했다. 좌식테이블은 2층에 있다. 픽업 서비스 가능.

(())RESTAURANT
태하횟집

◎ 제주시 동한두기길 31-2 ☏ 064-751-5530
⏲ 11:30~23:00
ⓘ **편의시설** 주차 가능, 아기 의자, 포장 가능
⊕ **인스타그램** jeju_taeha

탑동의 깔끔한 오션 뷰 횟집

뜨거운 여름, 제주 사람들이 몸보신으로 즐겨 찾는 음식은 한치회와 백숙이다. 궁합이 꽤 잘 맞는다. 동한
두기라 불리는 바닷가 횟집 촌에서 이 두 음식을 같이 판다. 태하횟집은 동한두기에서 보기 드물게 깔끔하
고 아이 친화적인 맛집이다. 아기 의자와 소독한 유아용 식기를 갖추고 있다. 치킨가라아게, 수제 찹쌀떡
아이스크림, 생선과 전복구이 메뉴가 있어서 아이들도 만족스럽게 즐길 수 있다. 바다가 한눈에 들어오는
오션 뷰는 기본이다. 아이가 초등학생 이상이고, 전망보다 실속 횟집을 찾는다면 신제주 노형동의 신토불
이수산제주시 정존3길 25을 추천한다. 여름엔 물회, 겨울엔 특대방어가 끝내준다.

 RESTAURANT
일도전복

◎ 제주시 연신로 33-1
📞 064-753-0092
🕐 11:00~20:00(브레이크타임 15:00~17:00, 매주 일요
   일 휴무)
ⓘ **편의시설** 주차장, 좌식테이블, 부스터
🌐 **인스타그램** ildo_jeju

전복으로 즐기는 건강한 만찬

전복 요리로 소문난 로컬 맛집이다. 주변 아파트 단지 주민들과 직장인들이 즐겨 찾는다. 먼저 나오는 반찬만 봐도 벌써 군침이 돈다. 김치부터 샐러드까지 모든 반찬을 직접 만든다. 감칠맛 나는 양념이 절로 입맛을 돋운다. 대표 메뉴는 전복돌솥밥과 뚝배기. 녹두와 톳, 콩 등이 들어간 돌솥 밥에 쫀득한 전복을 얇게 썰어 한가득 올려 내온다. 밥을 간장 양념에 비벼 먹으면 부드럽고 담백한 맛에 빠져든다. 성게알 미역국이 기본 구성으로 따라 나온다. 전복구이와 전북 뚝배기 국물은 술안주로 그만이고, 영양 만점 전복죽은 아이들도 잘 먹는다. 전복을 원 없이 즐기고 싶다면 1인 4만 원 코스가 좋다. 여름철에는 물회도 인기가 좋다. 매장이 깨끗하고 친절한 서비스로 반겨주니 더할 나위 없다. 예약 가능. 공항 근처 오쿠다1호점: 제주시 용문로18길 60-5, 2호점: 제주시 월광로 87도 전복 맛집이다.

🍴 RESTAURANT
코시롱

📍 제주시 노형 1길 12-2
📞 064-742-2253
🕐 10:00~21:00(매주 일요일 휴무)
ⓘ 편의시설 주차 가능(바로 앞 공영주차장), 아기 의자,
　　포장 가능

엄마의 손맛을 느낄 수 있는 한식집

코시롱은 동네 주민이 단골인 한식집이다. 아기 의자도 있고, 음식이 정갈하고 깔끔하다. 손칼국수 면을 쓰는 보말칼국수와 각종 해초가 듬뿍 들어간 바당에비빔밥, 그리고 고소한 감자전과 진한 몸국을 함께 시켜 나눠 먹으면 절로 건강해지는 기분이 든다. 1인분 1만원에 기본 찬으로 샐러드와 꼬치구이도 나온다. 여름엔 콩국수도 개시한다. 사투리를 구수하게 쓰는 여사님들이 운영하는 곳이니 손맛은 보장한다.

🍴 RESTAURANT
자매정식

📍 제주시 서사로19길 21
📞 064-757-2525
🕐 10:30~15:00(매주 일요일 휴무)
ⓘ 편의시설 주차 가능(골목길), 좌식테이블

아이와 가기 좋은 한식 뷔페

자매정식은 구제주에 있는 한식 뷔페다. 주택가 가운데 있어 누가 올까 싶은데, 점심시간이면 약속이라도 한 듯 사람들이 몰려든다. 반찬은 매일 조금씩 바뀌지만, 수육과 쌈 채소, 김치찌개와 된장국, 카레와 국수는 고정 메뉴이자 인기 메뉴이다. 특히 수육은 냄새 안 나고 야들야들하게 삶아 자꾸 손이 간다. 좌식테이블이 있어 아이와 가기 편하다. 너무나 잘 차려진 엄마손 밥상을 단돈 9천 원에 먹을 수 있다. 든든하게 끼니 해결하고 싶을 때 가면 좋다. 어린이 가격은 반액이다.

포장해서 먹기 좋은 맛집을 소개합니다

🍴 김밥상회
무농약 쌀과 제주산 고기와 채소로 만드는 안심 김밥. 어린이 김밥도 있다.
📍 제주시 과원북2길 58 📞 064-744-7222

🍴 송림식당
제주산 닭고기로 만드는 걸쭉한 닭도리탕 전문점. 맵기 정도를 조절할 수 있다.
📍 제주시 신대로14길 34 📞 064-747-5548

🍴 서부회센타
제주시에서 애월읍 가는 길에 회 포장하기 좋은 곳이다. 자연산 모둠회와 제철 회를 취급한다.
📍 제주시 논세길 46 📞 064-744-8971

🍴 제주돔베고기집
잘 삶은 고기의 정석을 보여준다. 과일로 단맛을 내는 김치가 예술이다. 몸국 또는 순두부찌개 서비스까지 준다.
📍 제주시 월랑로4길 6 📞 064-713-9949

🍴 서부두수산시장
제주항 앞에서 신선하고 저렴한 횟거리를 포장해갈 수 있는 곳이다. 단독 건물에 주차장도 바로 앞에 있어 편리하다.
📍 제주시 임항로 49
📞 솔치수산 064-751-1243, 장원수산 064-757-3969

🍴 은갈치김밥
제주산 은갈치 살을 튀겨 넣은 맛깔나는 김밥을 판다. 새콤매콤한 한치무침을 얹어 먹으면 꿀맛. 한치김밥, 전복컵밥 세트도 인기가 많다. 근처에 용담해안도로가 있어 피크닉용 도시락으로 좋다..
📍 제주시 용마서길 30 📞 064-747-2971

🍴 광어공방
쫀득한 숙성 광어회와 연어회 포장 전문 가게이다. 초밥용 밥도 별도로 판매한다. 미리 전화하고 찾아가길 추천한다.
노형점
📍 제주시 노형 6길 20 📞 064-712-1511

TIP 그곳이 알고 싶다! 놀이방 완비 식당
다동뼈감탕, 다시또오리, 도남오거리 외도점, 서민당, 송키샤브샤브, 오렌지나무, 제주순풍해장국 본점, 조마루감자탕, 추사밥상월정, 탐라우돈정육식당, 감미숯불닭갈비, 우등생, 한마음정육식당

☕ CAFE & BAKERY
카페 나모나모

⊙ 제주시 도두봉6길 4
📞 064-713-7782
🕙 10:00~22:00
ⓘ 편의시설 주차장, 유모차, 엘리베이터, 드라이브스루
🌐 인스타그램 cafe_namonamo

해안도로 앞 초대형 카페

용담해안도로에서 이어지는 무지개해안로에 있는 베이커리 로스터리 카페다. 해안도로에 오션 뷰 카페가 많지만, 카페 나모나모 만한 곳을 찾기 쉽지 않다. 실내에 엘리베이터가 있을 정도로 초대형 규모이다. 전 층 오션 뷰이며, 층마다 인테리어와 좌석 배치가 다르다. 밖으로 나가면 곧 무지개해안도로이니 알록달록 무지갯빛 방호벽을 배경으로 멋진 사진을 찍는 것도 잊지 말자. 바다를 배경으로 포즈를 취하면 이윽고 인생 사진을 얻게 될 것이다. 루프톱은 전망대 역할을 한다. 건물 뒤편으로 주차장도 넓고, 드라이브스루 코너도 있다.

☕ CAFE & BAKERY
듀포레

⊙ 제주시 서해안로 579
📞 064-746-4515
🕙 10:00~21:00
ⓘ 편의시설 주차장, 야외 테이블, 유모차 가능
🌐 인스타그램 douxforet

등대와 비행기가 보이는 베이커리 카페

용담해안도로 동쪽 초입의 카페다. 제주공항으로 착륙하는 비행기와 밀려오는 파도를 동시에 구경할 수 있다. 1층엔 베이커리 코너가 있고, 2층은 어디에 앉아도 파도 위에 있는 듯하다. 아이들은 알록달록 비행기와 등대를 보며 즐거워한다. 빵은 프랑스산 재료로 만들어 당일에 판매한다. 뷰는 2층과 루프톱이 좋다. 다만 엘리베이터가 없어 높은 계단을 이용해야 한다. 날이 좋은 날엔 야외 좌석을 추천한다. 바로 앞 빨간 등대가 있는 용담포구까지 걸어가 보자. 짚라인과 놀이터가 있는 레포츠공원도 길 건너편에 있다.

☕ CAFE & BAKERY
바사그미

📍 제주시 1100로 2894-72
📞 064-712-1300
🕐 09:00~22:00 (레스토랑 11시부터, 브레이크타임
14:30~17:00, 마지막 주문 20시)
ⓘ 편의시설 주차장, 아기 의자, 정원, 유모차 가능
🌐 인스타그램 basageumi_official

넓은 정원이 있는 쾌적한 브런치 카페

'바람과 사람 그리고 미술관'을 줄여 부르는 이곳은 러브랜드 테마파크 입구의 넓은 정원을 다이닝 카페로
만들었다. 번화한 신제주에서 한라산으로 오르는 한적한 1100도로 입구에 있는 다이닝 브런치 카페다. 기
대하지 않았는데 음식이 모두 맛이 좋다. 돈가스, 파스타, 피자 등 남녀노소 좋아할 만한 메뉴를 갖췄다. 아
기 의자도 많고 뛰놀고 싶으면 아이들의 호기심을 자극하는 수반이 있는 정원으로 나가면 된다. 통창으로
되어 있어 아이들 살펴보면서 차와 식사를 즐기기에도 좋다. 카페 음료와 디저트, 베이커리 종류도 다양하
다. 전화로 테이블 예약도 가능하다. 다이닝에는 브레이크타임이 있으니 참고하여 방문하자.

☕ **CAFE & BAKERY**
그러므로part2

📍 제주시 수목원길 16-14
📞 070-8844-2984
🕐 10:00~21:00(매주 월요일 휴무)
ⓘ 편의시설 주차장, 정원
🌐 인스타그램 glomuro_coffee

한라수목원 산책길의 필수 코스

구남동에 있던 작은 카페1호점가 커피 맛으로 인기를 얻어 한라수목원 앞에 커다랗고 감각적인 매장을 냈다. 1호점은 매장이 작아 아이 동반으로는 오래 앉아 있기 힘들다. 심플한 곡선 모양의 건물 가운데에는 나무 한 그루가 자라고 있고 앞뜰의 너른 잔디밭에는 꽃이 피어난다. 시그니처 메뉴인 메리하하는 첫 모금을 길게 마셔야 제대로 풍미를 느낄 수 있는 진한 에스프레소 커피다. 다른 커피와 디저트 메뉴도 훌륭하다. 커피 좋아하는 제주 사람들이 빼놓지 않고 추천하는 카페라 해도 과언이 아니다. 맛도 좋고 친절해서 손님이 언제나 많은 게 흠이라면 흠. 솥밥이 맛있는 담아래 길 건너편에 있다. 담아래에서 식사하고 한라수목원을 산책한 뒤 들르기에 딱 좋다.

☕ CAFE & BAKERY
미스틱3도

◎ 제주시 1100로 2894-49
📞 064-743-2905
🕐 08:30~19:00(주문 마감 18:30)
ⓘ 편의시설 주차장, 정원, 아기 의자
🌐 인스타그램 mystic3_cafe

한라산의 숨결이 느껴지는 정원 카페
한라산 아래 정원 카페로 예스키즈존이다. 신제주 노형동에서 10분 정도 산 쪽으로 올라가면 있다. 뒤쪽의 정원 산책로를 따라가다 보면 분수와 연못 등 포토존이 여럿 있고, 말 먹이 주기 체험도 할 수 있다. 건물 2층으로도 가보자. 커다란 액자 모양 프레임에 한라산을 담을 수 있게 만든 멋진 목재 계단이 있다. 사진 찍기도 좋지만, 아이들이 오르락내리락하며 놀이터처럼 즐거워한다. 카페 앞은 내리막이 오르막으로 보인다는 신비의 도로이다. 제주도립미술관이 지척에 있으므로 같이 둘러보면 좋다.

☕ CAFE & BAKERY
피커스 & 싱싱싱

◎ 제주시 아언로 444-1 2층
📞 0507-1401-0240
🕐 11:00~20:50 (주말 10시부터, 마지막 주문 20:30)
ⓘ 편의시설 주차장, 아기 의자, 정원, 유모차 가능
🌐 인스타그램 pickus_jeju

롤러장이 있는 초대형 카페
공항에서 15분, 한라산 뷰의 초대형 카페이다. 1층은 SING SING SING이라는 실내 롤러장이고 아이들이 좋아하는 간식을 파는 매점이 달려있다. 롤러와 안전 장비는 모두 대여할 수 있다. 2층은 피커스 카페이다. 디카페인 원두로 변경할 수 있고, 딸기와 망고 등 달콤하고 귀여운 음료도 많아 골라 마시는 재미가 있다. 정원도 무척 넓어 어디서든 뛰놀고 사진 찍기 좋다. 먹고, 놀고, 마시고, 휴식까지 원스톱으로 할 수 있는 훌륭한 키즈프렌들리 카페다.

CAFE & BAKERY
왓섬

📍 제주시 오등4길 3
📞 064-746-6916
🕐 10:00~19:00(토·일·공휴일에만 오픈)
ℹ️ **편의시설** 주차장, 아기 의자, 기저귀갈이대, 정원, 놀이터
🌐 **인스타그램** _wat.sum_

마음껏 뛰놀기 좋은 예스키즈존 브런치 카페

루프톱에서 한라산을 감상할 수 있는 예스키즈존 카페다. 차에서 내리면 일단 아이들은 정원으로 뛰어갈 것이다. 타프그늘막 아래에 테이블이 있어 노는 아이들 보며 올 데이 브런치를 즐길 수 있다. 모래놀이장과 토끼 먹이 주기 체험, 귤 따기 체험겨울도 가능하다. 비눗방울을 판매하고, 축구공이 비치돼 있다. 커피를 비롯해 와플, 프렌치토스트 등 브런치 메뉴가 있다. 수유실은 없지만, 이야기하면 스텝 룸에서 가능하다.

CAFE & BAKERY
브라보

📍 제주시 산지로 19
📞 064-759-0019
🕐 12:00~20:00(화요일 휴무)
ℹ️ **편의시설** 유모차, 포장가능
🌐 **인스타그램** bravo.gelato

산지천 거닐다 즐기는 로컬 젤라토

초당옥수수, 딸기, 레몬, 당근 등 제주에서 나는 제철 맛들의 만남의 광장이라 할 수 있다. 젤라토와 소르베는 건강한 동시에 달콤한 디저트다. 재료 본연의 맛과 풍미가 자연스럽게 어우러져서 좋다. 컵 하나에 두 가지 맛을 골라 가득 채워준다. 실내는 넓지 않지만 잠시 앉았다 갈 수 있다. 작은 횡단보도만 건너면 차 없는 산지천 산책로라 아이들과 놀기 편하다. 포장은 급속 냉동 시간이 필요해 전화 예약하도록 하자. 같은 라인에 있는 내음커피바산지로 17도 이른 아침부터 문을 열고 정원에도 테이블이 있어 아이들과 찾기 좋다.

커피를 사랑한다면 이곳도 포기하지 말자

☕ 나이체
에스프레소 전문점이다. 디저트와 초콜릿 음료도 있다. 이른 아침부터 문을 열어 모닝커피 수혈에 제격이다. 아기 의자와 실내 화장실도 갖추고 있으며, 바로 옆 공영주차장도 넓다.
📍 제주시 인다6길 35
📞 064-722-0635

☕ 스테이위드커피
커피 마니아라면 놓치고 싶지 않을 카페다. 취향에 맞는 원두를 시향 후 고르면 정성스레 내려준다. 3층 건물이지만 계단이 아니라 유모차를 끌고 올라갈 수 있다. 원두 구매 가능.
📍 제주시 해안마을5길 29
📞 070-4400-5730

☕ 88로스터즈
화북포구의 아담한 로스터리 카페다. 커피와 디저트가 모두 맛있고, 원두 납품도 한다. 아기 의자와 기저귀갈이대까지 준비돼 있다. 마을 토박이인 바리스타가 늘 유쾌하게 손님을 맞이한다.
📍 제주시 금산5길 35-1
📞 070-4400-1988

TIP

그곳이 알고 싶다!

빵순이 빵돌이를 위한 빵지 순례 명소

🥖 빵굼
가게는 정말 작은데, 제주에서 가장 뜨거운 빵집이다. 그러므로 part2의 1호점이 바로 옆에 있다. 두 곳을 같이 들러도 좋겠다.

📍 제주시 구남동6길 45-1 📞 064-757-0392

🥖 보엠
건강하고 속이 편한 식사용 빵을 찾는다면 단연 이곳이다. 6년 연속 블루리본 맛집에 선정됐다. 노형동 아파트 상가에 있는 작은 빵집이다.

📍 제주시 원노형로 102 한화아파트 상가동 103호
📞 064-711-9990

🥖 오캄
유기농 밀가루로 화학 첨가제를 사용하지 않고 만드는 건강한 빵집이다. 샌드위치도 맛있고, 테이블도 널찍하다. 제주시 북쪽 한라산 자락 끝에 있다. 맑은 날엔 한라산이 보인다.

📍 제주시 정실3길 118 📞 064-748-3118

🥖 크로와상 제주빵집
상호처럼 크루아상과 식사용 빵, 과자를 판매한다. 유기농 밀을 사용하며, 보존제와 화학첨가물을 넣지 않아 건강과 맛을 동시에 선사한다.

📍 제주시 건주로33 📞 064-725-1009

SHOP 아일랜드 프로젝트

◎ 제주시 전농로 29 ☏ 064-755-1955
🕐 12:00~19:00(주말은 20:00까지)
🌐 인스타그램 islandproject_official

제주를 입는다

제주JEJU 로고를 큼지막하게 내세운 카페 겸 패션 브랜드. 제주를 상징하는 알파벳과 이미지를 담아 많은 셀럽과 패션 피플들이 착용하기도 했다. 온라인 숍으로도 구매할 수 있으며, 어린이용 티셔츠도 판매한다. 제주시 구도심 전농로에 있다. 매년 3월 말부터 4월 초면 전농로 일대가 벚꽃으로 화사하게 빛난다.

SHOP 더아일랜더

◎ 제주시 관덕로4길 7 ☏ 070-8811-9562
🕐 10:30~19:00(수요일 휴무, 브레이크타임 15:00~16:00)
🌐 인스타그램 jeju_the_islander

특별한 이야기가 담긴 제주 기념품

기념품 숍이 즐비한 제주에서 2013년부터 굳건히 자리를 지키고 있는 상점이다. 어디서 본 듯한 제품보다는 제주의 특별한 이야기를 담은 소품과 디자인 상품을 엄선해 판매한다. 매장에서 커피도 즐길 수 있으며, 인터넷으로 재고 상품을 확인하거나 구매할 수 있다. 같은 골목의 클래식문구사, 이후북스도 함께 둘러보기 좋다.

SHOP 디앤디파트먼트 제주

◎ 제주시 탑동로2길 3 ☏ 064-753-9902
🕐 11:00~19:00(마지막 수요일 휴무, 식당은 15:30까지)
🌐 인스타그램 d_d_jeju

제주를 담은 롱라이프 디자인숍

지속 가능한 제품을 판매하는 유명 편집 숍의 제주점이다. 기념품 가게에서는 보기 힘든 제주 전통주 컬렉션과 간식 등을 갖추고 있다. 건물 벽면의 'd'로고는 감성 넘치는 포토존이다. 제주점은 호텔 역할을 하는 'd room'과 식당, 카페, 술집까지 갖추고 있어 쇼핑에 흥미가 없는 사람이라도 지루하지 않다.

🏪 SHOP 제주명품 쑥보리빵

📍 제주시 우정로 2 📞 064-711-2462
🕐 07:30~19:00(일요일 휴무)

내공 깊은 보리빵 전문점

제주 특산품인 보리빵 전문점이다. 다른 가게들과 달리 쌀가루와 밀가루 중 택할 수 있으며, 카스텔라와 머핀, 기정떡막걸리 발효 떡 등 종류도 다양하다. 쑥찐빵과 쑥쑥이는 쫀득한 식감에 달지 않고 크기도 귀여워 자꾸만 손이 간다. 낱개로 구매할 수 있고, 택배도 가능하다. 애월읍에서 공항 가는 길에 있다.

🏪 SHOP 덕인당 보리빵

제주점 📍 제주시 연삼로 180 📞 064-756-6153
🕐 09:00~17:00, 매주 일요일 휴무

수요미식회에 나온 빵집

제주 동부에서 공항 가는 길에 보리빵을 구입하고 싶으면 덕인당 제주점 또는 본점으로 가면 된다. 본점은 조천제주시 조천읍 신북로 36 에 있고, 제주시에도 지점이 있다. 박스로 구매 시에는 전화로 택배 주문도 가능하다. 찾는 이가 끊이지 않지만, 작업자 손이 빨라 거의 기다리지 않는다.

🏪 SHOP 유라케

📍 제주시 월성로 39 📞 064-747-1670
🕐 07:00~20:00
🌐 인스타그램 your_ricecake

새로운 오메기떡

오메기떡은 제주의 전통 음식이다. 유라케는 국내산 찹쌀, 차조, 제주 고산 쑥을 넣어 만든 오메기떡 전문점이다. 달지 않고 포장을 하나씩 깔끔하게 해서 젊은 엄마들에게 입소문을 탄 집이다. 공항 앞에 있으며, 모든 제품을 시식할 수 있다. 공항 픽업 서비스, 택배도 가능하다. 보냉 포장도 예쁘게 해준다.

SHOP
부부떡집

📍 제주시 서문로 61
📞 064-752-1956
🕐 09:00~16:00

20년 한자리를 지켜온
서문시장 앞에 있는 간판이 빨간 떡집이다. 1992년부터 문을 연 오래된 집이다. 명절에는 줄을 서야 할 정도이다. 어린 시절부터 시장 떡집, 하면 떠오르는 다양한 떡을 판매한다. 모두 쫀득하고 달지 않아 여간해서 물리지 않는다. 포장은 투박하지만, 오메기떡도 냉동 포장 및 택배로 판매한다.

SHOP
한살림 제주담을

📍 제주시 월광로 12
📞 064-745-5988
🕐 10:00~20:00(일요일~17:00)
🌐 인스타그램 hansalimjeju

한살림이 담은 제주 먹거리
제주 소농과 소가공 생산자 등이 힘을 합친 직거래 매장과 물류센터, 농민 장터 등 여러 가지 역할을 하는 곳이다. 제주에서 나는 친환경 먹거리와 한살림의 건강한 먹거리 등 3,000여 개 품목을 만날 수 있다. 앞마당이 잔디라 아이들 뛰놀기 좋으며, 수유실도 갖추고 있다. 매월 첫째 주 토요일에는 '담을장'이 열린다. 공항에서 차로 10분 거리인 노형동에 있다.

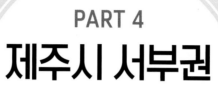

PART 4
제주시 서부권
애월읍·한림읍·한경면

▼▼▼▼

여행 지도 | 버킷리스트 | 핫스폿
맛집 | 카페 & 베이커리 | 숍

제주시 서부권 여행지도

눈비 올 때 갈 수 있는 곳

토토아뜰리에 제주시 애월읍 고성북길 112
성이시돌센터 제주시 한림읍 금악북로 353
제주도립김창열미술관 제주시 한림읍 용금로 883-5
제주현대미술관 제주시 한경면 저지14길 35
제주고산리유적안내센터 제주시 한경면 노을해안로 1100
아르떼뮤지엄 제주시 애월읍 어림비로 478
하이파이브 제주시 애월읍 고내로13길 107
액티브파크 제주시 한림읍 금능남로 76
상명정낭문화공간 제주시 한림읍 상한로 4
호끌락 키즈북카페 제주시 애월읍 광성로 242-1
아르떼키즈파크 제주시 애월읍 월각로 929
아이바가든 제주시 애월읍 고성남서길 10
탐나라공화국 헌책도서관 제주시 한림읍 한창로 897
9.81파크 제주시 애월읍 천덕로 880-24
그리스신화박물관 제주시 한림읍 광산로 942
제주홀릭뮤지엄 제주시 애월읍 평화로 2835

제레미
한담해안산책
곽지해수욕장
카페태희
무인제주
심바카레
1132
비양놀
평수포구
선운정사
한림오일장
문어빵빵
한림정육식당
한림항
(비양도 여객선)
한림읍
인섬
호돌이식당
비양도
rnr 베이커리
오지힐그라운즈
호텔샌드
쉼127펜션
우무
명월성
기영상회
금능해수욕장
협재해수욕장
금능샌드
카페닐스
제주마중펜션
돼지굽는 정원
오늘도하루제주
한림공원
명월국민학교
잔물결
커피타는 야옹이
명월리
월령리선인장군락지
선인장식당
해거름마을공원
나무앤씨키즈펜션
정월오름
디자인에이비
제주맥주
한경면
신창리
상명정낭문화공간
상명식당
금오름
신창풍차해안도로
금자매식당(5km)
다금바리스타(6km)
낙천의자공원
고산리유적(6.5km)
제주돗
김창열미술관
라온CC
수월봉과엉알길(8km)
유람위드북스
저지문화예술인마을(제주현대미술관)
뚱보아저씨
책방 소리소문

애월해안도로

날마다디자인

구엄포구
구엄리 돌염전

남도리쉼터   중엄리새물   애월
전분공장   흰수염고래리조트   하귀초등학교

하이파이브   다인오세아노호텔   구엄초등학교   베어파인   제주서부경찰서   광령리

애월항   양데팡당   토토아뜰리에   그라운드폴

고내포구   샐리스호텔   호끌락   고추냉이식당   키즈북카페   윈드스톤

애월읍   카페브리프   제주훌릭 뮤지엄
사무소   항파두리 항몽유적지

더럭초등학교   모들한상   1136   너와의첫여행   비스마일   제주기와   제주 관광대학교
장전초등학교   휴림

애월읍

스테이아이   아이바가든

푸르곤   꿈낭밥집

금산공원   나무엔

여가한옥펜션   로그밸리펜션   소길리   1135

도치돌한우숯불   상가리   유수암리

제주양떼목장   화조원
1126   도치돌알파카목장   렛츠런파크제주

어음분교1963   녹색식당   1117

981파크

봉성리

어음리

새별오름
이달오름   새빌카페
새별오름 주차장

아르떼키즈파크

성이돌목장   그리스신화박물관
(카페 우유부단,
새미은총의동산)   나인브릿지CC

탐라공화국 헌책도서관

제주시 서부권 버킷리스트 10

❶ 황홀하고 낭만적인 해변 산책

에메랄드빛이 마음을 들뜨게 한다. 낮에 걸어도 좋고, 노을 아래에서 하루를 마감하는 것도 멋지다. 한담, 월령리P158, 신창P159, 엉알해변P160이 아이와 가기 좋다. 유모차와 킥보드로도 갈 수 있는 안전한 해안 산책로다. 잊을 수 없는 풍경을 담아가자.

❷ 금능과 협재의 에메랄드빛 해수욕장

금능P153과 협재해수욕장P152은 물이 얕고 잔잔해 아이들이 놀기 좋은 해변이다. 새하얀 모래는 맨발로 밟아도 부드럽다. 보말과 꽃게도 만날 수 있다. 아이와 함께한 추억이 오래도록 미소 번지듯 새록새록 피어날 것이다.

❸ 살아 숨 쉬는 제주의 숲 걷기

애월읍 납읍리의 금산공원P149은 신비로운 상록수림이다. 곶자왈은 제주의 천연림으로, 용암이 식으며 남긴 독특한 돌밭 위에서 다양한 동식물이 더불어 살아가는 곳이다. 마치 영화 <아바타>의 정글을 연상케 하는 풍경이 인상적이다. 청수곶자왈에선 여름에 반딧불을 만날 수 있다.

❹ 사계절 꽃이 피는 항몽유적지

항파두리 항몽유적지P146는 고려 시대 삼별초의 최후 항쟁지이다. 높게 쌓았던 토성은 멋진 산책로가 되었다. 토성에 올라서면 서쪽 바다가 시원하게 내려다보인다. 계절이 바뀔 때마다 꽃밭을 넓게 일구어 사진 찍기 좋다. 게다가 입장료도 무료.

❺ 성이시돌목장, 평화롭고 이국적인

성이시돌목장P155은 독특한 아치형 건축물인 테쉬폰을 만날 수 있는 곳이다. 막힘없이 뻥 뚫린 목초지와 그 위를 거니는 말을 배경으로 스냅 사진 찍기 좋다. 목장에서 짠 우유와 그곳에서 만든 아이스크림 등을 맛볼 수 있는 카페 우유부단도 있다.

⑥ 자연과 어우러진 예술 체험

한적한 저지문화예술인마을P156에는 아이들 체험 거리가 많은 제주도립김창열미술관P157과 제주현대미술관P156이 있다. 조형물이 놓인 잔디 정원도 넓고, 주변에 제주만의 풍경을 간직한 곳이 많아 천혜의 자연 속에서 생생한 예술 체험을 할 수 있다.

⑦ 숲속 목장 삼총사

애월읍 납읍리의 아무것도 없을 것 같은 숲으로 가면, 다른 세상이 펼쳐진다. 유럽의 목가적인 풍경을 연상케 하는 제주양떼목장P149, 도치돌알파카목장P150, 화조원P150이 이곳에 있다. 신이 난 아이들이 깡충깡충 뛰어논다. 그 모습을 보고 있으면 저절로 미소가 피어난다.

⑧ 렛츠런파크에서 제주 말과 놀기

렛츠런파크P148는 제주 마사회에서 운영하는 경마장이다. 72만 제곱미터의 넓은 공원에 놀이 체험 시설이 다양해서 가족 나들이객이 많다. 다이내믹한 놀이터와 말타기 체험도 가능하다. 한라산을 배경으로 점프할 수 있는 에어바운스도 인기 만점이다!

⑨ 잔디밭에서 뛰놀 수 있는 근고기 맛집

굽는 시간이 길어 아이와 먹으려면 진땀 빼는 근고기를 마음 편하게 먹어보자. 제주돗P167과 발리가든의 잔디밭에서 공을 차고 비눗방울을 날려 보자. 돼지굽는정원P167에선 개별 글램핑장 테이블에서 오붓하게 즐길 수 있다.

⑩ 예쁘고 핫한 예스키즈존 카페

아이들과 동행해도 눈치 보이지 않는 핫한 카페들이 서쪽에 즐비하다. 명월국민학교P175와 어음분교1963P175은 폐교를 리모델링했고, 예스키즈존 간판을 내건 푸르곤P174과 너와의 첫 여행P171, 제주기와P170도 있다. 예쁘고, 놀거리 많은 카페에서 힐링하자.

제주시 서부권 명소
SIGHTSEEING

에메랄드빛 바다, 파도 소리 들으며 걷는 해안 산책로, 숲속 예술 마을,
환호성이 절로 나오는 환상의 드라이브 코스, 아이가 더 좋아하는 목장 체험…….
어른도, 아이도 더불어 즐겁게 해줄 제주시 서부의 핫플을 모두 모았다.
가자, 제주 서부로!

SIGHTSEEING
애월해안도로

구엄리 돌염전 👤 **추천 나이** 3세부터 📍 제주시 애월읍 애월해안로 713 ⓘ **편의시설** 주차 가능
중엄새물 👤 **추천 나이** 2세부터 📍 제주시 애월읍 신엄리 961 ⓘ **편의시설** 주차 가능
남도리쉼터 👤 **추천 나이** 2세부터 📍 제주시 애월읍 신엄리 2806-7 ⓘ **편의시설** 주차 가능

에메랄드빛 환상 드라이브

공항에서 약 25분 떨어진 애월해안도로는 제주 서쪽을 대표하는 드라이브 코스. 길은 하귀2리에서 시작해 애월항까지 해안선을 따라 9km쯤 이어진다. 오션 뷰 카페와 레스토랑이 즐비하며, 자전거전용도로와 산책로가 잘 갖춰져 있다. 저녁 무렵엔 노을이 하늘과 바다를 붉게 물들인다. 대표 스폿은 구엄리 돌염전과 중엄 새물, 신엄리의 남도리쉼터이다. 구엄리 돌염전은 해안가의 평평한 현무암에서 소금을 생산하던 곳이다. 바위 위에 진흙으로 둑을 쌓아 그곳에 고인 바닷물이 마르면서 소금이 생겨났다. 소금 생산은 390년 동안 구엄리 사람들의 생업이었다. 지금은 생산을 멈췄지만, 파도가 몰아치는 절벽 위에 넓게 드리운 돌염전이 독특한 풍경을 연출한다. 남쪽으로 달리면 중엄 새물과 남도리 쉼터가 나온다. 새물은 바닷물이 용천수에 섞여들지 않게 하여 식수를 마련했던 곳. 검은 절벽이 예술이다. 남도리쉼터엔 도로에서 벗어난 해안 산책로가 있다. 잠시 걸어보자. 오랫동안 파도 소리가 귓가에서 떠나지 않을 것이다.

© 빈중권

SIGHTSEEING
항파두리 항몽유적지

👤 추천 나이 4세부터 📍 제주시 애월읍 항파두리로 50 📞 064-710-6721
ℹ️ 편의시설 주차장, 기저귀갈이대 🚌 버스 791 🌐 인스타그램 hangmong_official

사계절 꽃이 만발하는 역사의 현장

몽골의 침략에 궐기한 삼별초의 최후 항전지이다. 750여 년 전, 김통정 장군이 대원을 이끌고 탐라에 들어와, 항파두리에 토성을 쌓았다. 길이는 3.87km. 유채, 청보리, 양귀비, 수국, 해바라기, 코스모스. 생생한 역사의 현장을 배경으로 계절마다 아름다운 화원이 펼쳐진다. 주차장에서 길 건너 오른쪽 토성 방향 계단으로 내려가면 비밀스러운 포토존과 정자가 나오고, 토성까지 내려갈 수 있다. 올레 16코스 표식 리본을 따라가면 된다. 들판을 감싸고 있는 토성이 그리는 곡선과 그 너머의 바닷가 마을 풍경은 역사가 남긴 작품이다. 계단 때문에 버겁다면 길가에 있는 꽃밭만 보아도 무척 아름답다. 꽃밭은 매번 위치가 달라지므로 안내소에서 확인하자. 초등학생 이상이라면 올레길을 따라 토성길을 걷거나 해설사와 함께하는 탐방로 걷기프로그램을 눈여겨보자. 안내소가 있는 순의비 앞은 차량이 다니지 않아 킥보드를 타거나 뛰놀기 좋다. 주차장 앞 매점에선 가볍게 나들이를 즐길 수 있는 피크닉 세트와 간식거리를 판매한다.

SIGHTSEEING
한담해안산책로와
곽지해수욕장

추천 나이 1세부터
한담해변 ⊙ 제주시 애월읍 애월로 11
곽지해수욕장 ⊙ 제주시 애월읍 곽지리 1565
ⓘ **편의시설** 주차장, 유모차 운행 가능

구불구불 절경 해안 길과 시원한 백사장

한담해안산책로는 애월항에서 곽지과물해변까지 이어진다. 주차난이 심한 곳이다. 노티드, 새들러하우스 등 핫한 카페를 가려면 유료 주차장을 이용하자. 바닷가를 거닐고 싶다면 산책길 끝 쪽에 있는 '곽지해수욕장교육원 앞 주차장'을 이용하자. 산책로는 포장이 잘 돼 있어 유모차도 거뜬하고, 조명이 있어 야간 산책도 가능하다. 파도가 잔잔한 날 썰물 때엔 작은 모래사장이 생기니 아이들 놀기도 좋다. 곽지해수욕장엔 시원한 용천수가 흘러나오는 노천탕이 있고, 여름에는 바닥분수가 나오며, 백사장이 넓고 모래는 곱다.

SIGHTSEEING
휴림

추천 나이 3세부터
⊙ 제주시 애월읍 광령남서길 40 ☎ 064-799-4883
🕐 09:00~18:00 ₩ 성인 4,000원, 어린이 2,000원
ⓘ **편의시설** 주차장, 놀이터, 캠핑장
🚌 **버스** 251, 252, 253, 254, 282, 455(도보 7분)

아이가 더 좋아하는 숲속 쉼터

가족이 함께 즐길 수 있는 다양한 시설과 공간을 갖추고 있다. 캠핑, 글램핑, 카라반 등 다양한 형태의 숙박 시설도 있다. 아이들에게 가장 인기가 많은 곳은 숲속 어드벤처 놀이터. 폭신한 길을 따라가면 토끼와 닭이 사는 우리도 있고, 피터 팬이 날아오를 것 같은 놀이터가 나온다. 숙박하지 않아도 놀이터를 맘껏 이용할 수 있다. 잔디밭, 벤치, 평상 등도 잘 갖추어 놓아 느긋하게 피크닉 하기도 좋다.

SIGHTSEEING
▼▼▼▼▼▼
렛츠런파크

👤 **추천 나이** 2세부터 📍 제주시 애월읍 평화로 2144 📞 1566-3333
🕐 주말 09:30~18:00(놀이 및 체험 시설 개장 11:00~), 동절기 체험 승마 및 일부 시설 이용 불가
₩ 경마일 성인 2,000원, 미성년·비경마일 무료 ⓘ **편의시설** 주차장, 유모차, 수유실, 기저귀갈이대, 실내놀이방
🚌 버스 251, 252, 253, 254, 282 🌐 **인스타그램** letsrunpark_official

얘들아, 조랑말 만나러 가자

렛츠런파크는 제주 마사회에서 운영하는 경마장이다. 72만 제곱미터의 넓은 면적으로, 한라산이 한눈에 보이는 해발 450m에 있다. 놀이 체험 시설이 많아 주말마다 가족 단위 나들이객으로 붐빈다. 유채꽃, 억새 축제 등 각종 행사와 이벤트를 진행해 볼거리도 풍성하다. 시간대별로 드럼 열차 타기와 조랑말 타기 등을 무료로 즐길 수 있으며, 조랑말 경주도 구경할 수 있다. 조랑말 먹이 주기 체험장 뒤편으로 엄청나게 큰 놀이터가 있다. 다이내믹한 놀이시설이 줄지어 있어 아이들이 환호한다. 경마장 뒤편으로는 해피랜드다. 경주로 안쪽에 조성된 공원으로, 포토존과 플라워가든 등이 있다. 매직 포니는 한라산을 배경으로 뛸 수 있는 대형 에어바운스다. 동절기 미운영 경마에도 참여할 수 있지만, 아이 동반이라면 추천할 분위기는 아니다. 식당과 푸드트럭, 편의점이 있으나 경마가 있는 날엔 무척 붐비므로 먹거리는 싸가도록 하자. 돗자리 펴 놓고 피크닉을 즐길 공간이 아주 많다.

금산공원

👤 추천 나이 5세부터
📍 제주시 애월읍 납읍리 1457
ⓘ 편의시설 주차장(납읍초등학교 정문 앞)
🚌 버스 291, 292, 794-1, 794-2(도보 10분)

신비로운 난대림 산책

금산공원은 애월읍 납읍리에 있다. 1만여 평에 이르는 울창한 상록수림으로, 천연기념물로 지정된 난대림 지대다. 네다섯 살 정도면 충분히 걸을 만한 탐방로가 마련돼 있다. 어른 걸음으로 20분 정도면 한 바퀴 돌아볼 수 있다. 숲은 새들의 경연장 같다. 짹짹 낭랑한 소리에 귀 기울이며 아이는 발걸음 가볍게 숲을 걷는다. 금산공원 바로 앞은 납읍초등학교다. 개방 시간이라면, 한적한 시골 학교에서 놀다 가도 좋겠다.

제주양떼목장

👤 추천 나이 3세부터
📍 제주시 애월읍 도치돌길 289-13 📞 064-799-7346
🕙 10:00~17:00(국가공휴일을 제외한 월요일 휴무)
₩ 성인 5,000원, 24개월 이상 4,000원
ⓘ 편의시설 주차장 🌐 인스타그램 jeju_sheep

양·염소·사슴·토끼·조랑말, 동물 농장에 온 듯

애월읍 납읍리의 아무것도 없을 것 같은 숲속에 유럽의 목가적인 풍경을 연상케 하는 목장이 숨어 있다. 양을 중심으로 염소, 사슴, 토끼, 말 등이 산다. 먹이가 담긴 양철통을 들고 다니면 어디선가 양이나 염소가 나타난다. 아이들은 숨은 동물 찾느라 시간 가는 줄 모른다. 초원의 데크는 멋진 포토존. 이곳에서 볕을 받으며 일광욕을 하거나, 아늑한 목장 카페에서 산양 요구르트, 산양유 커피를 즐겨 보자.

SIGHTSEEING
도치돌알파카목장

⚲ 추천 나이 3세부터
◎ 제주시 애월읍 도치돌길 293 ☎ 064-799-6690
🕐 10:00~18:00(입장 마감 17:00)
₩ 24개월~성인 15,000원
ⓘ 편의시설 주차장, 유모차(대여 가능)
🌐 인스타그램 alpacajeju

금세 알파카와 친구가 된다

이곳에선 눈이 선하고 걸음걸이가 귀여운 알파카가 주인공이다. 알파카는 유순한 성격이라 우리 안으로 들어가 먹이를 주며 직접 손으로 쓰다듬을 수 있다. 엄마 곁에서 낮잠을 청하는 새끼 알파카는 너무나 귀엽다. 닭과 염소는 울타리 밖에서 자유롭게 다니고, 말, 토끼, 양도 있다. 언덕 위의 통유리 카페는 뷰 명당이다. 울타리는 최소한만 있어 동물들이 자연스럽게 사람 곁을 지나다니고, 아이들은 신이 나 뛰어놀기 바쁘다.

SIGHTSEEING
화조원

⚲ 추천 나이 2세부터 ◎ 제주시 애월읍 애원로 804
☎ 064-799-9988 🕐 09:00~18:00(11~3월은 17:30까지), 연중무휴 ₩ 성인 18,000원, 청소년 16,000원, 36개월~만12세 14,000원 ⓘ 편의시설 주차장, 유모차(대여 가능), 기저귀갈이대, 수유실 🌐 인스타그램 flowerbirdpark

매·올빼미·앵무새, 반나절 새와 놀기

화조원에선 새가 주인이다. 매, 올빼미, 앵무새 등 다양한 조류를 한곳에서 만나볼 수 있다. 볼수록 신비한 매와 올빼미는 전문가의 도움을 받아 손에 올려보거나 사냥 비행을 관람할 수 있다. 중앙 잔디밭에선 알파카들이 산책한다. 거북, 토끼, 오리에게 먹이를 주는 체험도 입장료에 포함돼 있다. 날씨에 상관없이 조류 체험을 할 수 있는 500평 규모의 유리 온실도 갖추고 있다. 카페테리아에서 파는 동물 인형도 매우 귀엽다.

SIGHTSEEING

새별오름

👤 추천 나이 4세부터
📍 제주시 애월읍 봉성리 산59-8
ⓘ 편의시설 주차장
🚌 버스 251, 253, 255, 282(도보 10분)

샛별처럼 빛나는 서쪽 대표 오름

해발 높이는 519.3m이지만 중산간에서 있어서 순수 오름 높이는 그리 높지 않다. 아래에서 정상까지 어른 걸음으로 15분 정도 걸린다. 정상에 오르면 아름다운 서쪽 바다와 비양도까지 보이고, 주변의 오름 능선을 한눈에 감상할 수 있다. 보통 주차장에서 오름을 시야에 넣은 뒤 왼쪽 길을 택해 올라가 오른쪽으로 내려오는데, 경사가 보기보다 매우 가파르다. 아이와 함께라면 경사가 덜한 오른쪽 길로 올라가자. 꼭 정상에 오르지 않더라도 주차장 앞에 있는 푸드트럭에서 간식을 사 먹으며, 하늘과 오름의 풍경을 만끽하는 것만으로도 멋지다. 정월대보름을 앞둔 3월 초에는 '들불축제'가 열린다. 바로 앞의 새빌제주시 애월읍 평화로 1529 카페는 새별오름이 한눈에 보이는 명당이다. 규모가 크고 베이커리와 아이스크림도 판매하니 쉬었다 가기 좋다. 최근엔 알파카 체험 목장인 '새별 프렌즈'도 문을 열었다. 먹이 주기와 승마 등의 체험을 할 수 있고, 귀여운 새끼 동물도 많다. 사진 찍기 좋은 나 홀로 나무는 안타깝게도 죽어가고 있어서 추천하지 않는다.

© 제주도정

SIGHTSEEING
▼▼▼▼▼▼▼
협재해수욕장

👤 추천 나이 2세부터
📍 제주시 한림읍 한림로 329-10
🕐 10:00~19:00(여름철 야간 개장은 21:00까지)
ℹ️ 편의시설 주차장, 샤워장
🚌 버스 202, 784-1, 784-2

제주도 최고 해수욕장

제주의 수많은 해수욕장 중에서 하나를 꼽으라면, 그곳은 단연코 협재이다. 은빛 모래와 에메랄드빛 바다, 바다 건너 아름다운 섬 비양도, 그리고 해안을 따라 늘어선 야자수. 아무리 좋은 물감을 준들 이 아름다움을 어떻게 다 표현할 수 있을까? 쪽빛 바다와 속살처럼 뽀얀 모래, 유리처럼 맑은 물빛, 그리고 현무암과 바다 생물이 제주의 아름다움을 다채롭게 보여준다.

해수욕장은 경사가 완만하고 수심이 낮다. 파도는 잔잔하고, 은빛 백사장은 평원처럼 넓다. 물빛은 몰디브 부럽지 않다. 남녀노소 누구나 바다를 즐기기 좋은 조건이지만, 특히 아이와 함께 물놀이와 해수욕을 하기에 안성맞춤이다. 그뿐이 아니다. 협재해수욕장의 석양도 아름답다. 비양도와 하늘을 붉게 물들이는 태양, 태양 빛으로 반짝이는 황금 바다가 황홀할 정도이다. 여름철에는 야간에도 개장한다. 밤바다를 즐기며 낭만적인 분위기에 푹 젖을 수 있다.

© 제주도청

SIGHTSEEING
금능해수욕장

👤 **추천 나이** 2세부터
📍 제주시 한림읍 금능길 119-10
ℹ️ **편의시설** 주차장, 샤워장
🚌 **버스** 202, 784-1, 784-2

여기가 바로 천국의 바다

제주 엄마 아빠들이 가장 선호하는 바다는 협재 바로 옆 금능해수욕장이다. 협재는 워낙 찾는 이들이 많아 성수기엔 복잡하고 주차하기도 어렵기 때문이다. 반면 금능은 여행객이 적고, 주차장과 모래사장이 바로 붙어 있다. 에메랄드빛 바다와 비양도가 보이는 환상 풍경, 보드라운 모래사장까지 협재와 똑 닮았다. 바닷물이 빠져나가는 간조 때엔 수심이 얕고, 물이 빠지면서 곳곳에 천연 풀장이 만들어진다. 바위틈에선 보말이나 꽃게도 잡을 수 있다. 낙조 또한 이루 말할 수 없이 아름답다. 샤워장에선 온수도 나온다.

쉿! 플레이스

쉿! 여긴 정말 숨겨진 곳, 프라이빗 비치

금능해수욕장도 여름 성수기엔 붐빈다. 이때 프라이빗 비치처럼 즐길 수 있는 해안이 협재와 금능 야영장 사이에 숨어 있다. 관리 요원은 없지만 수심이 얕고 파도가 잔잔해 도민들이 온종일 바다놀이를 하기 위해 짐을 챙겨 오는 곳이다. 한림공원 건너편제주시 한림읍 한림로 301-7으로 가면 주차장이 나온다. 여름철에는 주차장 앞 매점에서 샤워장을 운영한다.

SIGHTSEEING
명월성

📍 제주시 한림읍 동명리 2256

왜구의 침입을 막기 위해 세운 성터로, 제주도기념물 29호이다. 과거의 모습이 잘 보존되어 있다. 기와가 멋들어진 초루에 오르면 한림 바다와 비양도, 명월리까지 한눈에 선명하게 들어온다. 주차 공간도 넉넉하고, 노을도 무척 멋지다. 인적이 드물어 사진찍기도 좋다. 다만 계단이 가파르고 좁으므로, 노약자와 어린이 동반 시 주의하자.

SIGHTSEEING
▼▼▼▼▼
한림공원

👤 추천 나이 1세부터
📍 제주시 한림읍 한림로 300 📞 064-796-0001
🕐 09:00~19:00(6~8월 19:30까지, 11~2월은 18:00, 매표
　　마감 폐장 1시간 30분 전까지)
₩ 성인 15,000원, 청소년 10,000원, 어린이(3~12세) 9,000원
ⓘ 편의시설 주차장, 유모차(대여 가능), 수유실, 기저귀갈이대
🚌 버스 202, 784-1, 784-2 🌐 인스타그램 jeju_hallimpark

테마공원에서 만나는 꽃과 동물들

한림공원에 들어서면 규모와 이국적인 풍경에 압도당한다. 높이 솟은 야자수가 줄지어 이끄는 길을 따라
걷다 보면 아이들과 강아지가 신나게 뛰노는 잔디밭이 반겨준다. 한림공원은 9개의 테마파크로 이루어져
있다. 용암 동굴과 민속 마을, 조류공원과 분재원 등 둘러볼 곳이 많다. 은은하게 울려 퍼지는 음악도 산책
길에 발을 맞춘다. 꽃과 나무를 사랑하는 사람이라면 한림공원에서 오래도록 길을 잃고 싶을 것이다. 수선
화, 핑크뮬리, 동백, 벚꽃, 튤립 등 계절마다 꽃을 다르게 가꾼다. 타조와 앵무새 등이 사는 조류공원은 아
이들이 특히 좋아한다. 화려한 날개를 단 공작은 바깥을 자유롭게 돌아다닌다. 위협적이지 않으니 걱정할
필요 없다. 이곳에선 간식을 먹으며 잉어 먹이 주기 체험도 할 수 있다. 2km 구간의 둘레길을 에코 버스를
타고 둘러보는 트로피칼 둘레길 투어도 즐겁다. 제주석 분재원 앞 다화원 정자 코너가 시작점이다.

성이시돌목장

👤 **추천 나이** 2세부터
📍 제주시 한림읍 산록남로 53
ⓘ **편의시설** 주차장, 유모차 일부 운행 가능

목가적인 목장 마을 산책

성이시돌목장은 1954년 아일랜드 선교사 맥그린치 신부가 황무지를 개간해 새로운 농업기술을 선보인 곳이다. 목장 일꾼들이 쉬어 가던 아치형 건물 테쉬폰Cteshphon이 두 개가 보존돼 있다. 아치형의 독특한 양식으로, 건축적 가치가 뛰어나 최근 국가등록문화재로 등록되었다. 주차장 바로 앞에 있는 카페 우유부단한림읍 금악동길 38, 064-796-2033, 10:00~18:00에서 이시돌목장 우유로 만든 아이스크림을 맛볼 수 있다. 매장은 협소한 편이라 바깥의 우유갑 모양의 귀여운 조형물에 앉으면 좋다. 이곳에서 서쪽으로 차로 1분 거리인 성이시돌센터한림읍 새미소길 15에서는 이시돌목장의 유제품을 판매한다. 센터 안에 자리한 카페 이시도르에서는 목장에서 난 우유와 버터로 매일 빵을 구워낸다. 센터 입구 도로 쪽의 라갈레트한림읍 산록남로 55는 분위기가 차분한 아이 친화적인 카페다. 제주산 메밀로 만든 쫀득한 갈레트는 브런치로 좋다. 구운 과자류와 이시돌목장 우유, 캐러멜, 쿠키는 간식과 기념품으로 좋다. 아기 의자도 넉넉하며, 어린이 책과 넓은 정원을 갖추고 있다.

쉿! 플레이스

새미은총의동산

늘 붐비는 테쉬폰과 우유부단에서 차로 1분이면 도착하는 제주 성지순례 장소다. 여유를 만끽하며 아이들이 맘껏 뛰어놀게 하려면 이곳이 좋다. 유모차와 킥보드도 다닐 수 있고, 호숫가를 한 바퀴 돌며 힐링할 수 있다. 가을엔 은행나무가 황금빛으로 물들고, 주변 목장에 방목된 말도 구경하기 좋다.

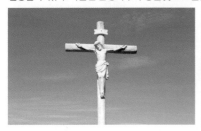

저지문화예술인마을과 제주현대미술관

👤 추천 나이 2세부터 📍 제주시 한경면 저지14길 35 📞 064-710-4300
🕐 09:00~18:00, 7~9월 09:00~19:00(매주 월요일, 신정, 설날, 추석 휴관), 도슨트(작품 설명) 11:00, 15:00
₩ 500원~2,000원 ⓘ **편의시설** 주차장, 유모차(대여 가능), 수유실, 기저귀갈이대, 정원
🚌 버스 761-3, 784-1, 785, 820-1, 820-2 🌐 **인스타그램** jmoca35

자연 속 생생한 예술 체험

저지문화예술인마을은 한경면 저지리의 한적한 마을에 형성된 문화예술인촌이다. 예술인이 많이 거주하는 지역인 만큼 공방이나 전시관이 곳곳에 있다. '예술길 걷기' 코스가 있어 편하게 마을을 둘러볼 수 있다. 그중에서도 제주현대미술관은 아이들 눈길을 끌 만한 조형물이 많아 함께 산책하며 둘러보기 좋다. 발길 닿는 곳마다 생생한 예술 체험 학습 현장이 된다. 개관 당시 기증한 김흥수 화백의 그림 20여 점을 전시한 상설전시관과 수준 높은 기획전을 이어가는 기획전시실에서 눈길을 사로잡는 현대미술을 만날 수 있다. 아이들이 직접 편지를 써보거나 만들기를 할 수 있는 공간도 마련돼 눈높이에 맞는 관람을 할 수 있다. 아트숍과 카페도 갖추고 있다. 아이들에게 친근한 동물 조각들이 많은 야외공원도 놓치지 말자. 주차장 건너편 문화예술공공수장고한경면 저지12길 84-2에선 미디어아트를 선보인다. 우호적 무관심한경면 저지12길 103은 미술관 옆 카페답게 예술적이다. 작품 감상의 여운을 간직한 채 커피 한잔하기 좋다.

SIGHTSEEING
제주도립김창열미술관

👤 추천 나이 2세부터
📍 제주시 한림읍 용금로 883-5 📞 064-710-4150
🕐 09:00~18:00(매주 월요일, 신정, 설날, 추석 휴관),
　도슨트 11:00, 14:00, 16:00 ₩ 500원~2,000원
ℹ️ 편의시설 주차장, 유모차(대여 가능), 정원, 수유실, 기저
　귀갈이대 🚌 버스 761-3, 784-1, 785, 820-1, 820-2

물방울 화가의 작품 속으로

제주현대미술관과 커다란 정원을 사이에 두고 300m 거리에 있다. 물방울을 집중적으로 작품 소재로 사용한 김창열의 작품을 전시하고 있다. '나만의 물방울 만들기' 등 직접 작품 만들기 체험을 할 수 있다. 전시관은 1층에만 있지만, 건물 중앙으로 뚫린 분수 쪽으로 나가면 나선형 통로가 옥상 전망대까지 이어진다. 이곳에서 주변의 푸른 자연을 둘러보면 속이 뻥 뚫리는 기분이 든다. 계단이 아니라 유모차도 갈 수 있고, 아이들도 신이 나서 몇 번을 오르락내리락한다. 김창열미술관에서 도보 5분 거리에 유동룡미술관이 있다. 교육 체험 프로그램이 있으므로 5세 이상에게 추천한다. 네이버를 통해 예약하면 된다. 영유아는 입장할 수 없다.

쉿! 플레이스

쉿! 여긴 정말 숨겨진 곳, 낙천의자공원

한경면의 낙천 마을은 제주 서부의 전형적인 농촌 정취를 품고 있다. 이곳의 명물은 낙천의자공원이다. 각자 이름을 가진 천 개의 의자를 볼 수 있는 곳으로, 마을 주민들이 손수 만들었다. 커다란 미끄럼틀이 있는데, 어른이 타도 스릴이 넘친다. 공원 끝에서 이어지는 올레 13코스의 '잣담길'도 놓치지 말자. 엘리베이터가 있는 높은 전망대에 올라서면 숨통이 확 트인다. 오래된 돌담을 지나 짧은 숲길에 들어서면 새소리와 꽃향기와 평화가 찾아 든다.

👤 추천 나이 2세부터
📍 제주시 한경면 낙수로 97
ℹ️ 편의시설 주차장, 놀이터, 기저귀갈이대
🚌 버스 771-1, 772-1, 772-2, 784-2(도보 4분)

SIGHTSEEING
▽▽▽▽▽▽▽
월령리 선인장군락지

👤 추천 나이 1세부터
📍 제주시 한림읍 월령안길 28
ⓘ 편의시설 주차장(카페 '쉴만한물가' 뒤 공터),
　유모차 운행 가능

해변의 신비로운 선인장 마을

바닷가 마을 월령리는 독특한 선인장 자생지다. 아주 오래전 태평양을 떠돌던 선인장 씨앗이 쿠루시오 난류를 타고 밀려와 제주의 바위틈에 생명을 틔웠다고 한다. 여름이 되면 까만 현무암 사이로 노란 꽃과 자색 열매가 마을을 뒤덮어 장관을 이룬다. 바로 옆은 푸른 바다이고, 풍력 발전기가 떠 있어 아이들의 호기심을 자아낸다. 군락지와 해안 사이 데크 산책로를 바다 내음과 선인장 향기를 맡으며 한적하게 거닐 수 있다. 유모차와 킥보드도 다닐 수 있다. 어른 걸음으로 천천히 걸으면 10분 내의 코스라 부담 없이 다녀올 수 있다. 쉬어 갈 만한 평상과 정자도 있다. 데크 길 끝에는 포구가 나온다. 선인장 씨앗이 그 먼 바닷길을 흘러 다니다 제주까지 와 뿌리를 내렸다니, 선인장의 생명력 앞에 저절로 겸손해진다.

쉿! 플레이스

쉿! 여긴 정말 숨겨진 곳, 해거름마을공원

선인장마을에서 서쪽 해안 길일주서로 따라 남쪽으로 4~5분 달리면 해거름마을공원이다. 바다를 감상할 수 있는 전망대와 카페가 있다. 석양을 즐기려는 사람이 많이 찾는다. 아이들은 바다보다 매점, 축구장, 농구장을 더 좋아한다. 공원 바로 남쪽에 있는 카페 울트라마린은 노을이 아름다운 핫플이지만 아쉽게도 노키즈존이다. 스노클링으로 유명한 판포포구의 물빛은 언제나 힐링이다. 여름철엔 스노클링 용품을 대여하는 가판이 들어선다.

📍 제주시 한경면 판포리 1608

신창풍차해안도로

👤 추천 나이 3세부터
📍 제주시 한경면 신창리 1322-2
ⓘ 편의시설 주차장(싱계물공원 건너편), 유모차 운행 가능
  (일부 계단)

우리가 바다 위를 걷는다면

신창풍차해안도로는 서쪽 최고의 드라이브 코스이다. 노을 풍경으로 유명하지만, 어느 때 찾아도 아름답다. 금방이라도 손에 잡힐 듯한 파도가 밀려오고, 바다 위에서 돌아가는 풍차 행렬이 이국적인 분위기를 자아낸다. 드라이브만으로는 아쉽다. 주차장 건너편 싱계물공원엔 예전에 노천탕으로 쓰던 곳이 그대로 남아 있다. 여름이라면 시원한 용천수에 발을 담갔다 가자. 바다 위를 걸을 수 있는 곳도 있다. 싱계물공원을 나와 왼쪽으로 조금만 걸으면 한국남부발전 국제풍력센터가 나온다. 여기서 바다 쪽으로 난 골목으로 들어가면 생태체험장 표지판이 나온다. 바다 위로 이어진 기다란 다리가 바로 산책로다. 중간 지점에 있는 원담 체험장은 썰물 때 찾으면 좋다. 여러 바다 생물을 가까이서 만날 수 있다. '원담'이란 돌담을 쌓아 밀물을 따라 들어온 물고기들을 자연스럽게 가두어 썰물 때 잡는 것을 이른다. 제주의 전통적인 낚시법이다. 산책로 한 바퀴 도는 데 30분~1시간 정도 걸린다.

SIGHTSEEING
수월봉과 엉알길

👤 추천 나이 1세부터
📍 제주시 한경면 노을해안로 1013-70
ℹ️ 편의시설 주차장, 유모차 운행 가능
🚌 버스 761-1, 761-2(도보 12분)

절경 해변을 걸으며 만나는 화산학 교과서

수월봉은 훌륭한 노을 명소이자 전망 명소이다. 전망대에 오르면 차귀도와 고산평야, 산방산, 한라산을 360도 파노라마 뷰로 감상할 수 있다. 수월봉 아래 해안 산책로인 엉알길에선 어마어마한 화산재층 절벽을 만날 수 있다. 하늘로 치솟은 화산재가 층층이 쌓이면서 순식간에 만들어졌다. 이 화산쇄설층은 화산 폭발 이후의 모습을 잘 보여주는 세계적인 화산학 교과서이다. 천연기념물이자 유네스코 세계지질공원이다. 엉알길은 수월봉 옆 자구내 포구까지 20분 남짓 이어진다. 지층과 화산탄이 그대로 드러난 제주지질 트레일이다. 유모차, 킥보드, 자전거도 갈 수 있고, 수월봉 입구에서 하는 전동 자전거 대여와 차귀도 유람선도 인기가 높다. 차귀도의 부드러운 옆구리를 바라보며 걷노라면 세상 부러울 일 하나 없다. 체력이 되면 올레 12코스의 '생이기정길'까지 가보자. 새가 날아다니는 절벽이란 뜻이며, 절경은 이루 말할 수 없다. 차귀도와 고산리 평야 일대를 내려다보고 싶다면 당산봉으로 가면 된다. 조금 힘들지만 5살 정도면 갈 수 있다.

SIGHTSEEING
▼▼▼▼▼▼▼
제주고산리유적
안내센터

👤 추천 나이 6세부터
📍 제주시 한경면 노을해안로 1100
📞 064-772-0041
🕐 09:00~17:00(매주 월요일과 법정공휴일 휴무)
ⓘ 편의시설 주차장, 정원, 유모차 운행 가능
🌐 인스타그램 gosanryujeok

신석기 시대 사람들은 어떻게 살았을까?

수월봉이 있는 고산리에 들어서면 그동안 제주에서 보지 못한 풍경이 시선을 사로잡는다. 산이나 구릉, 오름이 아니라 김제평야 같은 들판이 끝없이 펼쳐진다. 제주도에서 볼 수 있는 유일한 평야 지대이다. 이 들판 한쪽에 가장 오래된 고토기가 나온 고산리 유적이 있다. 토기, 돌칼, 돌창, 화살촉, 주거지……. 약 12,000년 전인 신석기 초기부터 사람이 살았던 다양한 흔적을 접할 수 있다. 우리나라에서 가장 오래된 신석기문화 유적 가운데 하나이다. 이곳에서 발굴한 유물은 유적 안내센터 실내외에서 구경할 수 있다. 토기와 석기를 직접 만들어 보는 체험도 할 수 있다. 상시 체험은 현장 접수도 가능하지만, 홈페이지를 통해 예약하면 더욱 편리하다. 특별 체험과 캠핑 프로그램도 있으며, 매년 하반기에는 선사시대 축제도 열린다. 고산리의 초기 신석기 유적은 우리나라뿐만 동북아시아에서도 중요한 유적이다. 나라에서 사적 412호로 지정해 보호하고 있다.

© 제주고고학연구소

제주시 서부권 맛집·카페·숍

RESTAURANT
CAFE&BAKERY·SHOP

Ⓨ RESTAURANT
녹색식당

⊙ 제주시 애월읍 애원로 917
☎ 064-799-9995
⏰ 11:00~13:30(매주 일요일 휴무)
ⓘ 편의시설 주차장, 아기 의자, 정원

반찬 하나하나 정성 가득 점심 정식

녹색정식. 메뉴는 이것 하나이다. 2인 이상 주문 가능하다. 점심 영업만 하는데 문을 열자마자 차들이 몰려든다. 오후 1시 이후에 가면 재료소진으로 마감할 때도 있어 전화해보고 방문하길 권한다. 한 사람에 1만 2천 원이면 반찬과 국을 비롯하여 제육볶음과 생선구이 등을 가득 차려 내온다. 매일 신선한 재료를 다듬어 직접 만들고, 서비스도 친절해 단골이 많다. 화조원, 도치돌목장 등 애월 숲속에 있는 목장 및 아르떼뮤지엄에서 가깝다.

Ⓨ RESTAURANT
꿈낭밥집

⊙ 제주시 애월읍 유수암평화5길 33-3
☎ 064-799-2305
⏰ 10:00~15:00, 17:00~21:00(2·4·5주 수요일 점심만 운영,
　　매월 첫째·셋째 수요일 휴무)
ⓘ 편의시설 주차장, 아기 의자, 공동정원

도민 단골로 북적이는 유수암 맛집

보리굴비, 청국장, 파불고기, 간장게장 등 다양한 한식을 파는 식당이다. 과하지 않은 비법 양념이 돋보이는 밑반찬과 함께 맛깔나게 차려진다. 음식을 시키면 돌솥밥이 기본으로 나와 누룽지까지 즐길 수 있다. 반찬부터 메인까지 빼놓을 게 없어 도민 단골이 많다. 야외공간은 없지만, 바로 옆에 있는 마을 원형광장에는 운동기구와 아이들 놀거리가 마련돼 있다. 바로 뒤편에는 같은 이름의 한식 뷔페도 있다. 뷔페는 10:30~14:30에만 문을 연다.

(🍴) RESTAURANT
상명식당

◎ 제주시 한림읍 상한로 4
📞 064-796-3836 🕐 11:00~21:30(브레이크타임
15:00~17:30 / 점심 뷔페 11:00~13:30 / 매월 1·3번째 월
요일 및 설·추석 연휴 휴무)
ⓘ **편의시설** 편의시설 주차장, 아기 의자

매일 메뉴가 바뀌는 한식 뷔페

금오름에서 자동차로 5분 거리에 있다. 밥과 고기, 국과 반찬, 샐러드와 후식 누룽지, 음료수와 커피까지 차림이 거창하다. 들어갈 때 계산하면 '맛있게 많이 드세요'라는 인사를 건네준다. 토스트, 컵라면, 시리얼, 비빔밥 소스도 넉넉하게 비치되어 있다. 달걀 프라이는 셀프로 만들어 먹을 수 있다. 국내산 식재료 위주로 사용하며, 전자레인지와 아기 의자도 있다. 이곳이 더 반가운 건 바로 옆 상명정낭문화공간에 키즈카페가 있어서 잠시 놀며 쉬다 가기에도 제격이기 때문이다.

(🍴) RESTAURANT
고추냉이식당

◎ 제주시 애월읍 광령5길 8 📞 064-748-4145
🕐 평일 11:00~21:00(브레이크타임 16:30~17:30, 금요일
휴무), 토·일요일은 16시까지(마지막 주문 15:00)
ⓘ **편의시설** 주차 가능(대로변), 마당, 포장 가능
🌐 **인스타그램** wasabi.kitchen

볕 좋은 마당, 정성 담뿍한 카레와 돈가스

고추냉이식당의 주요 메뉴는 카레와 돈가스이다. 귤 창고를 카페처럼 매혹적인 음식점으로 변모시켰다. 볕이 잘 드는 마당이 있고, 야외 테이블도 있어서 아이와 함께 가기 좋다. 크림카레, 오리지널카레, 흑돼지 돈가스가 대표 메뉴인데 하나같이 맛이 담백하고 깔끔하다. 닭다리순살튀김, 왕새우튀김 같은 곁들임 메뉴도 있다. 스페셜티 원두커피도 판매한다. 반려동물은 동반할 수 있지만, 내부 입장은 할 수 없다. 공항에서 20분 거리, 광령초등학교 앞 작은 골목에 있다.

(((🍴))) RESTAURANT
큰여

📍 제주시 한림읍 일주서로 5889 📞 064-796-8890
🕐 10:00~21:00(브레이크타임 15:00~17:30, 6~9월은 매주 화요일 휴무)
ℹ️ 편의시설 주차장, 좌식 테이블, 부스터, 아기 의자

해물 요리를 잘하는 도민 맛집
곽지와 한림 읍내 사이 귀덕리에 있는 도민 맛집이다. 보말톳칼국수, 생선조림, 물회가 대표 메뉴이다. 보말톳칼국수는 2인분부터 주문받는다. 건강하고 구수하다. 면을 다 먹으면 죽을 끓여주는데 진하고 찰지다. 양념이 잘 배어든 조림은 밥도둑이다. 물회는 맛이 좋다. 관광지가 아니라 음식 가격이 합리적이다. 반찬도 정갈하고, 매장과 식기도 깨끗하다. 아이들과 가면 좌식테이블에 부스터를 이용하면 좋다.

(((🍴))) RESTAURANT
모들한상

📍 제주시 애월읍 하가로 180 📞 070-7576-3503
🕐 11:00~19:00(브레이크타임 15:30~17:00, 마지막 주문 18:30, 매주 수요일과 마지막 주 화요일 휴무)
ℹ️ 편의시설 주차장, 아기 의자, 수유실, 기저귀갈이대, 놀이방, 정원 🌐 인스타그램 modle_hansang

놀이방과 수유실이 있는 제주 로컬 음식점
제주 로컬 재료로 만든 정갈한 음식을 먹을 수 있는 곳이다. 수유실과 기저귀갈이대, 실내 놀이방, 전용 주차장을 갖춘 예스키즈존이다. 앞마당이 넓고, 작은 그네와 미끄럼틀도 있다. 제주산 등심과 항정살로 만든 돈가스, 고사리보말파스타, 가지카레, 어린이 메뉴인 오므라이스 등이 있다. 임실치즈로 만든 아이스크림도 맛있었다. 후식 커피는 무한 제공해준다. 2층에 앉으면 연꽃이 피는 연화지가 한눈에 들어온다.

 RESTAURANT
심바카레

◎ 제주시 애월읍 애월리 2100-1   📞 064-799-4164
🕐 10:00~15:00(마지막 주문 14:30, 수요일 휴무)
ⓘ 편의시설 주차장(곽지해수욕장 공영주차장 이용),
    아기 의자, 포장 가능, 유모차 운행 가능
🌐 인스타그램 simbacurry

해변의 낭만적인 카레 집

새하얗고 귀여운 강아지 심바가 사는 카레 전문점이다. <효리네 민박>에 소개돼 젊은이들이 많이 찾지만, 아이와 가기도 좋다. 곽지해수욕장 5분 거리에 있으며, 단독 건물로 식당이 깔끔하다. 아이 동반 가족에게도 친절하다. 다만 펫프리 존이라 강아지가 돌아다니는 게 불편한 사람에겐 추천하지 않는다. 카레와 카레 우동도 맛있지만, 돈가스도 뒤지지 않는다. 양도 푸짐해서 여러 개 시켜 나눠 먹으면 좋다.

 RESTAURANT
도치돌한우숯불

◎ 제주시 애월읍 천덕로 440-1
📞 064-799-1415
🕐 09:00~22:00
ⓘ 편의시설 주차장, 좌식테이블

당일 도축한 신선한 제주 한우

애월 사람들이 꼽는 한우 맛집이다. 도축장 바로 옆에 있으니 고기 품질과 가격은 단연 으뜸이다. 가게 이름과 달리 숯불이 아니라 돌판에 구워 먹는 방식이다. 갈비탕, 내장탕, 곱창전골 등 식사 메뉴도 든든해 아침 점심 저녁 늘 북적인다. 신선한 육회와 육사시미도 양이 많은 편이고, 곱창전골과 내장탕도 그다지 맵지 않고 고소한 풍미가 살아 있다. 분위기가 조금 왁자지껄하지만, 테이블이 좌식이라 아이와 가기 좋다.

(🍽) RESTAURANT
일품횟집

◎ 제주시 한림읍 한림해안로 154
☎ 064-796-7534
🕐 11:00~22:00
ⓘ **편의시설** 주차장, 개별 룸, 좌식테이블, 포장 가능

한림항 앞 푸짐한 횟집

제주 서부 한림항 앞에 있는 오래된 횟집이다. 한림매일시장에서도 가깝다. 상다리 부러지게 나오는 곁들임 음식스끼다시이 일품이다. 전복죽, 생선가스, 생선구이, 탕수육, 계란말이, 튀김 등이 함께 나와 아이들 먹거리도 걱정 없다. 4~5명 기준으로 모둠회13만 원을 시키면 배불리 먹을 수 있다. 왁자지껄한 분위기가 싫다면 예약하길 추천한다. 개별 룸에 앉으면 가족끼리 오붓하게 즐기기 좋다. 협재해수욕장과 한림공원에서 차로 7분, 곽지해수욕장에서 차로 10분 거리이다.

(🍽) RESTAURANT
금자매식당

◎ 제주시 한경면 용고로 154
☎ 0507-1319-8480
🕐 10:30~19:30(브레이크타임 16~17시, 마지막 주문 15:00·18:30, 수요일 휴무)
🌐 **인스타그램** jejuona

든든한 돌솥밥정식 한상 차림

금자매는 이 집의 두 마리 강아지 이름에서 따온 것이다. 아기 의자가 있는 예스키즈존인 동시에 예스펫존이다. 원래 신창리 작은 식당이었는데 푸짐한 상차림으로 유명해져 당산봉 밑으로 가게를 넓혔다. 김, 생선, 젓갈, 게장, 새우 등 대표적인 반찬을 전국으로 택배 발송할 만큼 큰 식당이 됐다. 명문새(명란, 문어, 새우)와 오새치(오징어, 새우, 한치) 솥밥이 대표 메뉴다. 게장과 새우장이 짜지 않고 맛이 좋다. 모든 정식에는 손수 만든 정갈한 반찬이 가득 차려진다. 아이들 먹기 좋은 생선구이도 나온다. 캐치테이블로 웨이팅하고 가는 게 좋으며, 반찬까지 원격 주문할 수 있다.

RESTAURANT

제주돗

📍 제주시 한경면 조수2길 34
📞 064-772-0505
🕐 16:00~22:00(매주 화요일, 설·추석 연휴 3일 휴무)
ⓘ 편의시설 주차장, 아기 의자, 정원
🌐 인스타그램 jeju_dot

잔디밭에서 뛰놀 수 있는 근고깃집

제주에 와서 근고기를 안 먹을 수 없는데, 이게 아이와 가면 보통 일이 아니다. 연기와 화기가 위험하고, 고기가 워낙 두꺼워 굽는 시간도 오래 걸리기 때문이다. 근고기와 흑돼지 김치찌개 전문점 제주돗에 들어서면 입이 떡 벌어진다. 식당과 바로 연결된 탁 트인 잔디밭에서 공을 차고 비눗방울을 날릴 수 있다. 비눗방울은 매장에서 살 수 있다. 돌담 너머로 밭이 있는 제주 시골 풍경이 펼쳐진다. 아이와 함께 가면 조미김도 준비해 준다. 테이블이 많지 않아 웨이팅이 길 수 있으니, 오픈 시간에 맞춰가자.

─────────── ✦ ONE MORE ✦ ───────────

오붓한 고깃집 두 곳

🍴 돼지굽는정원

협재해수욕장에서 도보 3분 거리에 있는 흑돼지 전문점이다. 개별 글램핑 좌석이라 캠핑 온 기분으로 식사를 즐길 수 있다. 돌하르방이 반기는 잔디 정원에서 아이들도 신나게 놀 수 있다. 제주 흑돼지니 맛은 말할 것 없다. 네이버 예약 가능.

📍 제주시 한림읍 협재2길 8-7 📞 064-796-7531
🕐 11:00~22:00
ⓘ 편의시설 주차장, 정원, 포장 가능, 개별 글램핑
🌐 인스타그램 pig9840

🍴 발리가든

제주산 돼지고기와 한우를 워터에이징으로 숙성시킨 고기를 취급한다. 셀프정육식당이라 가격도 좋은 편이며, 무엇보다 5천 평에 달하는 대형정원에서 고기를 즐길 수 있다. 뜨거운 여름엔 실내 좌석도 좋다. 신창풍차해안도로 근처에 있다.

📍 제주시 한경면 신정로 216 📞 064-772-0900
🕐 16:00~23:00 ⓘ 편의시설 주차장, 개별 글램핑
🌐 인스타그램 baligarden_jeju

 RESTAURANT
뚱보아저씨

⊙ 제주시 한경면 중산간서로 3651
☎ 064-772-1112
🕘 09:30~20:00(브레이크타임 15:30~17:00, 목요일 휴무)
ⓘ 편의시설 주차 가능(길가), 포장 가능(안주류)

가성비 좋은 갈치구이 정식

제주에서 흑돼지 다음으로 인기가 많은 메뉴는 갈치 음식이다. 조림도 그렇지만, 특히나 갈치구이 한번 먹으려면 너무 비싸단 생각이 든다. 하지만 이 집은 갈치구이 정식 1인분 가격이 11,000원이다. 7세 이상 1인 1 메뉴 주문이 원칙이다. 정식을 시키면 고등어조림과 성게미역국까지 나오니 금상첨화이다. 아침부터 밤까지 영업하며, 재료가 떨어지면 일찍 마감할 때도 있다. 통삼겹 김치전골은 2인분부터 가능하다. 육개장과 내장탕을 먹으러 오는 동네 주민들도 많이 보인다. 위치는 저지오름 바로 앞이다.

 RESTAURANT
선인장식당

⊙ 제주시 한림읍 월령안길 14-3
☎ 064-796-8881
🕘 09:00~20:00(매주 수요일 휴무)
ⓘ 편의시설 주차장, 아기 의자, 해안데크길

선인장 마을의 해산물 음식점

식당 이름에서 알 수 있듯이 월령리 선인장 마을 안에 있다. TV 프로그램 <강식당> 촬영지였던 곳이다. TV 프로그램과 달리 지금은 제주 해산물로 만든 요리를 주로 파는데 맛이 정갈하고 양도 많다. 생선조림과 물회, 미역국과 구이, 해물라면 등을 팔며, 오분자기는 해녀가 직접 캐온 자연산이다. 신발을 벗고 들어가며 아기 의자도 있다. 창가에 앉으면 푸른 바다가 한눈에 들어온다.

포장해서 먹기 좋은 맛집을 소개합니다

🍴 한림정육식당

흑돼지 모듬 구이를 구워서 포장해준다. 한우 육회와 찌개, 갈비탕 등의 메뉴도 있다.

◎ 제주시 한림읍 한림상로 180 📞 064-796-4622

🍴 bsml 비스마일

쫀득한 5가지 맛 크로플과 크로플샌드위치를 포장 판매한다. 장전리초등학교 앞 옛집을 감각적으로 개조했다. 세트 픽업은 전화 예약으로 가능하며, 마당에서 먹을 수 있다.

◎ 제주시 애월읍 하소로 358 📞 064-803-0078

🍴 문어빵빵

한림읍 환승 정류장 바로 앞에 있는 타코야끼 전문점이다. 기본부터 명란치즈까지 다양한 맛으로 즐길 수 있다. 딱새우 크림떡볶이와 야키소바도 맛있다. 실내 바 자리에선 하이볼과 함께 즐길 수 있다.

◎ 제주시 한림읍 한림로 668 📞 010-6288-4315

🍴 카페태희

곽지해수욕장 입구에서 피시앤칩스를 제대로 튀겨내는 집이다.

◎ 제주시 애월읍 곽지3길 27 📞 064-799-5533

🍴 우무

우뭇가사리로 만든 귀엽고 말랑한 푸딩 전문점이다. 인기가 많아 웨이팅이 길다. 2호점은 동문시장 쪽에 있다. ◎ 제주시 한림읍 한림로 542-1 📞 010-6705-0064

🍴 rnr 베이커리

예약도 많을 정도로 인기가 좋은 베이커리다. 입구부터 고소한 냄새가 풍겨오고, 진열장은 맛있는 빵으로 빼곡하다. 건강한 식사 빵과 구움 과자를 고루 갖추고 있으며 테이블도 있다. 주차는 협재 포구 앞에 하면 된다. ◎ 제주시 한림읍 협재1길 29 📞 0507-1387-0280

🍴 기영상회

세계의 다양한 맥주를 판매한다. 협재해수욕장 앞에 있다. 도나토스에서 피자를 포장하고 기영상회에서 맥주를 사면 협재 피맥 세트가 완성된다.

◎ 제주시 한림읍 한림로 345 📞 064-796-4715

🍴 금능샌드

금능해수욕장 모퉁이에 있는 샌드위치와 파니니 포장 전문점. 음료와 컵 와인 등도 함께 판매해 비치 피크닉에 제격이다.

◎ 제주시 한림읍 금능길 89 📞 064-796-8072

TIP 그곳이 알고 싶대 **놀이방 완비 식당**

고기왕, 금악정육식당, 다원우, 모들한상, 애월짬뽕, 제주갈매기, 데미안, 돈해상, 샤브왕, 제주친정, 제주돈아 애월해안도로본점

CAFE & BAKERY
앙데팡당

📍 제주시 애월읍 신엄안3길 136-5
📞 010-9304-5247
🕐 10:00~19:30(주문 마감 18:30, 수요일 휴무)
ⓘ 편의시설 주차장, 아기 의자, 체험클래스, 마당
🌐 인스타그램 idpd_works

노을과 예술이 어우러지는 갤러리 카페

애월 바다가 보이는 언덕 위에 있는 4층 건물 전체가 갤러리, 체험공간, 카페이다. 주문하는 곳은 2층이고, 층마다 콘셉트가 달라 마치 4개의 공간에 머무는 느낌이 든다. 원래 펜션이었던 건물을 통째로 개조했는데, 미술을 전공한 주인의 예술적인 감각이 곳곳에 묻어있다. 내부로 들어서면 홀린 듯 바다 쪽으로 난 통창으로 다가가게 된다. 365일 색다른 그라데이션을 선사하는 노을을 감상할 수 있다. 하겐다즈 아이스크림, 마시멜로 폭탄 음료와 우유도 있어 아이들도 좋아한다. 8세 이상이라면 판화 클래스 수업에 참여해 보자.

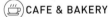
CAFE & BAKERY
제주기와

📍 제주시 애월읍 광령남4길 45
📞 070-8899-7515
🕐 09:00~18:00
ⓘ 편의시설 주차장, 유모차 운행 가능(계단 있음), 정원
🌐 인스타그램 jeju_kiwa

잔디마당이 있는 브런치+피크닉 카페

제주에서 보기 드문 기와집 브런치 카페이다. 잔디 정원에서 아이들이 뛰놀 수 있다. 지대가 높아 비행기가 날아가는 게 보이고, 맑은 날에는 해안선까지 또렷하게 보인다. 예스키즈존으로, 비눗방울을 판매하며 피크닉 세트 소품도 대여할 수 있다. 브런치에는 부드러운 크로플 세 조각, 소시지, 달걀 등이 들어가 식사 대용으로 충분하다. 2인 피크닉 세트에는 샌드위치와 감자튀김, 오렌지, 쿠키, 아메리카노가 들어간다.

☕ CAFE & BAKERY
카페브리프

📍 제주시 애월읍 광성로 76
📞 064-711-5507
🕐 10:00~18:00(주문마감 17:30, 넷째 주 화요일 휴무)
ℹ️ 편의시설 주차장, 아기 의자, 정원
🌐 인스타그램 brief_cafe

사진 기계가 있는 감성 카페

인스타그래머들 사이에선 사진 카페, 감성 카페로 불리는 곳. 대표 메뉴는 앙버터 키트와 디저트 박스다. 휴대용 버너를 포함한 키트가 제공되는데, 직접 빵을 구워서 앙버터를 만들어 먹는 방식이라 재미있다. 보드랍고 달지 않은 다쿠아즈는 몇 개라도 먹을 수 있다. 영수증처럼 뽑을 수 있는 무료 사진 기계는 최고의 인기다. 동전을 넣고 찍는 셀프 포트레이트도 새로 들어왔는데, 품질이 좋아 기념 사진으로 남기기 좋다. 제주 관련 독립출판물과 잡화도 판매한다. 항파두리 항몽유적지가 차로 2분 거리에 있다.

☕ CAFE & BAKERY
너와의 첫 여행

📍 제주시 애월읍 장소로 16
📞 010-3867-6889 🕐 10:00~18:00
ℹ️ 편의시설 주차 가능(길가), 정원, 귤밭
🌐 인스타그램 first_time.jeju

귤밭 카페에서 귤 따기 체험을

장전리는 애월읍 중산간에 있는 마을이다. 귤밭과 귤 창고가 모두 카페다. 매일 직접 만드는 디저트는 정성이 배어 더 맛있다. 이곳저곳 포토존에도 하나같이 정성이 묻어난다. 아이들에게 정감 있고 친절하게 대해주니 더욱 마음이 편안해진다. 실내도 좋지만, 볕 좋은 날 야외에서 티타임을 즐기면 귤밭 카페의 매력이 배가 된다. 귤밭, 현무암 돌담, 돌창고……. 제주다운 분위기가 물씬 풍기는 곳에서 아이들과 따뜻한 추억을 만들어 보자. 겨울에는 귤 따기 체험도 할 수 있다.

☕ CAFE & BAKERY
오지힐그라운즈

📍 제주시 한림읍 한림상로 16
📞 0507-1345-0541
🕐 10:00~20:00(마지막 주문 19시, 매주 수요일 휴무)
ⓘ 편의시설 주차장, 정원, 야외테이블
🌐 인스타그램 aussiehillgrounds_jeju

한림 주택가 수제 프리미엄 빵집

협재해수욕장에서 차로 5분이면 닿는 한림읍 주택가에서 마당이 널찍한 집을 개조한 베이커리 카페이다. 보기만 해도 군침이 도는 빵이 진열대 위를 가득 채우고 있다. 맛으로 빼놓을 게 없어 사람이 많은 날에는 채워 넣기 무섭게 금방 사라지기도 한다. 담백한 식사 빵부터 달콤한 프렌치토스트까지 취향에 따라 다양하게 고를 수 있다. 추운 겨울에는 난로 옆자리에, 따스한 날에는 뒷마당 야외 테이블에 앉아 보자. 키 큰 소나무가 심어진 앞뜰은 아이들이 솔방울을 주으며 놀기 좋다. 봄에는 벚꽃 잎이 흩날리고, 옛 주택의 정취가 그대로 남은 갈색 벽돌이 아늑한 느낌을 준다.

☕ CAFE & BAKERY
그라운드폴

📍 제주시 애월읍 하광로 208-22
📞 0507-1362-5485
🕐 화~토 10:00~18:00, 일~월 13:00~18:00
ⓘ 편의시설 주차장, 아기 의자, 잔디마당, 놀이시설(모래놀이, 방방이) 🌐 인스타그램 ground.fol

신나게 놀 수 있는 잔디 마당 카페

교회 앞에 있는 잔디 마당을 이용할 수 있는 키즈프렌들리(+예스펫존) 카페다. 프렌치토스트, 잠봉뵈르, 마들렌 등도 판매한다. 갤러리와 숍도 있어 공간별로 들러보는 재미가 있다. 무엇보다 잔디 마당은 풋살장만 한 크기에 아이들이 놀 수 있는 공과 골대, 비눗방울, 목마, 방방이 등이 있다. 실내 좌석은 넓지 않아 궂은 날씨보다는 야외 활동하기 좋은 날 찾는 게 좋겠다. 착륙을 준비하는 비행기들이 내려가는 서쪽 중산간에 있어 노을 질 무렵엔 황홀한 풍경이 선물처럼 펼쳐진다.

☕ CAFE & BAKERY
나무앤

📍 제주시 애월읍 평화로 2289-17
📞 064-799-8458
🕐 13:00~17:00(일요일·월요일 휴무)
ⓘ **편의시설** 주차장, 아기 의자, 정원, 야외 놀이터, 놀이방
🌐 **인스타그램** jeju__namu_n

아이에겐 꿈 같은 예스키즈존 카페

친환경 나무 공방, 멋진 잔디밭 운동장, 모래 놀이터, 인디언 텐트, 나무 줄타기 시설, 몬테소리 교실, 원데이클래스 공방, 예스키즈존 카페……. 이 모든 기능을 다 갖춘 천국 같은 곳이다. 5세 이상이라면 원데이클래스 공방 수업을 신청할 수 있다. 유아교육을 전공한 목공지도사가 이끈다. 클래스는 인기가 많아 예약해야 한다. 인스타그램에서 공지를 확인하고, 오픈 카톡 링크를 통해 신청하면 된다. 카페만 이용해도 시설 대부분을 만끽할 수 있다. 중산간 높은 지대에 있어 맑은 날엔 바다까지 멀리 보인다. 뛰노는 아이들을 보기만 해도 절로 힐링이다. 카페에선 든든한 브런치 및 크로플과 핫도그 등 간식도 판매하며, 몬테소리 교실과 성인 원데이클래스도 있다. 서귀포로 넘어가는 평화로 바로 옆에 있다. 렛츠런파크제주와 가깝다. 공항에서 자동차로 25분, 새별오름에서 9분 거리이다.

CAFE & BAKERY
애월전분공장

📍 제주시 애월읍 중엄3길 60
📞 064-744-0801
🕐 10:00~18:00
ⓘ **편의시설** 주차장, 정원, 유모차 가능, 아기 의자

넓은 잔디밭과 낙서 체험이 있는 해안도로 카페

늘 찾는 이가 많아 건물과 도로가 빽빽한 애월해안도로에서 가장 넓은 야외공간을 가지고 있는 카페다. 넓은 잔디밭과 분수대까지 있어 아이들과 가도 마음이 편안하다. 원래 전분 공장이었던 건물 골조를 그대로 살려내 레트로 감성이 느껴진다. 담벼락 낙서와 미디어 낙서를 할 수 있는 체험별도 요금도 기다리고 있다. 든든한 베이커리도 있어서 허기를 채우기에도 좋다. 길 건너는 해안도로의 명물 '중엄리 새물'이다. 검은 절벽에 부딪히는 힘찬 파도와 환상적인 바닷길도 놓치지 말자.

CAFE & BAKERY
푸르곤

📍 제주시 애월읍 납읍로 84
📞 010-2482-8358 🕐 10:00~19:00(주문마감 18:00)
ⓘ **편의시설** 주차장, 정원, 루프톱
🌐 **인스타그램** frugon.official

건강 주스와 잔디밭 정원부터 오름 전망대까지

본관, 별관, 루프톱, 정원, 정원 언덕을 갖춘 역대급 카페이다. 계절마다 꽃과 풀이 흐드러진다. 언덕 정상은 납읍리가 훤히 내려다보이는 전망대다. 잔디밭이 운동장만 해서 아이들이 실컷 뛰놀 수 있다. 주스와 차가 이곳의 간판 메뉴. 주스는 신선한 과일과 채소 외에는 다른 것을 첨가하지 않는다. 수제 브런치와 잼도 팔고, 화덕 피자와 맥주도 즐길 수 있다. 대형 카페지만 음식과 차 맛이 좋다. 납읍리는 걷기 좋은 소담한 마을이다. 금산공원이 근처에 있으며, 한담해변이 차로 8분 거리다.

☕ **CAFE & BAKERY**

어음분교 1963

📍 제주시 애월읍 어림비로 376
📞 064-799-7706
🕐 10:00~18:00
ⓘ **편의시설** 주차장, 유모차, 운동장, 놀이터
🌐 **인스타그램** eoeum_1963

작은 학교가 카페로 다시 태어났다

애월읍 중산간에 있는 어음분교 1963은 작은 폐교를 리모델링한 카페 겸 게스트하우스다. 아직 덜 알려져 한적하게 놀 수 있다. 방방이와 모래 놀이터, 그네 등 아이들 놀거리가 풍성해서 좋다. 실내는 물론 운동장에도 테이블이 있어 커피를 마시며 아이들 노는 것을 볼 수 있어 더 좋다. 간식과 차는 물론 우동, 볶음밥, 오메기떡 등도 있다. 1인실 게스트하우스와 가족형 펜션도 함께 운영한다.

☕ **CAFE & BAKERY**

명월국민학교

📍 제주시 한림읍 명월로 48
📞 070-8803-1955
🕐 11:00~19:00
ⓘ **편의시설** 주차장, 운동장, 기념품 가게, 유모차 운행 가능
🌐 **인스타그램** _lightmoon.official

폐교의 화려한 변신

어음분교 1963과 마찬가지로 폐교를 리모델링했다. 학교는 문을 닫았지만, 운동장은 여전히 아이들의 것이다. 아기자기한 소품과 곳곳의 포토존이 옛 기억을 불러일으킨다. 교실마다 반 이름이 붙여져 있는데, 카페반과 소품반, 갤러리반으로 나뉘어 있다. 추억의 문방구 과자도 먹어볼 수 있고, 운동장에서 아이들과 뛰놀 수도 있다. 숍에서 판매하는 비눗방울은 아이들의 최고 인기 상품이다. 협재해수욕장과 금능해수욕장에서 차로 5분 거리라 함께 다녀가기 좋다.

☕ CAFE & BAKERY
비양놀

📍 제주시 한림읍 한림해안로 311
📞 010-5399-4962 🕐 11:00~19:00(주문 마감 18:30)
ⓘ 편의시설 주차장, 정원
🌐 인스타그램 biyang_nol

비양놀을 품은 갤러리 카페
한림읍의 귀덕리와 한림항 사이 아름다운 해안도로에 들어선 갤러리 카페. 널찍한 창으로 비양도가 한눈에 들어오며, 이름처럼 노을 무렵 아름다움이 절정에 이른다. 천장이 유리로 된 햇살 맛집이고, 옥빛 바다가 물결치는 뷰 맛집이다. 중정 화단을 중심으로 계단형 자리가 있어 개방감이 좋다. 벽을 따라 전시된 그림도 예사롭지 않다. 갤러리와 루프톱, 정원까지 즐길 거리도 풍성하다. 아침마다 굽는 스콘은 부드럽고 맛이 좋아 자꾸만 손이 간다. 한라봉, 말차 등 다양한 마실 거리를 구비하고 있다. 협재해수욕장에서 차로 8분.

☕ CAFE & BAKERY
호텔샌드

📍 제주시 한림읍 한림로 339 📞 010-8879-8010
🕐 08:30~22:00(마지막 주문 21:30)
ⓘ 편의시설 주차장, 유모차 운행 가능, 아기 의자, 기저귀
　　갈이대, 해변
🌐 인스타그램 holtelsand_

협재 해변을 앞마당으로 품은 카페
이곳 사진을 보면 안 가곤 못 배긴다. 에메랄드빛 바다와 비양도가 정면에 커다란 액자처럼 펼쳐지고, 야외에 계단식으로 난 테이블은 협재해수욕장 모래사장으로 이어진다. 지중해를 연상케 하는 인테리어는 협재 감성 그 자체. 아이들은 모래 놀이를 하다가 바다에 다녀올 수도 있고, 어른들은 선베드에 누워 커피나 모히토를 즐겨 보자. 협재의 낭만이 오롯이 그대의 것이 된다. 아기 의자도 있고 심지어 기저귀갈이대도 라탄으로 갖추고 있다. 이른 시간에 가면 모래사장 쪽 자리 잡기가 수월하다. 지하 주차장이 꽉 차면 협재해수욕장 주차장을 이용하면 된다.

 CAFE & BAKERY

무인제주

⊙ 제주시 애월읍 금성5길 44-9
📞 0507-1320-3029
🕐 11:00~24:00(매주 화·수 휴무, 마지막 주문 23:30)
ⓘ 편의시설 야외테이블, 마당
🌐 인스타그램 muin_jeju

제주에서 느껴보는 발리 감성

곽지해수욕장 서쪽 주차장 옆에 있는 오션 뷰 카페. 이국적인 분위기를 돋우는 음악이 인상적이다. 낮에는 반짝이는 제주 바다의 윤슬에, 해 질 무렵엔 사방이 온통 붉게 물들어 가는 수채화 같은 풍경에 취해 보자. 흑돼지 안심 수비드, 파스타 등 식사 메뉴도 있고, 달콤한 추로스도 커다랗게 만들어 준다. 밤이 찾아오면 앞마당은 모닥불 낭만으로 차오른다. 낮과 밤 가리지 않고 휴양지에 온 것 같은 느낌을 만끽할 수 있다. 실내 좌석도 2층까지 널찍해 편안하며, 어디에 앉든 푸른 바다가 눈 앞에 펼쳐진다. 바로 앞으로 펼쳐진 곽지해수욕장은 아이들 놀기 좋은 고운 모래사장을 뽐낸다.

CAFE & BAKERY

유람위드북스

⊙ 제주시 한경면 조수동2길 54-36
📞 070-4227-6640 🕐 11:00~22:00(금~일 심야 책방)
ⓘ 편의시설 주차장, 좌식테이블
🌐 인스타그램 youram_with_books

당신이 꿈꾸던 북카페

책을 좋아하는 사람에게 이곳은 작은 천국이나 다름없다. 동화 속에서 본 것 같은 다락방 서재와 개별적으로 앉을 수 있는 좌식테이블에 편하게 앉아 책 속으로 여행을 떠날 수 있다. 웬만한 도서관이라 해도 좋을 만큼 구비 도서도 다양하다. 신간 베스트셀러와 만화책도 있다. 이용료는 없고 카페 음료를 주문하면 된다. 직접 만드는 과자도 맛있다. 귀엽고 포근한 고양이 '유람'이도 찾아보자. 어디선가 낮잠을 자고 있을 것이다. 이곳만의 잡화도 구매할 수 있다. 노키즈존도 운영한다.

CAFE & BAKERY
하소로커피

◎ 제주시 한경면 불그못로 72
📞 064-799-6699
🕙 10:00~18:00(명절 당일 휴무)
ⓘ 편의시설 주차장, 유모차 운행 가능, 아기 의자, 마당
🌐 인스타그램 hasoro_coffee

잔디 정원과 로스터리 카페

제주에서 커피 잘 볶기로 소문난 로스터리 카페다. 실제로 제주 전역은 물론 전국에 원두를 납품한다. 한경면 조수리에서도 무척 한적한 마을에 있어 찾아가는 동안 제주 시골 마을의 정취를 제대로 느낄 수 있다. 커다란 창고 건물을 공장형 로스터리 카페로 개조했는데, 실내는 볕이 잘 들고 모던한 인테리어에 소품이 많아 아늑하다. 2층의 소파 자리는 꼭 한번 앉아보고 싶은 명당이다. 이름난 곳답게 커피 맛은 당연히 좋으며, 과일주스도 제철 생과일을 사용한다. 디저트도 과하지 않은 달콤함으로 풍미를 돋운다. 평상이 있는 넓은 잔디 마당은 아이들이 맘껏 뛰놀 수 있고, 오가는 고양이들이 느긋하게 친구가 되어준다. 실내에는 아기 의자와 목마가 비치되어 있고, 베이비밀크 메뉴도 있어 아이들과 편하게 쉬어갈 수 있는 분위기다. 드립백과 원두 등을 합리적인 가격에 판매하니, 커피를 사랑한다면 놓치지 말자.

커피를 사랑한다면 이곳도 포기하지 말자

☕ 제레미

한적한 애월리에 있는 1인 카페. 핸드드립 등 커피 맛이 좋다. 시그니처 메뉴는 제레미 커피이며, 작은 바자리에서 도란도란 즐길 수 있다.

◎ 제주시 애월읍 애월로 106-1 ☎ 070-7717-6857

☕ 베어파인

수산저수지 가는 길에 있는 라테 아트를 선보이는 카페다. 디저트와 커피는 물론, 군더더기 없는 인테리어와 자유로운 분위기가 인상적이다. 펫프렌들리&예스키즈존으로 친근한 동네 카페 느낌이 난다.

◎ 제주시 애월읍 수산곰솔길 37 ☎ 070-8887-1101

☕ 다금바리스타

차귀도가 보이는 자구내포구 앞의 작은 카페이다. 커피 맛은 물론 수제 디저트와 칵테일도 파는데, 솜씨가 범상치 않다. 야외에도 앉을 수 있는 테이블이 있다.

◎ 제주시 한경면 노을해안로 1166 ☎ 010-4768-1999

☕ 카페 닐스

협재 근처, 신선하고 좋은 커피를 내리는 친절한 카페다. 먼바다를 보며 책을 읽고 담소를 나누어 보자. 책을 읽으면 커피는 무료로 리필해 준다. 어린이 손님에겐 우유를 무료로 제공한다. 아이스크림과 가벼운 디저트도 판매한다.

◎ 제주시 한림읍 일주서로 5153 ☎ 064-796-1287

 CAFE & BAKERY
윈드스톤

⚲ 제주시 애월읍 광성로 272　📞 070-8832-2727
🕐 09:00~17:00(격주 일요일 휴무)
ⓘ 편의시설 주차장(길 건너), 정원, 놀이터(학교 운동장)
🌐 인스타그램 windstone_jeju

책과 커피가 있는 광령리 돌집

올레길 16코스 종점 근처 광령초등학교 바로 앞 모퉁이에 있는 카페이다. 오래된 돌집의 모습을 개조해 제주다움이 물씬 난다. 애월읍 광령리는 무척 조용한 마을이다. 윈드스톤에서는 이른 아침부터 신선한 원두로 내린 커피를 만날 수 있다. 고소하고 달콤한 아몬드 라테가 인기 메뉴이다. 카페 한편엔 북마스터가 선정한 책과 감각적인 소품을 파는 공간이 있다. 제주를 테마로 한 책이 많다. 자갈 깔린 마당에도 테이블이 있다. 마당 뒤 별채에선 전시와 팝업 스토어가 열린다. 창밖으로 아이들이 뛰노는 초등학교 운동장이 보인다.

 SHOP
날마다 디자인

⚲ 제주시 절물1길 31
📞 070-8888-3221
🕐 12:00~18:00(매주 일·월요일 휴무)
🅿 주차 공영주차장(제주시 외도일동 482-1)
🌐 인스타그램 nalmadadesign

재미있고 귀여운 디자인을 뽐내는 굿즈

어느 상점에서나 파는 흔한 제주 기념품이 아니라 디자이너가 만드는 굿즈를 만나보고 싶다면 이곳을 추천한다. 귀엽고 독특한 디자인을 뽐내는 캐릭터로 만든 핸드폰 케이스, 그립톡, 스티커는 물론 티셔츠 등 의류도 갖추고 있다. 문구와 리빙 소품을 애정하는 사람이라면 무얼 골라야 할지 고민할 시간이 필요할 것이다. 아이들이 좋아할 만한 키링이나 볼펜 등도 다양하다. 매장은 도민들이 즐겨 찾는 맛집이 많은 동네 외도동에 있다. 미처 구입하지 못해도 아쉬워 말자. 온라인 스토어에서도 주문할 수 있다.

SHOP

책방 소리소문

제주시 한경면 저지동길 8-31
010-8298-9884
11:00~18:00(수요일 휴무)
인스타그램 sorisomoonbooks

올레길 옆 매혹적인 서점

작은 마을의 작은 글小里小文이란 뜻을 가진 독립책방이다. 한경면의 조용한 내륙마을 저지리에 책과 서점 덕후 부부가 운영하는데, 감성과 실속 모두 알차기로 소문이 자자하다. 테마를 갖춘 코너 구석구석을 구경하는 재미가 있다. 필사할 수 있는 공간도 있고, 아이들을 위한 책도 제법 갖추고 있다. 취향과 기분에 따라 맞는 책을 추천해준다. 서점을 둘러보고 마음에 드는 책을 읽고 놀고 쉬면, 이보다 더 좋은 휴식이 있을까 싶은 생각이 절로 난다.

SHOP

디자인 에이비

제주시 한경면 판포4길 22
070-7348-8201
10:00~18:00(매주 수요일 휴무)
편의시설 주차 가능
인스타그램 design_ab

디자인 에이전시에서 운영하는 소품 가게

독특하고 귀여운 디자인을 좋아하는 사람이라면 이곳은 놓치고 싶지 않을 것이다. 2015년 문을 연 기념품 가게로, 카피라이터인 남편과 디자이너인 아내가 합심해 운영한다. 센스있는 안목으로 엄선한 제주 디자이너 제품과 자체 디자인한 제품을 함께 판매한다. 제주의 특산물과 아름다움을 특유의 캐릭터와 이미지로 만들어낸 제품들이 무척 귀엽다. 판포리 바다가 내려다보이는 새하얀 타일로 뒤덮인 건물도 이곳의 또 다른 매력이다. 한림읍에 금능점한림읍 한림로 214, 14:00~18:00, 수요일 휴무을 냈다.

PART 5

제주시 동부권

조천읍·구좌읍

▼▼▼▼

여행 지도 | 버킷리스트 | 핫스폿
맛집 | 카페 & 베이커리 | 숍

관곳
카페시소
조천수산
신흥해수욕장
(신흥바다낚시공원)
무거버거
연북정
유탑유블레스호텔
제주
서우봉
함덕해수욕장
(델문도)
김녕항
곰막
공백
김녕에사는김영훈
편안한맛집
김녕해수욕장
너븐숭이
4·3기념관
돌하르방미술관
김택화
미술관
제주닭집 함덕점
김녕미로공원
닭머르(2.6km)
맛난사계절(3.3km)
도로록
선장과 해녀
달그락식탁
동백동산
선흘곶
대흘리
대흘
초등학교
조천읍
사슴책방
5L2F
트라인커피
덕천곤충영농조합
와흘리
1136
캐릭파크
송당
1118
한울타리한우
97
포레스트 공룡사파리
제주세계자연유산센터
안돌오름과
비밀의 숲
안도르
고파크 펜션
에코랜드
제주돌문화공원
제주키즈풀빌라
나무와아이
교래자연휴양림
삼다마을목장
교래곶자왈손칼국수
스타벅스
더제주송당파크R점
도토리숲 제주점
천미천
카페글렌코
블루보틀제주
거문오름
카페말로
몽키즈 펜션
산굼부리
사려니 팜
렛츠런팜제주
1112
97
1118

제주시 동부권 여행지도

카약
월정소랑/독채펜션
월정리해수욕장
풀스토리
풀빌라 펜션
월정리갈비밥
밭담
해맞이해안로
인카페온더비치
1132
제파
한동리화수목
카페인사리
더아이키즈풀빌라
평대리해수욕장
소라횟집
세화벨롱장
평대초등학교
올레21코스
구좌읍
얌얌돈까스
세화해수욕장
미엘드세화
해맞이해안로
별방진
청파식당횟집
세화씨문방구
토끼섬
에릭스에스프레소
카페한라산
해녀박물관
딸기나무
세화리
하도해수욕장
1112
철새도래지
종달리
해안로
종달리
소금바치
지미봉
순이네
이스트포레스트
놀놀
비자림스테이
1132
소심한책방
비자림
비자숲힐링센터
다랑쉬오름
레이식당
술의식물원
학교
드포레카라반파크
제주레일바이크
용눈이오름
부오름
누피가든
금백조로
말방목공원

눈비 올 때 갈 수 있는 곳

해녀박물관 제주시 구좌읍 해녀박물관길 26
비자숲힐링센터 제주시 구좌읍 다랑쉬로 68-92
성수미술관 제주특별점 제주시 구좌읍 해맞이해안로 1726
세계자연유산센터 제주시 조천읍 선교로 569-36
캐릭파크 제주시 조천읍 선교로 266
김택화미술관 제주시 조천읍 신흥로 1
제주세계자연유산센터 제주시 조천읍 선교로 569-36
제파 제주시 구좌읍 월정3길 40, 1층
걸어가는늑대들 제주시 조천읍 조함해안로 556
제주신재생에너지홍보관 제주시 구좌읍 해맞이해안로 712-3
덕천곤충영농조합 제주시 구좌읍 중산간동로 1875
제주 스카이워터쇼 제주시 구좌읍 번영로 2172-80
뽀그작슬라임카페 제주시 조천읍 와선로 236-14

1119

제주시 동부권 버킷리스트 10

① 칙칙폭폭 에코랜드 기차여행

에코랜드P189에선 기차를 타고 제주의 곶자왈을 탐험할 수 있다. 증기기관차를 닮은 관람 열차가 원시림이 우거진 숲속으로 들어가면, 마치 시간 여행을 하는 듯한 기분이 든다. 무려 30만 평의 규모에 자연 친화적인 볼거리가 많아 온 가족이 즐겁다.

② 누구라도 힐링이 되는 스누피가든

뻔한 캐릭터 테마파크라 생각하면 서운하다. 제주의 자연과 힐링 메시지를 전하는 피너츠 친구들을 다양한 테마와 체험시설로 만나보자. 아이들이 좋아하는 어드벤처는 물론, 나이와 성별 상관없이 누구라도 오래 머물고 싶은 공간이다.

③ 함덕해수욕장에서 눈부신 휴식을

큰 건물이 사라지고 들판과 바다가 보이기 시작하는 동쪽 해안으로 가면 푸른 바다에 마음을 빼앗긴다. 함덕해수욕장P190은 모래도 고와서 아이들이 놀기 좋은 곳이다. 바로 옆 서우봉 둘레길까지 돌아보면 함덕의 매력에 퐁당 빠져버릴 것이다.

④ 해맞이해안로에서 환상 드라이브를!

푸른 물감을 아낌없이 풀어 넣은 것 같은 동쪽 바다를 보면, 저절로 감탄사가 나오고 환호성이 끊이지 않는다. 김녕해수욕장에서 종달리까지, 해맞이해안로P202에선 내비게이션을 끄고 차를 몰자. 천천히 가다 보면 너무 아름다워 자주 차를 멈추고 싶을 것이다.

⑤ 오름 왕국에 온 걸 환영해

구좌읍 내륙에 들어서면 피라미드를 떠올리게 하는 오름 능선이 겹겹이 펼쳐진다. 초원 속 오름에 올라 내려다보는 섬은 그 무엇보다 매혹적이다. 아부오름P206은 아이와 같이 올라도 큰 부담이 없다. 오름아, 기다려! 우리가 간다!

⑥ 천년의 숲 비자림에서 도란도란

2,570여 그루의 비자나무가 오랜 시간 숲을 이루고 있는 비자림
P203은 제주의 대표적인 숲길 산책 코스다. 기분 좋은 나무 향기를
맡으며 아이와 함께 발맞춰 걸어보자. 비자숲힐링센터에는 친환
경 실내 놀이공간도 마련돼 있다.

⑦ 바람과 파도에 맞선 해녀의 삶 체험하기

유네스코 인류무형문화유산으로 등재된 제주 해녀의 모든 것을
해녀박물관P198에서 만나볼 수 있다. 보석처럼 빛나는 세화 바다
를 바라볼 수 있는 멋진 뷰와 놀이공간이 있는 어린이해녀관은 제
주도가 해녀박물관에 온 사람에게만 주는 덤이다.

⑧ 오션 뷰 맛집이라 더 맛있어!

바다를 바라보며 먹는 식사는 곱절로 맛있다. 아이가 잘 먹으면 부
모의 기분도 최고. 수제버거와 밀크셰이크가 있는 무거버거P208,
성게국수와 회국수가 맛있는 곰막P211, 조천항 앞 일몰 맛집 조천
수산P217에서 싱싱한 생선회를 즐기자.

⑨ 오션 뷰 카페와 숲속 카페에서 힐링을

바다가 그립다면 오션 뷰 카페 델문도P190와 인카페온더비치P221
로 가자. 카페로 들어서면 푸른 바다가 와락 안긴다. 숲이 좋다면
정원 카페 글렌코P223와 목장 카페 말로P219로 가자. 토닥토닥, 푸
른 자연이 당신을 위로해줄 것이다.

⑩ 행복을 주는 문방구 쇼핑

세화씨문방구P227에선 알록달록 귀엽게 채색된 제주를 만날 수
있다. 모두 문방구 주인이 디자인한 것이라 개성적이고 특별하다.
머그잔, 엽서 등 기념품은 물론 아이가 좋아할 만한 문구도 갖추고
있다. 세화 바다가 한눈에 보여 쇼핑이 더 즐겁다.

제주시 동부권 명소
SIGHTSEEING

칙칙폭폭 에코랜드 기차여행, 어드벤처와 힐링이 가득한 스누피가든,
에메랄드빛 함덕해수욕장에서의 눈부신 휴식, 해안도로를 달리는 환상 드라이브,
그리고 지금 제주에서 가장 핫한 송당마을과 바람과 파도에 맞선 해녀의 삶 체험까지!
오래 머물고 싶은 제주시 동부의 핫플을 모두 모았다.

SIGHTSEEING

에코랜드

👤 **추천 나이** 2세부터 📍 제주시 조천읍 번영로 1278-169 📞 064-802-8020
🕐 08:30~18:30(막차 17:30, 11~2월 막차 16:30, 여름철 기간 한정 야간개장) 💰 성인 16,000원, 청소년 13,000원, 어린이(36개월~만12세) 11,000원 ⓘ **편의시설** 주차장, 유모차 운행 가능, 수유실, 기저귀갈이대 🌐 **인스타그램** ecoland_jeju

증기기관차로 떠나는 곶자왈 숲속 여행

에코랜드는 1800년대 증기기관차를 타고, 약 4.5km 거리의 곶자왈을 체험하는 테마파크다. 기차 운행 간격은 7~12분이다. 열차는 피터 팬과 팅커벨이 살고 있을 것 같은 곶자왈 숲을 관통한다. 칙칙폭폭 증기기관차의 경쾌한 소리에 맞춰 맑은 공기를 들이마시다 보면 첫 번째 역 에코브릿지에 도착한다. 여기서부터 커다란 호수 위로 이어진 수상 데크를 따라 걸어서 다음 역인 레이크사이드까지 갈 수 있다. 가는 동안 펼쳐지는 풍차와 목초지는 마치 유럽의 전원을 옮겨온 것 같다. 호수에서 범퍼 보트도 즐길 수 있다. 다시 기차를 타면 피크닉가든에 도착한다. 이곳엔 키즈 타운이 있으니 아이 동반 가족이라면 꼭 들러 보자. 매점 뒤편으로는 화산송이를 밟을 수 있는 에코로드가 숲속 작은 책방까지 안내한다. 작은 장난감도 있어 아이들이 쉬다 가기 좋다. 마지막 역인 라벤더·그린티&로즈가든역에는 말이 살고 있는 유럽식 목초지가 있다. 메인 역에 식당이 있고, 역마다 카페와 스낵이 마련돼 있다. 기차는 한 방향으로만 돈다. 마지막 역까지 오면 다시 입장할 수 없으니 순서대로 내려 돌아보자.

©제주관광공사

SIGHTSEEING
▼▼▼▼▼▼
함덕해수욕장

👤 추천 나이 1세부터
📍 제주시 조천읍 조함해안로 525
ⓘ 편의시설 주차장, 유모차 운행 가능(산책로 및 둘레길)
🚌 버스 201, 300, 311, 312, 325, 326, 341, 342, 348, 349,
   380, 701-1, 702-1, 703-1, 704-1, 704-2, 704-3,
   704-4, 101

예쁘다, 함덕 바다

함덕해수욕장은 공항에서 20km 떨어진, 30분이면 닿을 수 있는 보석 같은 곳이다. 이국적인 풍경에 탄성이 절로 나온다. 왜 사람들이 함덕, 함덕 하는지 절로 느끼게 될 것이다. 함덕 바다는 협재, 김녕과 함께 제주에서 가장 아름다운 바다색으로 꼽힌다. 수심이 얕고 모래가 고와 아이들과 함께 찾기 좋다. 물놀이와 모래놀이 말고도 즐길 거리가 많다. 너른 잔디공원과 구름다리가 있고, 야간 개장을 하는 여름철에는 제주도 푸른 밤을 만끽할 수 있다. 안으로 굽은 해안선을 따라 동쪽으로 쭉 뻗어 나온 봉우리 '서우봉'도 있다. 해변에서 서우봉 둘레길까지 산책로가 이어진다. 유모차도 문제없다. 봄이면 유채꽃이, 여름에는 해바라기, 가을엔 코스모스가 여행 엽서 같은 풍경을 만들어 낸다. 이곳에 서면 꽃과 함께 함덕 바다, 한라산까지 한눈에 담을 수 있어 가슴이 벅차오른다. 델문도제주시 조천읍 조함해안로 519-10는 함덕해수욕장의 오션 뷰 베이커리 카페다. 야외 데크 바로 앞까지 물이 들어와 바다 위에 떠 있는 것 같다.

SIGHTSEEING
▼▼▼▼▼▼
함덕 가는 길의
명소 5군데

닭머르 제주시 조천읍 신촌북3길 62-1
연북정 제주시 조천읍 조천리 2690
관곶 제주시 조천읍 조함해안로 217-1
신흥해수욕장 제주시 조천읍 조함해안로 273-35
신흥바다낚시공원 ◉ 제주시 조천읍 조함해안로 247-2
     📞 064-783-8855

이곳도 놓치지 말자!

자동차 내비게이션은 큰길로 안내한다. 조금 돌아가지만, 해안도로를 선택하면 더 멋진 풍경을 만날 수 있다. 가장 먼저 만나는 곳은 신촌리의 닭머르에 있는 해안 정자이다. 나무 데크 길이 이어져 있어 어디에도 뒤지지 않는 아름다운 바다를 즐기며 산책할 수 있는 곳이다. 특히 가을엔 억새 물결이 은빛 풍경을 만들어 낸다. 조천에서 함덕을 잇는 조함해안로는 잊지 못할 드라이브를 선사한다. 과거 임금에게 사모의 충정을 보내던 연북정에서 시작해 함덕까지 이어진다. 관곶관콧에는 전망대가 있다. 땅이 바다로 길게 뻗은 곳으로 제주도에서 가장 북쪽이다. 일몰과 제주시 야경을 함께 즐길 수 있다. 바로 앞 문개항아리 식당에서는 한라봉 아이스크림을 판매한다. 여기서 올레길 19코스를 따라가면 꼭꼭 숨은 신흥해수욕장이 나온다. 함덕의 물빛과 백사장을 닮았지만, 인적이 드물어 좋다. 화장실과 샤워실을 갖추고 있다. 낚시 체험을 할 수 있는 신흥바다낚시공원이 근처에 있다.

SIGHTSEEING
제주돌문화공원

- 👤 추천 나이 1세부터
- 📍 제주시 조천읍 남조로 2023 📞 064-710-7731
- 🕐 09:00~18:00(월요일, 1월 1일, 설날·추석 당일 휴무)
- ₩ 성인 5,000원, 청소년 3,500원, 12세 이하 무료(매월 마지막 주 수요일 '문화가 있는 날'엔 입장객 모두 무료)
- ℹ️ 편의시설 주차장, 유모차 운행 가능(대여 가능), 수유실, 기저귀갈이대
- 🚌 버스 231, 701-1, 701-2, 131
- 🌐 인스타그램 jejustonepark

압도적인 스케일! 가장 제주다운 돌과 신화의 공원

돌문화공원에선 제주의 정체성, 향토성, 예술성을 한곳에서 경험할 수 있다. 실제로 접해보면 입이 떡 벌어질 만큼 규모가 크다. 섬 전역에 있는 석상 모양 돌을 다 전시해 놓았을 정도다. 사진으로는 공원의 느낌이 쉽게 담기지 않는다. 약 100만 평의 면적에 야외 전시장과 전통 초가는 물론, 오백장군갤러리, 제주돌박물관과 돌문화전시관 같은 실내 시설도 갖추고 있다. 박물관 옥상에서 만날 수 있는 하늘 연못은 이 공원의 심볼 같은 곳이다. 제주의 설문대할망 신화 속에 나오는 한라산 백록담을 상징적으로 본뜬 원형 연못으로, 하늘을 그대로 비추고 있어 더욱 웅장하고 전위적이다. 비치된 장화를 신고 연못을 건널 수 있어 재미도 만점. 워낙 넓어 1~3코스로 나누어 돌아볼 수 있으며, 안내 책자를 챙겨 원하는 곳을 골라 먼저 돌아보는 게 좋다. 걷는 게 부담이라면 무정차 순환 운행하는 유료 전기차 오백장군호를 타자.

SIGHTSEEING
▼▼▼▼▼▼▼

교래자연휴양림

👤 추천 나이 3세부터 📍 제주시 조천읍 교래리 산54-2
📞 064-710-7475 🕐 07:00~16:00(11~2월 ~15:00)
₩ 성인 1,000원, 청소년 600원, 12세 이하 무료
ⓘ 편의시설 주차장, 유모차 운행 가능(야영장 일부)
🚌 버스 231, 701-1, 701-2

곶자왈 숲속 놀이터

돌문화공원의 일부이기도 한 교래자연휴양림은 전국에서 유일한 곶자왈 생태 체험 휴양림이다. 넓은 잔디밭에서 야영을 할 수 있고, 에어컨을 갖춘 숙소도 있어 인기가 좋다. 입구가 두 군데인데, 먼저 나오는 야영장 쪽이 아이들과 놀기 좋다. 넓은 잔디밭과 놀이터가 있는 유아숲체원이 있기 때문이다. 매표소 쪽 입구로 들어가면 곶자왈생태체험관이 있다. 아이들도 쉽게 곶자왈의 이모저모를 알아볼 수 있다. 비포장 돌길이 많아 유모차는 다니기 어렵다.

SIGHTSEEING
▼▼▼▼▼▼▼

산굼부리

👤 추천 나이 3세부터 📍 제주시 조천읍 비자림로 768
📞 064-783-9900 🕐 09:00~18:40(11~2월 ~17:40)
₩ 성인 7,000원, 청소년 6,000원, 만 4세 이상 어린이 4,000원
ⓘ 편의시설 주차장, 유모차 일부 운행 가능(일부 돌길)
🚌 버스 212, 222

가을 억새가 춤을 추는 신비로운 분화구

돌문화공원에서 자동차로 4분 거리에 있다. 산굼부리는 천연기념물 제263호로 지정된 분화구다. '굼부리'는 제주 말로 화산이 폭발하면서 생긴 분화구를 말한다. 유난히 화구가 크고 그 속에서 자라는 희귀식물이 많아 사계절 아름답다. 특히 가을이 되면 억새 물결이 장관을 이룬다. 정상에 다다르면 성산일출봉을 비롯한 동부의 오름 능선을 전망할 수 있다. 유모차도 가능하지만, 일부 돌길이 있고 경사도 있어 조금 힘들 수 있다.

포레스트 공룡사파리

👤 추천 나이 3세부터
📍 제주시 조천읍 선교로 474-1
📞 064-783-0300 🕐 10:00~17:30(입장 마감 16:20)
₩ 12,000원, 24개월 미만 무료
ⓘ 편의시설 주차장, 유모차 운행 가능

공룡 마니아들 여기로 모여라!

티라노사우루스가 무시무시한 이빨을 드러내고 있는 입구부터 범상치 않다. 동물과 공룡이라면 눈이 반짝반짝 빛나는 꼬마 친구들이 참 좋아하는 곳이다. 야외 공간에서 처음 마주하게 되는 동물 먹이 주기는 언제나 즐거운 체험이다. 여기를 지나 광장으로 가면 움직이고 소리를 내는 동물 모형들이 반겨준다. 이곳의 하이라이트인 '공룡 사파리'에 들어서면 공룡들이 사는 숲을 걸으며 스탬프를 찍을 수 있다. 스탬프를 모두 찍어가면 카운터에서 아이 이름을 적은 '공룡박사학위증'을 발급해준다. 거대한 공룡 모형이 실제로 움직이며 소리를 내고 있으니 흥분하지 않을 수 없다. 물론 겁에 질려 울기도 하지만 그만큼 리얼하다. 직접 타보고 만질 수도 있어 공룡 이름을 줄줄 외는 친구들이라면 만족도 최고일 것이다. 공룡 열차도 빼놓을 수 없다. 실내 놀이터에서도 오래 시간 보낼 수 있으며, 카페에도 작은 놀이방이 있다. 야외 공간 초입에서 동물 먹이 주기 체험도 할 수 있다.

삼다마을목장

📍 제주시 조천읍 비자림로 581
📞 0507-1408-6004
🕘 09:00~18:00 (우천 시 휴장)
ⓘ **편의시설** 주차장, 야외마당, 놀이시설
₩ 성인 10,000원, 36개월~초등학생 8,000원
🌐 **인스타그램** cafe_samdasheep

사계절 썰매를 탈 수 있는 목장 카페

사계절 튜브 썰매를 탈 수 있고, 동물 친구들 먹이 주기 체험과 풀밭 위에서 그네 타기, 트램펄린까지. 제주라면 꿈꿔왔던 환상적인 놀이공간을 그대로 실현할 수 있는 곳이다. 썰매는 직접 끌고 올라가야 해서 조금 힘을 내야 하지만, 타다 보면 어른도 함께 동심의 세계로 돌아가 신이 난다. 입장료에는 먹이 주기 체험이 포함되어 있다. 토끼, 양, 말 등이 자연 속에서 살고 있다. 카페의 야외 테이블에는 바람막이가 있어 추운 날에도 따뜻하게 쉴 수 있다. 가족 친화적인 카페답게 어린이 음료수와 간식거리가 준비되어 있다.

덕천곤충영농조합

👤 **추천 나이** 5~6세부터
📍 제주시 구좌읍 중산간동로 1875 📞 010-6643-6298
🕘 11:00~18:00(수요일 휴무)
ⓘ **편의시설** 주차장, 유모차 운행 가능, 정원
🌐 **인스타그램** bureng_company

곤충 박사 모두 모여라!

곤충에 관심이 많은 아이라면 만족도 최상을 기대해도 좋다. 생긴 지 얼마 안 돼 깔끔하다. 사슴벌레, 제주에만 사는 딱정벌레 등 여러 곤충의 생애를 직접 관찰할 수 있다. 호기심 가득한 아이들의 눈은 체험 코너에서 가장 빛이 난다. 나만의 곤충 석고모형 꾸미기, 디오라마 만들기까지 할 수 있다. 모형이 아니라 진짜 곤충표본으로 작업한다. 체험은 네이버로 예약할 수 있다. 체험장 밖은 잔디밭 정원이다. 4월쯤, 봄이 오면 산란목 채집 체험 프로그램을 시작한다. 곤충 채집에 진심인 아이들에겐 더할 나위 없는 경험이 될 것이다.

SIGHTSEEING
렛츠런팜제주

🧍 **추천 나이** 1세부터
📍 제주시 조천읍 남조로 1660 📞 064-780-0131
₩ 입장료 무료, 트랙터 마차 5~10월 주말 한정 하루 5~6
회 운행(11:00, 13:30, 14:30, 15:30, 16:30 / 13세 이상
3,000원, 36개월~13세 미만 2,000원)
ℹ️ **편의시설** 주차장, 유모차 운행 가능 🚌 **버스**231, 232

트랙터 타고 목장 한 바퀴

렛츠런팜 제주는 한국마사회가 설립한 경주마 목장이다. 면적은 65만 평이다. 육지에선 보기 힘든 이국적인 풍경이 인상적이다. 목장 내 길이 잘 정돈돼 있어 제주의 자연과 말을 보며 산책을 즐기기 좋다. 포토존이었던 넓은 꽃밭은 더는 개방하지 않지만, 트랙터 마차 투어는 아이들에게 인기가 많다. 5~10월 토, 일요일에만 운행하며 출발 시각이 정해져 있으니 문의하고 가는 게 좋다. 말이 끄는 트랙터는 중간에 한 번 전망대에서 정차한다. 이곳에서 올라서면 초원 위의 말과 오름 능선, 한라산까지 조망할 수 있다.

SIGHTSEEING
동백동산

🧍 **추천 나이** 7세부터
📍 제주시 조천읍 동백로 77
📞 064-784-9445~6
🕘 09:00~18:00 ℹ️ **편의시설** 주차장

걷기만 해도 행복한 숲길

20년 된 동백나무 10만여 그루가 자라는 곶자왈 숲이다. 환경부 평가 최고 점수를 받은 생태관광지역이며, 세계자연유산·람사르습지·세계지질공원으로 등록되었다. 곶자왈과 습지가 한곳에 있어 더욱 특별하다. 동백꽃은 초봄부터 6월까지 볼 수 있다. 키 큰 동백나무가 운치 있는 채색화 한 폭을 그려낸다. 탐방로는 5km 정도며, 한 바퀴 도는 데 1시간 30분 정도 걸린다. 해설은 하루 전까지 예약하면 된다. 아담한 학교 선흘분교제주시 조천읍 선흘1길 41도 들러보자. 4월 중순 겹벚꽃이 일대를 핑크빛으로 물들인다.

SIGHTSEEING
김녕해수욕장

- 추천 나이 2세부터
- 제주시 구좌읍 해맞이해안로 7-6
- 편의시설 주차장, 놀이터(구좌체육관)
- 버스 201, 711-1, 711-2, 900

푸른 물감 풀어진 바다로 가자

구좌읍에서 바다색에 반해 차를 멈추게 된다면 그곳은 틀림없이 김녕해수욕장일 것이다. 풍력발전 단지가 있어 더 이국적인 해변이다. 백사장은 하얗고, 바다는 코발트 색으로 시선을 끌어들인다. 용암이 식어 만들어진 지형을 따라 주변엔 지질트레일이 조성돼 있어 도보로 산책하기 좋다. 썰물이 되면 김녕의 매력이 한껏 발휘된다. 물이 빠져나간 모래사장 가운데에 얕은 물이 넓게 고여 천연 수영장을 만들어 준다. 햇볕에 적당히 따스해진 물이 얕고 넓게 퍼져 있어 아이들이 놀기 좋다. 올레길 옆 야영장은 오래 놀다 가기 좋은 장소다. 깔끔한 목욕탕이 간절하면 바로 옆 김녕용암해수사우나제주시 구좌읍 김녕로21길 8, 064-782-5033로 가면 된다. 김녕마을은 금속 공예 벽화로 꾸며져 있다. 마을에서 성세기 해변까지 3km의 거리 곳곳에서 버려진 금속과 현무암으로 만든 작품을 만날 수 있다. 오래된 마을과 현대의 예술이 만나 독특한 분위기를 자아낸다. 내비게이션에 청수동복지회관을 찍으면 된다. 마을 포구에서 차가 멈출 것이다.

해녀박물관

👤 **추천 나이** 1세부터
📍 제주시 구좌읍 해녀박물관길 26 📞 064-782-9898
🕐 09:00~18:00(매주 월요일, 신정·설날·추석 휴관)
₩ 성인(25~64세) 1,100원, 청소년(13~24세) 500원
ℹ️ **편의시설** 주차, 유모차 운행 가능(대여 가능), 수유실,
　　기저귀갈이대, 정원, 놀이방
🚌 **버스** 201, 260, 711-1, 711-2

바다의 어머니 해녀의 삶

해녀박물관은 유네스코 인류무형문화유산으로 등재된 제주 해녀의 모든 것을 만나볼 수 있는 특별한 공간이다. 입구에 들어서면 보석처럼 빛나는 세화 앞바다의 파도가 통유리창 너머로 한눈에 들어온다. 소장자료는 모두 실제 해녀의 기증을 받아 마련한 것으로, 그들의 강인한 정신과 고단했던 삶이 고스란히 묻어나 있다. 매서운 바다에서 바람과 파도에 맞서 가족의 삶을 책임지기 위해 바닷속으로 뛰어들었던 해녀들의 생활은 영상실에서 가장 자세하게 압축적으로 만날 수 있다. 전시실은 이해하기 쉽게 구성되어 있으며, 각 층이 나선형 복도로 연결돼 있어 걸어서 돌아보기 편하다. 3층엔 세화 마을과 바다를 조망할 수 있는 전망대가 있다. '어린이 해녀관'은 제주 해녀 관련 놀이기구를 만지고 놀면서 해녀와 제주 바다를 느낄 수 있는 즐거운 놀이터다. 제주 동쪽에서 보기 드문 실내 놀이공간이다.

©제주도청

월정·평대·세화 바다

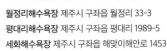

월정리해수욕장 제주시 구좌읍 월정리 33-3
평대리해수욕장 제주시 구좌읍 평대리 1989-5
세화해수욕장 제주시 구좌읍 해맞이해안로 1453

동쪽 바다를 오롯이 느끼는 법

월정에서 평대를 거쳐 세화까지 이어지는 해안도로는 환상 세계로 가는 길이다. 게다가 제주 동쪽의 아담하고 아름다운 해수욕장은 제주 여행에 푸른 낭만을 보태어준다. 물놀이와 모래놀이도 하고, 잊지 말고 인생 사진도 남겨 보자. 월정리는 카페거리로 유명해져 휴양지 느낌이 물씬 난다. 평대리해수욕장과 세화해수욕장은 아담하고 한적해서 놀기 좋다. 해변과 마을 안쪽에 아기자기한 식당과 카페가 있다. 바다와 맞닿아 있는 세화오일장은 제주 3대 오일장 중 하나로, 매월 5, 10, 15, 20, 25, 30일에 열린다. 차로 10분 거리에 입소문으로 유명해진 명소가 둘 있다. 오저여구좌읍 행원리 1-91는 환상적인 일몰 명소이다. 코난비치구좌읍 행원리 575-6는 썰물 때 스노클링하기 좋다.

ONE MORE

월정리 바다 위에서
투명 카약을

👤 추천 나이 4세부터
📍 제주시 구좌읍 월정리 1400-33
📞 010-4144-6492 🕐 10:00~22:00
₩ 1인 10,000원(대인·소인 동일, 30분 탑승)
ⓘ 편의시설 주차장 🌐 인스타그램 woljeong_kayak

월정리에 갔다면 카약도 타보자. 바다가 육지 쪽으로 옴폭하게 들어온 곳에서 타기 때문에 파도가 잔잔하다. 부모 동반이라면 어린이도 탈 수 있다. 현장에 있는 구명조끼를 입고 탑승해야 한다. 카약은 강화유리 강도 150배 이상의 폴리카보네이트로 만들었고, 안전요원이 상주한다. 날씨에 따라 이용이 어려울 수 있으니 미리 문의하고 가는 게 좋다.

SIGHTSEEING
돌하르방미술관

👤 추천 나이 3세부터
📍 제주시 조천읍 북촌서1길 70 📞 064-782-0570
🕐 09:00~18:00(11~3월 17:00까지)
₩ 성인 7,000원, 36개월 이상 소인·경로 5,000원
ℹ️ 편의시설 주차장, 유모차 가능, 놀이터, 기저귀갈이대
🌐 인스타그램 dolharbangmuseum_official

숲속의 자연 미술관

제주 토박이 예술가가 '제주다움'이라는 주제로 연 숲속 미술관이다. 20년 동안 제주의 돌과 자연물을 다듬어 만든 작품을 만날 수 있다. 함덕에서 5분 남짓 벗어났을 뿐인데, 정취가 한적해서 좋다. 전시장은 제주의 허파, 곶자왈 숲속이다. 가볍게 발걸음을 옮기면 자연스럽게 작품을 만날 수 있다. 중간중간 포토존과 자연 놀이터가 관람객을 반긴다. 입구의 돌집 카페에선 컬러링 체험을 무료로 할 수 있다. 2층은 어린이 도서관이다. 원데이클래스와 문화 예술 행사도 수시로 진행한다. 숲길 일부는 유모차 운행이 가능하다.

SIGHTSEEING
김녕미로공원

👤 추천 나이 7세부터
📍 제주시 구좌읍 만장굴길 122 📞 064-782-9266
🕐 09:00~17:50(입장 마감 17:00) ₩ 5,500원~7,700원
ℹ️ 편의시설 주차장, 놀이터, 기저귀갈이대
🌐 인스타그램 gimnyeong_maze_park

즐길 거리 가득한 미로 공원

우리나라 최초의 미로 공원이다. 사계절 푸르른 상록수 랠란디 나무가 3m 높이로 빼곡하게 자라있다. 초록빛 미로를 즐겁게 헤매다 보면 몸도 마음도 즐거워진다. 자연 그대로를 유지하는 것에 중점을 둔 공원이라 인근 숲과 마을을 오가며 살아온 고양이들도 공원의 일부가 되었다. 미로찾기가 다가 아니다. 목적지에서 스탬프 찍기에 도전할 수도 있고, 다양한 놀이 공간을 조성해두어 영유아 동반으로 가장 즐길 거리가 많다. 놀이터, 모래놀이, 미니 골프, 짚라인 등을 갖추고 있다. 관리도 깔끔한 편이다.

SIGHTSEEING
▼▼▼▼▼▼
하도리

👤 추천 나이 2세부터
하도해수욕장 📍 제주시 구좌읍 하도리 46-3
별방진 📍 제주시 구좌읍 하도리 33
하도어촌체험마을 📍 제주시 구좌읍 해맞이해안로 1897-
27(전화 064-783-1996 ⊕ **인스타그램** hado_jeju)

반짝이는 하도에 머무르는 몇 가지 방법

제주시에서 동쪽으로 약 40km 떨어진 하도리는 제주에서 가장 한적한 해안 마을이다. 바다색은 하늘을 그대로 비춘 거울처럼 푸르고 투명하다. 옛 지명인 '별방'처럼 반짝인다. 왜구의 침입을 막으려 축조한 별방진은 멋진 오션 뷰 전망대. 봄에는 유채로 노랗게 물든다. 하도해수욕장은 모래사장도 넓은 편이고 수심도 얕아 가족들이 많이 찾는다. 바다 건너로는 우도가 보여 전망도 좋다. 주차장과 화장실, 샤워실성수기에만 운영도 갖추고 있어 한적하게 바다 놀이를 즐기기 좋다. 특히 썰물 2시간 전부터는 모래 놀이를 하며 조개나 게 등을 캘 수 있어 재미가 배가 된다. 주차장 바로 앞으로 카페가 하나 있다. 하도리는 철새도래지이기도 하다. 해수욕장 뒤편이 철새들이 주로 찾는 곳인데, 둑을 사이에 두고 바닷가와 연안 습지가 발달해 있어 먹이가 풍부하다. 매년 30종에 이르는 5천여 마리의 철새가 날아온다. 하도어촌체험마을064-783-1996 에서는 스노클링, 물질, 낚시, 해산물 잡이 등 다양한 체험 프로그램을 운영한다.

SIGHTSEEING
종달리해안도로

- 👤 추천 나이 1세부터
- 📍 제주시 구좌읍 종달리 112-4(고망난돌쉼터)
- ℹ️ 편의시설 주차 가능(공터 및 갓길), 유모차 운행 가능
- 🚌 버스 711-2

제주의 동쪽 끝 마을은 어떤 모습일까?

종처럼 생긴 지미봉 밑에 있는 마을이라 '종달'이라 불리는 이곳은 제주의 동쪽 끝이다. 해안가가 바다로 둥글게 튀어나와 마치 작은 섬에 들어온 듯하다. 해안도로를 따라 핀 수국 군락이 아름다워 스냅 명소로도 손꼽힌다. 호이, 호이! 해녀들이 깊게 참았던 숨을 내쉬는 숨비소리가 들려오는 해안도로는 6월 말 수국이 필 때면 차 댈 곳이 없을 만큼 붐빈다.공영주차장:종달리 153 해안가 옆에 조성된 고망난돌쉼터는 도로에서 벗어나 있어 안전하게 해안 풍경을 즐기기 좋다. 좀 더 남쪽으로 달리다 보면 종달리 엉불턱전망대제주시 구좌읍 종달리 451-3가 나온다. 우도와 성산일출봉 일대를 전망할 수 있다. 종달리 해변제주시 구좌읍 종달리 565-72은 성수기에도 한적해서 바다 놀이하기 좋다. 종달항에는 성산항보다는 편수가 적지만 우도 가는 배편도 있다. 종달초등학교는 잠시 놀다 가기 좋다. 초등학교 뒤로 꼬불꼬불 이어진 마을도 걸어 보자. 한적한 정취를 느낄 수 있다. 지미봉은 전망이 뛰어나지만, 미취학 아동은 오르기 힘들다. 봄에는 둘레길에 벚꽃이 핀다.

ⓒ제주도청

SIGHTSEEING
▼▼▼▼▼▼▼
비자림

👤 **추천 나이** 1세부터 📍 제주시 구좌읍 비자숲길 55
🕐 064-710-7912 🕐 09:00~18:00
₩ **입장료** 25세 이상 3,000원, 7~24세 1,500원
ⓘ **편의시설** 주차장, 유모차 운행 가능, 수유실,
　기저귀갈이대
🚌 **버스** 260, 711-1, 810-1, 810-2(입구까지 도보 5분)

신비로운 비자나무 숲길

숲은 걷기만 해도 몸과 마음이 정화되는 신비로운 곳이다. 비자림은 제주의 원시림이다. 500~800년 된
비자나무 2,800여 그루가 군락을 이루며 자생하는 세계적으로도 희귀한 장소다. 천년의 세월이 스며든
숲길은 호기심 넘치는 아이들에게는 살아있는 생태 교육장이다. 발바닥 아래의 붉은 화산송이 돌멩이부
터 돋아나는 새싹과 머리 위로 높게 뻗은 나뭇가지, 지저귀는 새소리까지, 숲의 모든 것이 아이에게 다가
와 속삭인다. 비자림 산책로는 두 개 코스로 나뉘는데, 돌이 많은 B코스보다는 평탄한 A코
스가 아이와 걷기에 좋다. 화산송이가 깔려 있어 평지는 아니지만, 유모차도 가능하
다. 한 바퀴 도는 데 어른 걸음으로 약 40분 정도 소요된다. 천천히 걸으며 펼쳐지
는 숲을 만끽해 보자. 무료 해설은 입구의 탐방 해설 대기 장소에서 출발한다. 1시
간 이상 소요되므로 초등학교 고학년 이상 학생에게 적합하다.

SIGHTSEEING
비자숲힐링센터

- 추천 나이 1세부터
- 제주시 구좌읍 다랑쉬북로 68-92 ☎ 064-782-8963
- 09:00~18:00(일·월요일, 공휴일 휴관)
- ₩ 놀이방 2,000원(2시간), 힐링테라피 5,000원
- 편의시설 주차장, 수유실, 기저귀갈이대, 놀이방(예약제)
- 홈페이지 jejuatopycenter.kr

친환경 놀이방에서 놀고, 아토피 무료검사도 받고

공식 명칭은 제주특별자치도 환경성질환예방관리센터이다. 아토피 등 환경성 질환의 상담 및 친환경 체험 프로그램을 운영한다. 습식 편백 테라피실, 건식 테라피존, 명상실 등이 있다. 건·습식 테라피 체험, 천연비누 만들기, 친환경 음식 만들기, 인형극 등 다양한 프로그램이 기다리고 있다. 아토피 질환이 있는 아동에게는 무료 알레르기 검사와 상담도 이루어지고 있으니 놓치지 말자. 놀이방과 식당을 비롯한 모든 프로그램은 홈페이지를 통해 예약제당월 1일 0시부터, 당일 예약은 전화로 가능로 운영한다. 1~7세는 아랑이 놀이터, 7~13세는 다랑이 놀이터를 예약하면 된다. 하루 세 타임10:00, 13:00, 15:30 운영한다. 이용료는 2,000원이다. 반드시 보호자와 동반해야 하며 12개월 이하는 무료다. 비자림에서 차로 4분 거리에 있다.

쉿! 플레이스

쉿! 여긴 정말 숨겨진 곳, 말방목공원

아름다운 제주 동쪽 풍경을 보며 꿈같은 드라이브를 할 수 있는 금백조로에 있다. 무료로 말을 가까이서 볼 수 있어서 좋다. 무인 판매함에서 사료를 구매해 먹이 주기 체험도 할 수 있다. 사료는 한 봉지에 1,000원이다. 드넓은 초원을 거니는 말을 보면 한없이 마음이 따뜻해진다. 비자림에서 차로 10분 거리에 있다.

- 제주시 구좌읍 금백조로 865-1

SIGHTSEEING
거문오름

👤 **추천 나이** 8세부터 📍 제주시 조천읍 선교로 569-36

📞 064-710-8980, 8981

🕐 **탐방 시간** 09:00~13:00(예약제로 30분 간격 출발. 화요일, 1월 1일, 설·추석 휴무)

₩ 성인 2,000원, 어린이·청소년 1,000원

ℹ️ **편의시설** 주차장, 전망대, 전시실 🚌 **버스** 211

한국 최고의 생태·화산·지질 야외 박물관

거문오름은 한라산, 성산일출봉과 더불어 세계자연유산에 등재되었다. 거문오름이 세상에 나온 건 10~30만 년 전이다. 화산이 폭발하면서 백록담보다 분화구가 세 배나 큰 거문오름이 생겼다. 화산이 폭발할 때 남쪽 해안가로 흘러간 용암이 벵듸굴에서 만장굴, 김녕굴, 용천동굴, 당처물동굴까지 13km에 이르는 직선형 용암 동굴을 만들었다. 제주 남쪽 바다까지 뻗은 용암 동굴의 어머니가 거문오름인 셈이다. 이런 배경 덕에 유네스코 생물권보호구역과 세계지질공원 인증까지 받으면서 제주에서 유일하게 세계유산 트리플 크라운을 달성했다. 거문오름은 화산과 지질 교과서라고 해도 과언이 아니다. 탐방 코스는 모두 세 개다. 정상 코스는 1.8km 1시간 소요, 분화구 코스는 5.5km 2시간 30분 소요, 전체 코스 10km 3시간 30분 소요이다. 예약제로 하루 450명만 탐방할 수 있다. 전화와 인터넷으로 탐방 희망 한 달 전 1일 오전 9:00부터 17:00까지 선착순으로 예약을 해야 한다. 5월 10일 탐방을 원할 경우, 4월 1일 오전 9:00부터 예약 가능

© 제주도청

아부오름

👤 추천 나이 4세부터
📍 제주시 구좌읍 송당리 산175-2 🕐 등반 시간 15분
ⓘ 편의시설 주차장, 화장실
🚌 버스 810-1, 810-2(08:30~17:30, 30~1시간 간격 운행)

굼부리를 지키는 삼나무 군락

아부오름은 오름의 마을 송당리에 있다. 본래 이름은 '앞오름'이었다 한다. 5~10분이면 정상에 오를 수 있다. 정상에 오르면 저절로 탄성이 튀어나온다. 거대한 원형 분화구가 하늘을 향해 크게 입을 벌리고 있다. 30분이면 굼부리분화구 주변을 한 바퀴 돌 수 있다. 방목하는 소는 열심히 풀을 뜯고, 분화구에 동그랗게 줄을 선 삼나무 군락은 설치 예술 같다. 따뜻한 날 들꽃이 춤추는 능선에 앉아 피크닉을 즐기면 지상낙원이 따로 없다. 단, 시작 1/3 정도는 급경사 구간이다. 최근 스냅과 웨딩 촬영지로 인기를 끌면서 찾는 이들이 무척 많아졌다. 아부오름은 300개가 넘는 오름 중에서 몇 손가락 안에 꼽힐 만큼 아름답다. 이 오름이 세상에 널리 알려진 것은 영화 <이재수의 난> 덕이 크다. 1999년에 상영된 이 영화는 당시 인기 절정이던 심은하와 이정재가 출연해 큰 화제를 모았다. 유명세와 조형적인 아름다움은 선두를 다투지만, 규모는 그다지 크지 않다. 대형 주차장과 화장실도 갖추고 있다.

© 제주도청

스누피가든

👤 **추천 나이** 1세부터
📍 제주시 구좌읍 금백조로 930 📞 064-1899-3929
🕐 10~3월 09:00~18:00, 4~9월 09:00~19:00
₩ 입장료 13,000원~19,000원
ℹ️ **편의시설** 주차장, 유모차 대여 가능, 수유실, 기저귀갈이대,
정원, 야외 놀이터 🌐 **인스타그램** snoopygardenkorea

피너츠 친구들이 전하는 힐링 메시지

2020년 문을 연 뒤로 제주에서 가장 눈에 띄는 테마공원으로 자리 잡았다. 2만 5천 평이나 되는 자연 체험형 시설로, 5개 테마 실내 공간으로 이루어진 '가든 하우스'를 지나면 제주의 자연을 주제로 꾸민 '야외 가든'으로 이어진다. 힐링, 치유, 명상뿐만 아니라 아이들이 마음껏 뛰놀 수 있는 어드벤처와 드넓은 공간이 압권이다. 계절마다 바뀌는 모습이 아름답다. 체험시설, 포토존, 놀이 시설, 하이라인 데크 등에서 귀엽고 친근한 스누피 캐릭터와 감정에 솔직하고 개성 있는 피너츠 친구들을 만날 수 있다. 스누피 에피소드를 직접 체험하다 보면 아이와 어른 모두 만족스러울 것이다. 관람을 마치고 나면 '피너츠 스토어'와 '카페 스누피'가 기다리고 있다. 야외가든은 어른이 걷기에도 무척 넓으니 음료와 간식을 챙기는 게 좋다. 모두 걷기에는 벅찰 수 있으므로 야외가든 셔틀버스나 유모차를 이용하자. '루시의 가드닝 스쿨'에서는 식물 체험 활동도 만날 수 있다. 스누피가든 바로 뒤에 아부오름이 있다.

제주시 동부권 맛집·카페·숍

RESTAURANT
CAFE&BAKERY·SHOP

 RESTAURANT

무거버거

📍 제주시 조천읍 조함해안로 356 📞 010-2934-9737
🕐 10:00~20:00(마지막 주문 19:00)
ⓘ **편의시설** 주차장, 유모차 운행 가능(2층은 계단), 마당, 포장 가능
🌐 **인스타그램** mooger_burger

바다 앞에서 먹는 수제 버거

함덕으로 향하는 조함해안로를 옆에 있다. 무거버거의 운영 모토는 '자연과 가까운 버거'. 메뉴판을 보면 이해가 간다. 버거는 마늘, 당근, 시금치 세 종류로 모두 각각의 재료를 충실하게 담고 있다. 마늘 버거는 소스 향이 강해 아이들은 먹기 어려울 수 있다. 단품은 물론 감자튀김과 음료를 넣은 세트 구성도 가능하다. 쉐이크의 인기도 좋다. 조리 시간은 조금 걸리지만 지루할 틈 없다. 모던한 건물을 살펴보는 재미도 있고, 무엇보다 예쁜 바다를 맘껏 구경할 수 있기 때문이다. 작은 공원 같은 마당이 있어 아이들도 즐거워한다.

🍽 RESTAURANT
선장과 해녀

📍 제주시 조천읍 조합해안로 432-19
📞 064-783-8359
🕐 11:00~22:00(수요일 휴무)
ⓘ 편의시설 주차장, 아기 의자
🌐 인스타그램 seonjang_haenyeo

오션 뷰 가성비 횟집

함덕해수욕장의 에메랄드빛 바다가 한눈에 들어오는 정주항 바로 앞에 있다. 2층이라 바다 전망이 좋다. 이름처럼 선장인 아버지와 해녀인 어머니가 운영한다. 제주 바다에서 건져 올린 신선한 해산물을 맘껏 즐길 수 있다. 모둠회는 10만 원부터 시작하며, 갈치회와 고등어회는 물론 튀김, 구이, 탕류 등 곁들임 음식도 모두 정갈하고 맛이 좋다. 아이들 먹기 좋은 해물그라탕, 전복구이, 함박스테이크, 수제생선가스, 튀김 등이 함께 푸짐하게 나온다. 신축 건물이라 매장도 깔끔하고, 서비스도 친절하다. 창가 자리에 앉고 싶다면 네이버 예약을 권한다.

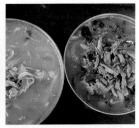

🍽 RESTAURANT
교래곶자왈손칼국수

📍 제주시 조천읍 비자림로 636
📞 064-782-9919 🕐 11:00~17:30(목요일 휴무)
ⓘ 편의시설 주차장, 유모차, 아기 의자

토종닭 육수로 끓인 푸짐한 칼국수

조천읍 교래리는 에코랜드, 산굼부리, 사려니숲길 등 유명 관광지 사이의 교차로 부근에 있어, 이곳은 점심시간에 늘 붐빈다. 교래곶자왈손칼국수는 여행자와 도민에게 두루 인정받는 곳이다. 반찬은 김치와 장아찌 3종으로 단출하지만, 그릇이 특대 사이즈라 칼국수가 나오면 상이 꽉 들어찬다. 면은 뽕잎과 녹차를 섞어 반죽해 녹색이고 생면이라 쫄깃한 식감이 일품이다. 손으로 찢은 닭고기가 서운하지 않을 만큼 들어가 있다. 전복보말칼국수는 2인 이상 주문 가능. 아이와 나누어 먹을 거라면, 안 맵게 해달라고 주문하는 걸 잊지 말자! 밥은 얼마든지 떠다 먹을 수 있다.

🍴 RESTAURANT
맛난사계절

📍 제주시 조천읍 신촌3길 38
📞 064-784-4601
🕐 11:00-21:00 (매월 1·3주 화요일 휴무)
ⓘ 편의시설 주차 가능(가게 앞), 아기 의자

사계절 싱싱한 제주 앞바다 음식점

간판에 써놓은 '한치물회 전문'이라는 문구가 믿음을 주는 동네 맛집이다. 함덕 가는 길의 작은 마을 신촌리 주민들이 주로 찾는다. 카리스마 있고 아이들에게 다정한 사장님이 가족 손님을 정성껏 맞이해 준다. 맛의 비법은 제철 산지 재료와 어머니 손맛이다. 활어 한치는 여름이 제철이다. 회, 무침, 숙회 등으로 다양하게 즐길 수 있다. 날이 추워지면 신촌 포구로 들어온 고등어, 객주리, 우럭, 갈치 등으로 만든 조림과 매운탕을 맛볼 수 있다. 그야말로 맛난 사계절!

🍴 RESTAURANT
선흘곳

📍 제주시 조천읍 동백로 102 📞 064-783-5753
🕐 10:00~18:00(마지막 주문 16:00, 매주 화요일 휴무)
ⓘ 편의시설 주차장, 유모차, 아기 의자, 좌식테이블, 정원, 놀이터

산골식당에 차려진 건강 밥상

선흘곳의 주인공은 직접 재배한 쌈용 채소다. 쌈을 싸느라 손도 바쁘고, 이것저것 집어먹느라 젓가락도 바쁘다. 돔베고기와 고등어구이가 기본으로 나오는 훌륭한 건강 밥상이다. 동백동산 근처 산골 마을에 있지만 웨이팅이 생길 만큼 입소문이 자자하다. 마당에 정자와 벤치가 있어 기다리는 데 힘들지 않다. 계절마다 바뀌는 꽃나무까지 어우러져 아름답다. 게다가 크고 튼튼한 미끄럼틀도 있다. 식당 주변은 나무로 둘러싸여 있어 자연스럽게 쉬어 가게 된다. 몸도 마음도 푸근해지는 식당이다.

RESTAURANT
곰막

📍 제주시 구좌읍 구좌해안로 64
📞 064-727-5111
🕐 09:30~21:00(주문 마감 20:00, 첫째·셋째 주 화요일 휴무)
ℹ️ **편의시설** 주차장, 유모차, 아기 의자, 수족관, 포장 가능

회국수에 성게국수까지

구좌읍의 작은 마을 동복리의 회국수 열풍이 식을 줄 모른다. 유명한 집들은 줄도 길고 번잡해 제대로 먹은 기분이 들지 않는 게 사실이다. 소문난 잔칫집에 먹을 것 없다는 말이 떠오르는 요즈음 알찬 숨은 맛집으로 고개를 드는 식당이 바로 곰막이다. 곰막은 동복리의 옛 지명으로 행정구역 경계에 있는 작은 마을이란 뜻이다. 국수는 물론 제철 회와 해산물을 착한 가격으로 맛볼 수 있다. 무얼 시켜야 할지 고민이라면 일단 회국수와 성게국수를 시키자. 두껍게 썬 제철 회와 초고추장을 베이스로 한 새콤달콤한 양념이 쫄깃한 면과 어우러져 입맛을 돋운다. 고소한 성게알을 아끼지 않고 넣은 성게국수는 국물까지 비우게 된다. 구좌해안로에 있어 바다 풍경이 펼쳐지며, 가게 옆으로 대형 수조가 있어 음식 기다리며 구경하기도 좋다. 동복리에서 50년 넘게 산 토박이가 주인장이다. 호기심으로 수조 앞에서 서성이는 아이들에게 친절해 마음도 편하다. 찰기 흐르는 돌솥밥이 있으며, 계절별로 제철 회를 만날 수 있고 포장도 가능하다.

((YO)) RESTAURANT
밭담

📍 제주시 구좌읍 행원로5길 35-20
📞 064-783-1376
🕐 11:30~21:00(주문 마감 20:30, 화요일 휴무)
ⓘ 편의시설 주차장, 아기 의자, 포장 가능
🌐 인스타그램 jeju_batdam

한적한 동쪽 바다를 보며 즐기는 초밥

제주에서 가장 유명한 해변 중 하나인 월정리는 하루가 멀다고 새로운 상점들이 생겼다가 사라진다. 주차하기도 힘들고, 여유롭게 식사할 곳 찾기도 쉽지 않다. 월정리에서 5분만 남쪽으로 내려가면 만나는 행원리로 가보자. 밭담은 제주산 식재료를 쓰는 오션 뷰 초밥 전문점이다. 훌륭한 뷰에 친절과 깔끔함까지 겸비했다. 2021년엔 블루리본서베이에 선정됐다. 제주산 돼지고기로 만드는 돈가스와 광어를 튀긴 생선가스도 제대로 만든다. 초밥은 주문하면 바로 회를 떠서 만든다. 캐치테이블로 예약할 수 있다.

((YO)) RESTAURANT
선흘방주할머니식당

📍 제주시 조천읍 선교로 212
📞 064-783-1253
🕐 10:00~19:00(브레이크타임 14:20~15:00, 동절기엔 18:00까지, 매주 일요일 휴무)
ⓘ 편의시설 주차장, 좌식 테이블, 부스터, 포장 가능

제주산 재료로 건강하게 만드는 별미

이 식당은 원산지 표시부터 특별하다. 곰취는 직접 재배, 흑돼지와 배추는 제주산. 두부콩과 서리태는 아들 농사, 단호박·도토리·고사리는 선흘산. 여기에 늘 친절하고 정감있게 맞이하니 손님이 끊이지 않는다. 좋은 재료에 정성을 곁들여 음식 맛도 좋다. 삼채곰취만두는 이 집의 시그니처 메뉴이다. 향긋한 곰취 속에 고소한 흑돼지를 다져 넣었다. 해수 두부는 매일 아침 주인 할머니가 직접 만든다. 콩국수와 들깨 칼국수에 도토리 부침개도 별미이다. 흑돼지 보쌈은 양이 많아 여럿이 나눠 먹기 좋다.

(RESTAURANT)
편안한 맛집

◎ 제주시 구좌읍 김녕로 106
📞 064-782-9933
🕐 09:30~22:00(주문 마감 21:00)
ⓘ 편의시설 좌식테이블, 포장 가능

인심 후한 동네의 정식과 회 한 접시

이름 한번 잘 지었다. 늘 편안하고 맛있으니 편안한 맛집이다. 회를 접시로 파는데 2~3명이 충분히 먹을 양이 35,000원이다. 그 밖에도 제철 맞은 한치와 방어 등도 접시로 파니 부담이 없다. 물회, 회덮밥, 뚝배기 등 단품도 가능하다. 동네 사람들이 즐겨 먹는 점심 정식은 1만 원인데, 고기와 매운탕, 달걀부침이 나온다. 아이와 가면 친절한 주인 부부가 살뜰히 챙겨 준다. 근처에 김녕초등학교가 있어 아이들과 놀다 가기 좋다. 주차는 골목 뒤 무료주차장과 가게 옆 공터를 이용하면 된다.

(RESTAURANT)
소라횟집

◎ 제주시 구좌읍 해맞이해안로 1240-3
📞 064-784-3545
🕐 11:00~21:00(브레이크타임 15:00~17:00, 주문 마감 14:50/20:15, 일 휴무)
ⓘ 편의시설 주차장, 좌식테이블, 포장 가능

생우럭 한 마리가 들어간 1인용 매운탕

점심시간이면 빈틈없이 자리가 차는 횟집이다. 세화 해변 바로 앞이고, 세화 오일장도 바로 옆에 선다. 이집의 인기 메뉴는 우럭매운탕이다. 매운탕을 1인분씩 주문할 수 있으니 좋다. 생우럭 한 마리가 통째로 들어가 있다. 밥 한술, 쫄깃한 우럭 한 점, 시원한 국물 한 숟갈을 반복하다 보면 금세 한 그릇 비우게 된다. 양념을 맵지 않고 강하지 않게 하여 재료의 맛을 잘 살렸다. 아이와 먹고 싶다면 국물이 뽀얀 지리 매운탕을 주문하자. 생선구이, 제철 회, 회덮밥도 있다. 좌식테이블과 방이 있어 아이들 데리고 가기 편하다.

RESTAURANT
월정리갈비밥

◎ 제주시 구좌읍 월정7길 46 ☎ 064-782-0430
🕐 11:00~20:00(브레이크타임 15:00~17:00, 마지막 주문 14:10/19:10)
ⓘ 편의시설 주차장, 유모차, 아기 의자, 포장
⊕ 인스타그램 jeju_galbibob

흑돼지 갈비밥 원조집

시시각각 상권이 변하는 월정리에서 오랫동안 한자리를 지키고 있다. 맛과 양은 기본, 인테리어와 비주얼까지 만점이라 혼밥러와 커플은 물론 아이를 동반한 가족까지 다양한 손님이 찾는다. 매장이 넓은 편은 아니라 식사 시간대를 피하면 기다리지 않고 먹을 수 있다. 두 가지 세트 중 하나만 고르면 되니 고민할 필요 없어 좋다. 단짠의 진수인 흑돼지갈비밥에 전복버터구이와 뿔소라찜, 밥과 국 등이 함께 나온다. 10세 미만 어린이에게는 식사를 무료로 제공하는 통 큰 키즈프렌들리 식당이다. 식후엔 월정리해수욕장에서 낭만 산책을 즐겨보자.

RESTAURANT
달그락식탁

◎ 제주시 조천읍 신흥로 2 ☎ 064-784-3707
🕐 11:00~15:00(주문 마감 14:30, 수요일 휴무)
ⓘ 편의시설 주차 가능, 아기 의자, 포장 가능

함덕 가는 길에 만나는 돈가스 맛집

테이블이 6개인 작은 식당이다. 몇 년째 맛과 메뉴에 변함이 없어 단골도 많다. 돈가스와 파스타의 정석을 선보인다. 기본 돈가스는 흑돼지 등심을 쓴다. 치즈 돈가스는 쭉쭉 늘어나는 자연산 모차렐라가 들어간다. 활짝 핀 꽃잎 같은 플레이팅이 독특하다. 무얼 시켜야 할지 고민이라면 등심, 치즈, 새우가 고루 나오는 모듬가스에 딱새우 파스타를 곁들이면 완벽하다. 파스타 소스는 취향껏 고르면 된다. 바로 건너편에는 김택화미술관이 들어섰다. 함덕 근처에서 보기 드문 여유로운 문화 공간이다. 카페만 이용해도 좋다.

 RESTAURANT
얌얌돈가스

📍 제주시 구좌읍 구좌로 44
📞 064-782-8865
🕐 11:00~20:00(목요일 휴무)
ℹ️ 편의시설 아기 의자, 포장 가능

엑스트라버진 올리브유에 재운 흑돼지 돈가스

치즈 돈가스가 이 집의 시그니처 메뉴다. 100% 자연산 치즈와 제주산 냉장 흑돼지 등심을 엑스트라버진 올리브유에 재워서 만든다. 촉촉하고 바삭바삭하며 담백한 맛을 즐기고 싶다면 흑돼지 돈가스를 주문하자. 새우튀김을 시키면 블랙 타이거 왕새우 7마리가 등장한다. 시원한 막국수와 뜨끈한 우동도 허투루 만들지 않는다. 좋은 재료에 솜씨 좋고 손도 큰 주인장 부부는 친절까지 겸비하고 있다. 웨이팅이 있는 편이라 미리 전화로 주문하고 포장해가는 것도 좋다. 주차는 인근 골목과 공영주차장을 이용하자.

 RESTAURANT
소금바치 순이네

📍 제주시 구좌읍 해맞이해안로 2196
📞 064-784-1230 🕐 09:30~19:00(브레이크타임 15:00~16:30, 첫째·셋째 주 목요일 휴무)
ℹ️ 편의시설 주차장, 유모차, 아기 의자(부스터), 좌식테이블, 포장 가능

밥 한 공기 추가를 외치게 되는 돌문어볶음

구좌읍 종달리에 있는 돌문어볶음 맛집이다. 홍합과 양파, 깻잎이 함께 어우러져 한국인이 좋아하는 맛을 제대로 살려낸다. 쌈을 싸서 먹으면 술이 절로 생각나고, 남은 양념에 밥까지 비벼 먹으면 여기 잘 왔다 싶다. 이 집만의 특이한 반찬인 '번행초'가 돌문어볶음과 무척 잘 어울린다. 해변의 모래에서 나는 나물로, 맛도 영양도 좋다. 돔베고기, 고등어구이, 보말국과 세트로 시킬 수도 있어 아이들과 든든하게 나눠 먹기 좋다. 죽과 매운탕 메뉴도 있다. 우도와 성산일출봉이 보이는 종달리전망대가 바로 앞이다.

🍴 RESTAURANT

한울타리 한우

📍 제주시 구좌읍 송당서길 5
📞 064-782-3913
🕐 금~일요일 11:00~21:00(마지막 주문 20:00/수
(13:00~18:00), 목요일은 정육점만 오픈(10:00~18:00)
ℹ️ 편의시설 주차장, 아기 의자, 포장 가능

제주한우협회 회장이 운영하는 숯불구이

흑돼지의 고장 제주에서 보기 드문 한우 전문점이다. 조용한 송당리에서도 구석진 곳에 있는데, 다들 어떻게 알고 왔나 싶을 정도로 사람이 많다. 주말이나 저녁 시간이라면 예약하는 게 좋다. 정육 코너에서 원하는 고기를 구매해 상차림비를 내고 먹는 방식이다. 고기는 확실히 저렴하고 품질도 좋다. 정육점에서 고기를 사갈 수도 있고, 곰국과 떡갈비 등도 소분해 판매한다. 불고기, 육회, 비빔밥 등 식사 메뉴도 충분하다. 상차림비는 1인당 12,000원이다. 비자림, 아부오름에서 가깝다.

🍴 RESTAURANT

이스트포레스트

📍 제주시 구좌읍 종달로1길 26-1 📞 064-784-3789
🕐 10:00~22:00(마지막주문 21:00)
ℹ️ 편의시설 주차장, 아기의자, 피자만 포장 가능
🌐 인스타그램 eastforest_official

지미봉 아래 푸른 예스키즈존 다이닝

종달리 해안도로 근처 지미봉 바로 아래에 있다. 온실이라고 해도 손색없을 만큼 초록초록한 식물이 높게 자라고 있다. 모든 소스는 수제로 만들어 더 정성이 느껴진다. 한 병에 3만 원부터 하는 가성비 좋은 와인을 곁들일 수 있다. 파스타와 리소토엔 제주의 푸짐한 해산물이 들어가 있다. 스테이크는 저온으로 조리한 수비드 부챗살로 만든다. 식감이 부드러워 아이들 먹기에 좋다. 아기 의자도 있는 예스키즈존이다. 눈치 보지 않고 천천히 식사를 즐겨보자.

포장해서 먹기 좋은 맛집을 소개합니다

⛏♀ 조천수산

조천어촌계에서 직영으로 운영하는 회 포장 전문점
이다. 일반 상점보다 저렴해 인기가 좋다. 포구 앞에
커다란 창고 같은 곳에 그날 들어온 횟감이 가득 찬
수조가 있다. 이곳은 다름 아닌 일몰 맛집이기도 하
다. 간이 테이블과 의자를 무료로 대여해 주니 술과
채소 등을 사가면 바닷가 횟집이 된다. 오후 3시 오픈
하고 늦게 가면 품절일 때도 많다.

◎ 제주시 조천읍 조천북1길 35-8 ☎ 064-782-1426

⛏♀ 청파식당횟집

세화리에 있는 하나로마트 구좌농협 중부지점 건너
편에 있다. 싱싱한 고등어회가 특히 인기이며, 활어회
도 좋다. 고등어회를 시키면 참기름 밥과 양념장, 김
등을 푸짐하게 챙겨준다.

◎ 제주시 구좌읍 세평항로 12 ☎ 064-784-7775

⛏♀ 제주닭집

35년 전통의 옛날 시장 통닭집. 가마솥에서 고온에
튀겨 촉촉하고 바삭하다

◎ 제주시 조천읍 함덕14길 3 ☎ 064-784-9333

⛏♀ 도로록

함덕에서 두툼하고 고소한 가츠산도와 새우튀김 산도
를 파는 곳. 가게가 작으니 미리 전화하고 찾아가는 게
좋다. 아이가 먹을 거라고 말하면 겨자소스를 빼준다.

◎ 제주시 조천읍 신북로 494(라라떼커피 마당 안쪽)

☎ 010-2845-8382

 그곳이 알고 싶다! **놀이방 완비 식당**

조마루뼈다귀함덕점, 제주로움

☕ **CAFE & BAKERY**

5L2F

📍 제주시 조천읍 와흘상길 30
📞 064-752-5020
🕙 10:00~18:00(매주 일요일·월요일 휴무)
ℹ️ 편의시설 주차장, 야외테이블, 마당
🌐 인스타그램 5l2f_coffee

커피도 볶고 군밤도 굽는

함덕해수욕장에서 15분 남짓 벗어난 한적한 중산간 마을에 있다. 남유럽 어딘가에 와 있는 듯 카페 밖은 평온하고 실내는 아늑하다. 정원 한편에 놓인 수상한 기계는 무엇인가 했더니 밤을 굽고 있다. 사계절 내내 오도독 달콤한 군밤을 먹을 수 있어 정겹다. 볕이 좋은 날이라면 아이들과 군밤 나누어 먹으며 야외에 앉아 정원 풍경을 한가로이 만끽해보자. 커피와 디저트도 훌륭하다. 이국적인 돌담과 푸른 정원에 둘러싸여 있어 어디에 앉아도 힐링이 된다. 2층에는 낭만적인 다락 공간이 있다.

☕ **CAFE & BAKERY**

안도르

📍 제주시 구좌읍 송당리 2148-5
🕙 10:00~20:00(주문 마감 19:30)
ℹ️ 편의시설 주차장, 마당, 야외테이블
🌐 인스타그램 andor_jeju_official

송당리의 포토존 '무끈모르' 옆 카페

송당리는 요즘 제주 동쪽에서 가장 뜨거운 동네이다. 송당리를 주도하는 건 단연 카페다. 하지만 풍림다방은 노키즈존이고, 블루보틀은 실내가 좁고 웨이팅이 길다. 아이들과 함께라면 안도르 카페가 적합하다. 송당리 최고 포토존인 '무끈모르'가 카페 바로 앞이다. 초록 들판과 짙은 나무가 배경이 되어주는 인생 사진 명소이다. 예쁜 사진도 담고 하늘을 투영하는 물가가 있는 마당과 루프톱에서 여유로운 시간을 보내보자. 당근, 고구마, 한라봉, 하르방 등 제주의 특색을 담은 베이커리가 많다. 아이들에겐 돌고래 쿠키가 올라간 아이스크림이 인기다.

CAFE & BAKERY
공백

⊙ 제주시 구좌읍 동복로 83 📞 064-783-0015
🕙 10:30~17:30(주문 마감 17:00)
ⓘ 편의시설 주차장, 유모차(일부 가능) 정원, 갤러리
🌐 인스타그램 gongbech.official

바닷가 옆 갤러리 카페

공백은 구좌읍의 동복리 바다를 바로 앞에서 즐길 수 있는 대형 카페다. 카페 이름처럼 이곳엔 공백이 많다. 길 건너편에 주차하고 나면 바닷가 쪽으로 커다란 건물 두 개가 눈에 띈다. 현대식 카페 건물에서 주문하고 안내 동선에 따라 야외와 갤러리 동을 즐기면 된다. 직접 굽는 베이커리 맛이 좋으니 출출하다면 꼭 먹어보자. 갤러리는 냉동창고를 개조했는데, 옛 흔적과 현무암이 어우러져 독특한 이미지를 만들어낸다. 제주를 대표하는 아티스트의 상설 전시와 공연도 열리며, 구석구석 사진을 찍는 곳이 모두 포토존이 된다.

CAFE & BAKERY
카페말로+사려니팜

⊙ 제주시 조천읍 남조로 1785-12 📞 064-782-4908
🕙 11:00~18:00(동물체험 및 주문마감 17:00, 휴무 인스타그램 공지) ₩ 성인 10,000원 청소년 8,000원 어린이 6,000원
ⓘ 편의시설 주차장, 유모차, 야외테이블, 정원, 목장
🌐 인스타그램 cafe_malloh, saryeonifarm

먹이 주기 체험도 할 수 있는 목장 카페

에코랜드, 사려니숲길, 붉은오름 자연휴양림에서 10분 이내에 닿을 수 있는 곳에 있다. 카페 말로는 그야말로 목장 카페다. 넓은 목장에서 귀여운 포니와 알파카가 한가로이 풀을 뜯고 있다. 카페는 지중해 어디에 있을 것 같은 저택을 닮았다. 숲으로 둘러싸인 정원도 넓고 깔끔해서 아이들이 편안하게 놀 수 있다. 아이들이 말과 동물 친구들에게 먹이를 주고 마당에서 노는 동안 라이브로 들려오는 새소리를 들으며 커피 한 잔의 여유를 즐겨 보자. 사려니팜, 카페말로 버거 전문점 친밀 중 하나만 이용해도 다른 매장의 이용 요금도 할인해 주니 참고하자.

CAFE & BAKERY
미엘드세화

📍 제주시 구좌읍 해맞이해안로 1464
📞 064-782-6070 🕙 10:00~18:00 (매주 수요일 휴무)
ⓘ 편의시설 정원, 주차 가능
🌐 인스타그램 miel_de_sehwa

머물기 좋은 바닷가마을 카페

세화 바다를 떠올리면 미엘드세화도 함께 떠오른다. 푸른 바다를 마주하고 앉아 두런두런 시간을 보내기 좋은 곳이다. 책이 많아 골라 읽어도 좋고, 카페 한편에 있는 제주를 테마로 한 잡화가 소소한 즐거움을 준다. 시그니처 메뉴인 미엘 커피는 아메리카노에 꿀과 크림이 들어간다. 당근 케이크와 당근 주스는 구좌읍의 당근으로 만든다. 신선함은 물론 달콤함까지 느껴진다. 다양한 케이크와 음료 메뉴도 있다. 공간과 맛이 다 좋아 현지인들이 적극적으로 추천해준다. 세화 바다의 푸르름을 오래도록 간직할 수 있는 카페다.

CAFE & BAKERY
한동리 화수목

📍 제주시 구좌읍 해맞이해안로 1028
📞 010-2214-8795
🕙 09:30~18:00(마지막 주문 17:30)
ⓘ 편의시설 주차장, 유모차, 야외테이블, 마당
🌐 인스타그램 handong_ffot

한적한 마을에서의 여유로운 한때

월정리와 평대리 사이에 인적이 뜸한 해안 마을 한동리에 있다. 일본에 있는 듯한 카페의 맛을 재현하고 있어 단골이 많다. 신창호 바리스타의 원두와 제주 이시돌 목장의 우유를 사용해 음료와 디저트를 만든다. 시그니처 메뉴는 바로 아이스크림! 아이에게 하나 시켜주고, 나는 샷을 추가한 아포가토로 즐겨 보자. 특이하게 콘을 아이스크림 위에 거꾸로 꽂아주어 들고 먹기도 편하고 부숴 먹어도 좋다. 거부할 수 없는 또 다른 메뉴는 바로 스콘과 파운드케이크다. 계단식으로 된 야외테이블도 있다.

CAFE & BAKERY

인카페온더비치

📍 제주시 구좌읍 해맞이해안로 943
📞 064-784-8877
🕐 11:00~19:00(임시휴무 인스타 공지)
ℹ️ 편의시설 주차장, 아기 의자, 마당, 해변
🌐 인스타그램 incafe_onthebeach

어서 와, 비치 카페는 처음이지?

제주 동쪽 바다는 눈으로 보고도 믿기지 않을 만큼 빛깔이 아름답다. 이름도 예쁜 해맞이해안로를 따라 들어선 오션 뷰 카페가 정말 많지만, 아이 손 잡고 편안하게 갈 카페는 드물다. 하지만 인카페온더비치에선 그런 걱정 하지 않아도 된다. 이곳엔 놀랍게도 카페 이름처럼 전용 해안이 있다. 사방은 가리는 것 없이 온통 바다다. 날씨가 좋다면 무조건 야외에 자리를 잡자. 그늘막과 파라솔이 설치돼 있고, 캠핑 의자까지 준비해 놓아 음료 한 잔에 바로 VIP 대접을 받는 듯하다. 곱고 새하얀 모래 위에 앉아 있으면 지상낙원이 따로 없다. 한적하게 물놀이와 모래놀이도 하고, 갯바위를 따라 걸을 수도 있다. 가볍게 모래를 씻을 수 있는 수돗가도 있고, 수건은 유료로 대여할 수 있다. 구좌에서 유명한 당근과 천혜향을 섞어 만든 주스는 시원하게 갈증을 풀어준다. 와플과 샌드위치 등 든든한 디저트 메뉴도 다양하다.

☕ **CAFE & BAKERY**

카페 한라산

📍 제주시 구좌읍 면수1길 48
📞 064-783-1522
🕐 09:30~21:00
ℹ️ **편의시설** 주차 가능(가게 앞길), 마당
🌐 **인스타그램** cafe_hallasan

세화 앞바다의 빈티지 카페

세화리 바다 앞 옛집을 리사이클링한 카페다. 건물이 두 개인데, 주문은 'OPEN'이라 쓴 창고동에서 받는다. 빈티지 느낌을 살린 아이템이 많다. 인기 메뉴는 가게에서 직접 구운 당근케이크. 구좌읍 특산물인 당근으로 만들었는데, 크림치즈, 당근, 견과류 식감이 어우러져 고소하고 달콤하다. 날씨가 좋다면 야외테이블을 선택하자. 자갈 바닥이라 아이들 소꿉놀이하기 좋고 에메랄드빛 바다를 볼 수 있어 더 좋다. 가게 앞 도로를 건너면 세화해수욕장으로 가는 해안 산책로다.

☕ **CAFE & BAKERY**

놀놀

📍 제주시 구좌읍 비자림로 2228 📞 070-7755-2228
🕐 10:00~19:30(식당 매주 수요일 휴무, 마지막 주문 18:30)
ℹ️ **편의시설** 주차장, 유모차, 아기 의자, 수유실,
　　　　　기저귀갈이대, 야외테이블, 놀이터
🌐 **인스타그램** nolnolplayground

놀고 또 놀아보자

놀놀은 비자림 근처에 있는 숲속 놀이터이자, 어른의 쉼터이다. 그네와 모래놀이, 나무를 이어 만든 자연 놀이터와 클라이밍 등 아이들이 쉴 새 없이 놀 수 있는 다양한 시설을 갖추고 있다. 미니풀장을 운영하는 여름에는 수영복과 여벌 옷을 준비하자. 푸드코트 방식으로 운영해 음식 선택의 폭도 넓고 맛도 좋다. 90% 이상 초벌해주는 BBQ세트도 있다. 카페도 운영해 아이와 함께 오래도록 시간을 보내며 쉬고 놀 수 있다. 노키즈존 카페가 유난히 많은 제주에서 이보다 더 반가운 곳이 있을까.

지금 제주에서 가장 핫한 송당리 핫플

☕ 블루보틀과 스타벅스

이름만 들어도 힙한 블루보틀 제주점이 송당리에 있다. 어른들은 취향에 맞는 커피를, 아이들은 푸딩과 아이스크림을 골라보자. 매장이 작은 편이라 날씨 좋은 날엔 야외석을 이용하는 게 좋다. 스타벅스 더제주송당파크R점은 이곳만의 스페셜 메뉴와 넓은 정원이 있다. 옆에는 기념품 가게도 있어서 산책과 쇼핑을 함께 하기 좋다.

블루보틀 ◎ 제주시 구좌읍 번영로 2133-30
◷ 08:30~19:00 ⓘ 주차장, 유모차, 야외테이블, 정원
스타벅스 ◎ 제주시 구좌읍 비자림로 1197
◷ 09:00~20:00 ⓘ 주차장, 유모차, 야외테이블, 정원

🍴 레이식당

밀키트와 수제소스를 파는 별도 가게가 있을 만큼 맛으로 인정받은 식당이다. 창문으로 송당리의 초록을 그대로 바라볼 수 있어서 좋다. 밥과 국이 제공되는 경양식은 한식파 어린이들에게 제격이고, 제주산 식재료를 활용한 이탈리안은 분위기와 맛을 한껏 돋우기에 딱이다.

◎ 제주시 구좌읍 송당5길 18 📞 064-782-1893
◷ 11:00~18:00(마지막 주문 14:30, 이후에는 가게만 오픈, 월·화요일 휴무) ⊕ **인스타그램** rei_songdang

☕ 글렌코

스코틀랜드의 초원, 글렌코Glencoe를 모티브로 만든 정원형 카페다. 잔디 정원은 한눈에 들어오지 않을 정도로 넓다. 정원은 곳곳이 포토 존이자 놀이공간이다. 유채, 메밀, 수국, 억새, 동백 등 형형색색 계절마다 변신한다.

◎ 제주시 구좌읍 송당리 2635-8 📞 010-9587-3555
◷ 09:30~17:30 ⓘ 편의시설 주차장, 유모차, 야외테이블, 정원 ⊕ **인스타그램** cafe_glencoe

쉿! 플레이스

천미천

블루보틀 카페 건물을 등지고 주차장 방향 뒷길로 3분만 가면 짙은 초록 녹음과 우아한 물길이 매력인 천미천이 나온다. 마치 소로우의 월든 호수 속으로 들어온 것 같은 기분! 봄에는 개구리가 오페라를 펼치고, 사계절 사진 찍기에도 좋다.

☕ CAFE & BAKERY

카페시소

📍 제주 제주시 조천읍 조천북1길 70
📞 0507-1316-0211
🕐 10:00~18:00 (매주 화요일 휴무)
🌐 인스타그램 cafe_seasaw_jeju

빵 향기 가득한 정원 카페

조천항 뒤로 난 작은 해안 길 끝에 있는 창고를 개조한 카페다. 창문 너머로 푸른 바다와 돌담, 잔디 정원이 한눈에 잡힌다. 풍미 깊은 로스터리 커피는 핸드드립으로 내려주고, 원두도 판매한다. 매우 친절한 부부가 가족 손님을 반갑게 맞이한다. 어린이를 위한 음료도 있고, 건강하고 부드러운 빵을 굽는데 종류가 꽤 많아 빵덕후라면 고민이 좀 될 것이다. 제주공항에서 함덕 가는 길목에 있다. 한적한 분위기를 느끼고 싶은 독자에게 추천한다.

☕ CAFE & BAKERY

카페 인사리

📍 제주시 구좌읍 일주동로 2806, 2층
📞 010-9359-2988
🕐 09:00~17:00(일·월요일 휴무)
ⓘ 편의시설 주차장 🌐 인스타그램 café_insari

작은마을에서 만나는 행복한 빵 천국

동쪽 제주에서 맛있는 빵을 먹고 싶을 땐 한라산 정 동쪽에 있는 마을 구좌읍 한동리의 카페인사리로 가자. '인사리'는 외로움에 벗이 된다는 제주 방언이다. 카페는 제주 동쪽을 일주하는 일주동로 대로변 건물 2층에 있다. 창가 쪽으로는 마을과 바다가 보인다. 벽 쪽에는 바라만 봐도 행복한 빵이 종류별로 수북하다. 하나하나 담백하고 맛이 좋다. 천연 효모 르방으로 만들어 건강까지 챙겼다. 빵은 11시면 다 나온다. 음료 종류도 다양하고, 브런치 세트와 케이크도 있다. 입소문이 나서 종종 일찍 마감하기도 한다.

커피를 사랑한다면 이곳도 포기하지 말자

☕ 김녕에사는김영훈
이름처럼 센스 넘치는 카페. 작은 카페에서 맛있는 로스팅 핸드드립 커피와 글루텐 프리 디저트를 판다. 오가는 마을 사람들 보며 아늑한 시간을 보내고 가게 앞 거울 포토존에서 기념사진도 남겨보자.

◎ 제주시 구좌읍 김녕로6길2

☏ 010-6302-1938

☕ 술의식물원
술과 커피, 그리고 식물이 가득한 분위기가 독보적인 카페다. 아이와 가도 괜찮지만 혼술, 혼커에 매우 적합하다.

◎ 제주시 구좌읍 중산간동로 2253 ☏ 070-8900-2254

☕ 가는곶 세화
좋은 재료로 빵과 커피를 만든다. 네모난 창으로 밭이 펼쳐지고, 정원과 야외 테이블도 있다. 착한 가격과 친절한 서비스도 인상적이다.

◎ 제주시 구좌읍 세화14길 3 ☏ 064-782-9006

☕ 에릭스에스프레소
구좌읍 세화리의 사랑방 같은 카페이다. 이 동네에서 좋은 커피를 찾는다면 고민할 것 없이 에릭스로 가자. 부드러운 크림을 넘치게 즐길 수 있는 크리미루나라테가 시그니처 메뉴다. 코스타 대신 컬러링 페이퍼를 받쳐주니 아이들과 함께해도 여유롭다.

◎ 제주시 구좌읍 구좌로 77 ☏ 070-8800-9642

🏪 SHOP

도토리숲 제주점

📍 제주시 구좌읍 대천서길 16
📞 064-782-1325
🕐 10:00~19:00
ℹ️ 편의시설 주차장, 유모차 가능
🌐 인스타그램 dotorisup

제주 한정판이 있는 지브리 스토어

스타벅스 리저브 매장과 코리코카페제주시 구좌읍 비자림로 1199가 있는 송당리 동화마을을 대표하는 굿즈 숍이다. 오픈 무렵 한 시간 동안 줄을 설 정도로 스튜디오 지브리를 아끼는 사람들의 사랑을 듬뿍 받는 곳이다. 제주 한정판 굿즈 코너가 별도로 있어 특별한 기념품이나 선물을 사기에도 좋다. 매장 내에는 커다란 토토로와 고양이 버스 포토 존도 있다. 매장 앞으로 널찍한 주차장이 있으며, 스타벅스 앞 정원을 통해 걸어올 수도 있다.

🏪 SHOP

사슴책방

📍 제주시 조천읍 중산간동로 698-71
📞 010-7402-9077
🕐 12:00~18:00(월~화요일 휴무)
🌐 인스타그램 deerbookshop_in_jeju

모두의 그림 책방으로 가요

그림책 작가가 운영하는 시각 예술 서적 전문점이다. 중산간 대흘리, 그곳에서도 한참 들어가는 외진 곳에 있지만, 오히려 오래 머물기엔 더 좋다. 주인이 거주하던 곳을 책방으로 꾸몄다. 잘 가꾼 정원이 그림같다. 유럽 등지에서 수입한 그림책이 많고, 정교하고 아름다운 팝업북들이 눈길을 사로잡는다. 보유 책 60% 이상이 성인용 그림책이다. 스탬프와 엽서 등을 판매하는 코너도 있다. 평소에 접하지 못했던 신기한 그림책이 많아 아이들이 무척 즐거워한다. 신발을 벗고 들어가야 한다.

 SHOP

세화씨문방구

📍 제주시 구좌읍 해맞이해안로 1450-1
📞 010-6844-0601
🕐 11:00~18:00(매주 일요일 휴무, 비정기 휴무는
　 인스타그램 공지)
🌐 인스타그램 sehwasea.munbanggu

제주를 담은 알록달록 디자인 문구

세화 바다가 보이는 언덕 위에 있는 문구점이다. 거의 모든 상품에 담긴 독특한 그림은 가게 주인의 작품
이다. 제주의 집과 바다, 산과 들판 등 아름다운 것을 한데 모아 귀여운 일러스트로 완성했다. 머그잔과 에
코백 등 오래 간직하며 쓸 수 있는 제품이 많다. 아이들이 관심 가질 만한 그림책, 그림 그리는 도구, 작은
장난감도 있다. 소장가치가 높은 기념품이다. 매장은 좁은 골목길로 들어가야 나온다. 가게 앞에 주차 공
간이 있지만 협소한 편이다. 주차는 해안가를 이용하자.

SHOP

소심한책방

📍 제주시 구좌읍 종달동길 36-10
📞 070-8147-0848
🕐 10:00~18:00
🌐 인스타그램 sosimbook

동녘 끝, 종달리의 동네 서점

종달리는 천천히 걸으며 여행할 때 제 매력을 느낄 수 있는 곳이다. 워낙 마을 안길이 좁아 차가 다니기 어
려운 덕이 크다. 소심한책방은 8년 전 종달리 골목 안쪽에 문을 연 작은 서점이다. 잔잔한 음악이 흘러나
오고, 책과 소품이 있는 작은 방마다 따뜻함이 느껴진다. 제주를 대표하는 동네 서점 중 하나로, 독립 출판
물은 물론 다양한 장르의 책을 만날 수 있다. 제주를 테마로 한 그림책과 어린이 도서를 비롯하여 숨겨진
보물 같은 책이 많다. 작가 초청 강연과 문화행사도 종종 열린다.

© 제주도청

PART 6

서귀포시 도심권

▼▼▼

여행 지도 | 버킷리스트 | 핫스폿
맛집 | 카페 & 베이커리 | 숍

서귀포시 도심권 여행지도

엉또폭포
고근산
감따남
서귀포자연휴양림(11.5km)
이민욱제빵소
서귀포시청 제2청사
비브레이브
제주에인감
행복한시저네
바삭 신서귀포점
봉주르마담
비스타케이호텔월드컵
올디벗구디
서귀포중앙도서관
복음이네김밥만두
숨도
서귀포시외버스터미널
워터라이프
제주 월드컵경기장
서귀포월드컵리조트
색놀이터
골드원 호텔앤스위트
서귀여자고
벙커하우스
속골
UDA
올레 7코스
법환 초등학교
중동선착장
약근천
형아시횟집
영육일삼
파미유리조트
카페텐저린
법환포구
켄싱턴리조트 서귀포점
대우정
제스토리
아뜰리에안
더그랜드섬오름
강정 해군기지
서건도
강정 해오름노을길

눈비 올 때 갈 수 있는 곳

서귀포매일올레시장 서귀포시 중앙로62번길 18
서귀포감귤박물관 서귀포시 효돈순환로 441
기당미술관 서귀포시 남성중로 153번길 15
서귀포향토오일시장 서귀포시 중산간동로7894번길 18-5
소라의성 서귀포시 칠십리로214번길 17-17
왈종미술관 서귀포시 칠십리로214번길 30
워터라이프 서귀포시 서호남로 32번길 10-4
이중섭미술관 서귀포시 이중섭로 27-3
색놀이터 그린점 서귀포시 말질로 147-1

아솔 🍜

서귀포향토 🍜
오일시장

변시지 그림정원 🖼

서귀포 치유의숲
(6.5km)

상효원(4.7km)
서귀다원(5km)
친봉산장(3.4km) ⬤

제주농업생태원
(2.9km)

은이네해장국 🍜

감귤박물관
(2.6km) 🖼

짱아찌김밥 🍜

블랑제리 ☕

고미로스터리랩 ⬤

워터라이프

자리돔횟집 🍜

서귀포시청
제1청사 •

서귀포기적의도서관

다정하다

카페블루하우스 ☕

한라네김밥

혁이네수산 🍜

천일만두

바당국수 🍜

걸매생태공원

웅담식당

올레시장

오는정김밥 🍜
다정이네 🍜

제지기오름(2km) 🖼

엠스테이호텔

퍼스트70호텔
정시모쉼터

하효감귤점빵 협동조합
(6.7km)

천지연폭포

이중섭거리 🏨
이중섭미술관 📷

왈종미술관

쇠소깍(4km)

서귀포칼호텔 🏨

정방폭포 📷

기당미술관 칠십리시공원 📷

로즈마린 🍜

올레 6코스 🍲

제주한일우호연수원

허니문하우스 🍲

제주대학교
연수원

황우지해안 📷

자구리공원 📷

서귀포시립해양공원
(새연교) 📷

구두미연탄구이 🍜

외돌개 📷

유동커피 ☕

서귀포항 •

구두미포구 •

쇠소깍 지도

하례감귤점빵 협동조합

국수의전설 🍜

베케 🍲

테라로사 ☕

쇠소깍 📷

하효항 •

게우지코지 ⬤

바다나라횟집

보목해녀의집 🍜
소라의성

어진이네횟집 🍜

제지기오름 📷

보목항 •

☆ 서귀포시 도심권 버킷리스트 10

❶ 서귀포감귤박물관, 아이와 귤 따기 체험을

기후가 좋고 일조량이 많아 서귀포 귤은 제주에서 최고로 알아준다. 5월 초엔 귤꽃 향이, 11월엔 주렁주렁 주황빛 열매가 온 섬을 뒤덮는다. 서귀포감귤박물관P238은 귤밭 산책과 귤을 주제로 한 체험을 두루 할 수 있다. 감귤 따기, 귤 음식 만들기, 감귤 족욕 등에 참여해 보자.

❷ 아침부터 밤까지 서귀포 원도심 투어

서귀포 원도심 투어는 올레시장P236에서 이중섭거리P235로 자연스럽게 이어진다. 천지연폭포P240는 난대림 숲길을 걸으면 나오는 신비로운 폭포다. 서귀포의 랜드마크 새연교P244를 건너 새섬까지 가보자. 저녁 늦은 시간까지 불을 밝혀 서귀포의 낭만을 즐기기 좋다.

❸ 햇빛 좋은 날엔 공원에서 피크닉을

서귀포는 볕이 좋고 인구 밀도가 낮아 늘 여유가 넘친다. 시민들이 많이 찾는 칠십리시공원P242엔 한라산과 천지연 폭포가 보이는 놀이터도 있다. 걸매생태공원P243과 자구리문화예술공원도 좋다. 느리게 흘러가는 남쪽 마을에서 쉼표 같은 시간을 만끽해 보자.

❹ 기당미술관, 한라산이 보이는 미술관 놀이터

기당미술관P241은 제주와 서귀포 지역을 테마로 한 작품을 선보인다. 이곳의 매력 포인트는 휴게실이다. 한라산이 눈앞에 보이는 통유리창이 있고, 나무 미끄럼틀과 그림 그리기 코너도 있다. 이곳에서 노는 아이들 모습은 그 자체로 또 하나의 그림이다.

❺ 아주 특별한 외돌개 산책

외돌개P245는 이름처럼 홀로 우뚝 바다 위에 서 있는 돌기둥이다. 머리 위로 소나무가 자라고 있는데, 보는 방향에 따라 모습이 달라 신비롭다. 산책로를 따라 아이와 걷기 좋다. 걷다 보면 넓은 잔디밭과 운동 시설이 나와 아이와 한바탕 즐겁게 놀 수 있다.

❻ 8만 평 비밀의 정원, 상효원

상효원P252은 해발 400m에 있는 수목원이다. 한라산과 서귀포 바다가 보이는 8만 평 넓은 땅에 16개 테마 정원을 만들었다. 산책은 힐링 그 자체다. 비밀의 정원을 거닐다 보면 에어 바운서와 나무 놀이터가 나오니 아이들이 신나는 건 말할 것도 없다.

❼ 서귀포의 섬을 한눈에 볼 수 있는 바당길

서귀포 바닷길로 가자. 최고의 산책길 올레 7코스가 지나는 법환포구P253. 천천히 걸으면 바다를 감상해서 좋고, 차로 달리면 파도가 밀려오는 해안도로를 따라 드라이브를 즐길 수 있어서 좋다. 강정 해오름노을길과 소정방폭포로 가는 숨은 해안 길도 명품이다.

❽ 한라산의 숨결, 서귀포자연휴양림

서귀포자연휴양림P254은 한라산의 숨결을 오롯이 전해준다. 걷기 편한 매트와 데크 길이라 어른과 아이 모두 즐겁다. 하늘을 밀어 올릴 듯 울울창창 수직으로 뻗은 편백 숲길과 삼나무 숲길을 천천히 걸어보라. 당신의 마음이 숲의 향기로 가득할 것이다.

❾ 아이와 함께 서귀포 미식 투어

여행의 반은 먹는 것이다. 구두미연탄구이P260는 흑돼지 근고기 전문점이다. 잔디마당과 모래 놀이터, 미니 축구장을 갖춘 아이 친화적인 맛집이다. 보목포구P261는 제주 사람들이 으뜸으로 손꼽는 물회의 성지다.

❿ 카페 그 이상의 카페, 허니문하우스

옛 파라다이스 호텔 자리에 들어선 허니문하우스P264는 카페 그 이상이다. 올레길 산책로가 카페를 지나가고, 입구는 남국의 식물원에 온 듯한 느낌이 드는 아름다운 회랑이다. 바다 앞 절벽에 들어선 테라스 자리에 앉으면 세상 부러울 게 없다.

서귀포시 도심권 명소

SIGHTSEEING

서귀포시 도심권은 제주 여행의 일번지이다.
이중섭미술관과 이중섭거리, 서귀포매일올레시장, 천지연폭포와 정방폭포,
감귤 따기 체험을 할 수 있는 감귤박물관, 한라산의 숨결이 흐르는
서귀포자연휴양림⋯⋯. 당신의 제주 여행은 서귀포에서 더욱 특별해진다.

SIGHTSEEING
▼▼▼▼▼▼▼
이중섭미술관과 이중섭거리

👤 **추천 나이** 1세부터 📍 서귀포시 이중섭로 27-3 📞 064-760-3567 🕐 이중섭미술관 09:00~17:30(월요일 휴관)
₩ 이중섭미술관 입장료 400원~1,500원 ℹ️ **편의시설** 주차장(만차 시 주변 공영주차장 이용), 유모차 운행 가능(대여 가능)
🚌 버스 520, 521, 612, 642, 691, 692(오르막길 도보 3분)

이중섭의 삶과 예술의 흔적

불운한 천재 화가! 대향 이중섭은 한국전쟁을 피해 원산에서 제주도로 건너왔다. 서귀포에 거주하면서 이곳의 아름다운 풍광과 넉넉한 인심을 소재로 많은 작품을 남겼다. 11개월이라는 짧은 기간이었지만, 서귀포에서의 체류는 그의 예술세계에 큰 영향을 끼쳤다. 이중섭미술관은 서귀포 여행의 시작점인 이중섭 거리에 있다. 그의 예술혼을 가장 가깝게 느낄 수 있는 곳이다. 미술관에서 그의 예술혼을 느꼈다면 이번엔 이중섭 거주지로 가 그의 삶을 엿보자. 서귀포의 초가 단칸방에 머물렀던 그의 삶을 생각하면, 당신도 모르게 긴 한숨이 나올 것이다. 이중섭의 예술과 삶을 둘러본 뒤엔 이중섭거리를 따라 서귀포 원도심 산책에 나서자. 이중섭거리는 올레시장 남쪽 출구 길 건너편부터 서귀포항까지 내리막길로 이어진다. 카페와 기념품 상점과 작은 갤러리가 많으며, 토요일에는 플리마켓 형식의 예술시장이 펼쳐진다. 천장이 뚫려 있는 서귀포 관광극장 서귀포시 이중섭로 25에선 종종 무료 공연이 열린다.

© 제주도청

SIGHTSEEING
서귀포매일올레시장

🧍 추천 나이 1세부터 📍 서귀포시 중앙로62번길 18
📞 064-762-1949 🕐 07:00~21:00(동절기~20:00)
ℹ️ 편의시설 주차장, 유모차 운행 가능, 놀이터(중앙공영주
  차장 옆 화장실 뒤편)
🚌 버스 01, 231, 232, 281, 295, 510, 530, 531, 532, 622,
  625, 627, 633, 643, 644, 645, 655, 690(도보 3분)

서귀포 여행 1번지, 매일 열리는 전통시장

1960년대 초반 자연 발생한 재래시장으로, 서귀포에서 가장 큰 시장이며, 관광객과 도민으로 늘 활기찬 곳이다. 주변으로 공영주차장이 많고, 시장이 王자형 아케이드로 형성되어 있어 쇼핑하기가 편리하다. '올레'라는 말은 제주도 말로 큰길에서 집의 문 앞까지 이어지는 좁은 길을 가리키는데, 시장을 포함한 인근 지역이 올레 6코스에 포함되면서 서귀포매일올레시장이라는 이름을 얻었다. 곡식, 채소, 생선, 과일, 식료품, 토산품, 의류, 신발, 생활용품 등 없는 게 없다. 620m 길이에 200여 개 점포와 140여 개 노점이 들어서 있다. 물건을 사지 않더라도 구경하는 재미가 쏠쏠하다. 흑돼지, 감귤, 땅콩 등으로 만든 간식거리도 풍부해 여행 중 배를 채우기에도 좋다. 이중섭 거리, 천지연 폭포, 정방폭포 등 유명 관광지가 10분 이내 거리에 있어 여행을 마치고 찾기 좋은 곳이다. 아케이드 중심으로 벤치가 마련돼 있어 쉬었다 가거나 가볍게 음식을 먹을 수 있다.

올레시장의
포장 맛집을 알려줄게요

올레시장에서 음식을 포장해 숙소에서 먹거나 피크닉을 가면 딱 좋다. 회를 사고 싶다면 우정회센타로 가자. 이곳은 꽁치 김밥도 유명하다. 이 집 말고도 포장 횟집은 많은데 구성과 가격은 대부분 비슷하다. 기흥어물은 시장 바깥쪽에 있지만, 도민들이 자주 회를 포장해 가는 집이다. 족발은 그때그집, 팥죽은 덕이죽집이 유명하다. 한라통닭은 마농마늘통닭이 맛있고, 길 건너에 있는 제주약수터서귀포시 중앙로 35에선 수제 맥주를 포장할 수 있다. 먹고 가기 좋은 곳으론 새로나분식과 가격이 착한 뿡뿡식당을 꼽을 수 있다. 새로나분식 인기 메뉴는 모닥치기김밥, 떡볶이, 김치전이다.

정감 있는 오일장, 서귀포향토오일시장

한 달에 여섯 번 열리는 오일장이다. 호떡과 떡볶이, 옥수수, 꽈배기 등을 파는 난전엔 줄이 끊이지 않고, 아직도 대장장이가 굳건히 자리를 지키는 장터다. 소박하고 맛있는 먹거리와 재미난 구경거리가 많다. 도민들이 주로 찾는 곳이라 올레시장보다 더욱 정감 있다. 국밥과 전 등을 파는 난전에 가면 막걸리가 생각난다. 풍년식당은 보말칼국수로 유명하다. 주차장 앞 건물에는 키즈카페도 있는데, 장날에는 이용료를 할인해준다.

- 👤 **추천 나이** 1세부터
- 📍 서귀포시 중산간동로7894번길 18-5
- 📞 064-763-0965
- 🕐 매월 4, 9, 14, 19, 24, 29일
- ℹ️ **편의시설** 주차장, 유모차 운행 가능, 키즈카페(유료)
- 🚌 **버스** 530, 531, 532, 615, 621, 625, 630, 635, 655, 690, 744, 서귀포시티투어버스(880)

SIGHTSEEING
서귀포감귤박물관

👤 추천 나이 2세부터
📍 서귀포시 효돈순환로 441 📞 064-767-6400
🕐 09:00~18:00(7~9월 →19:00까지, 신정·설날·추석 휴무)
₩ 입장료 800원~1500원 ⓘ **편의시설** 주차장, 유모차 운행 가능(대여 가능), 수유실, 기저귀갈이대, 정원, 놀이터
🚌 버스 621, 623, 624(오르막길 도보 7분)

감귤도 따고 귤밭 산책도 하고

감귤박물관은 귤 맛이 가장 좋기로 소문난 효돈 마을에 있다. 주황 열매가 주렁주렁 매달린 하귤나무 가로수가 박물관으로 들어서는 길을 더욱 특별하게 만든다. 전시관에서 조선 시대부터 이어져 온 감귤 재배의 역사와 다양한 감귤의 생태 등을 알차게 살펴볼 수 있다. 아열대식물원과 감귤 족욕, 쿠킹 프로그램을 운영해 가족 여행 코스로 찾기 좋다. 쿠키, 머핀, 피자, 과즙 만들기는 홈페이지에서 예약하면 된다. 주말은 현장 접수가 가능하다. 11월부터는 감귤 따기 체험도 한다. 박물관 2층은 바다까지 보여 전망이 훌륭하다. 바다가 보이는 햇살 좋은 날이라면 '꿈나다 카페'에 앉았다 가자. 박물관만 보고 가기엔 아쉽다면 산책을 즐기자. 감귤 따기 체험장과 귤향 폭포 사이에 난 길을 넘어가면 야외 공연장이다. 공놀이를 할 수 있는 넓은 잔디밭이 있고, 커다란 나무가 시원한 그늘을 만들어 주는 놀이터도 숨어 있다. 여기서 월라봉까지 오르는 산책로가 있다. 아이들도 쉽게 오를 수 있는 야트막한 오름이다. 삼림욕 길을 따라 전망대까지 한 바퀴 돌면 다시 박물관이 나온다.

© 제주도청

제주농업생태원

👤 추천 나이 2세부터
📍 서귀포시 남원읍 중산간동로 7361-13
📞 064-767-3010~1
ℹ️ 편의시설 주차장, 유모차(일부 계단), 정원
🚌 버스 201, 260, 711-1, 711-2

감귤도 따고 녹차 미로도 걷고

감귤박물관에서 차로 3분만 올라가면 서귀포농업기술센터의 제주농업생태원이다. 매년 11월 감귤 박람회가 이곳에서 열린다. 박람회 기간이 아닐 땐 인적이 드문 곳이지만, 안쪽으로 들어가면 넓은 부지에 보고 즐길 거리가 가득하다. 제주감귤홍보관과 전시실 등 실내 시설이 있고, 문화해설사도 상주한다. 커다란 규모의 온실에선 다양한 품종의 감귤을 한 번에 만날 수 있다. 감귤 따기 체험을 하면 마음껏 시식한 뒤 1kg까지 가져갈 수 있다. 녹차 미로, 감귤 숲길, 동물 우리, 폭포, 생태 늪 등을 둘러보며 서귀포의 여유를 덤으로 얻어갈 수 있다. 무엇보다 아이들 뛰놀기 참 좋다. 주변이 온통 귤밭과 하우스라 먹거리가 걱정되는데, 바로 옆 도우미 식당서귀포시 남원읍 중산간동로 7407, 064-767-2783, 11:20~14:00, 매주 주말 휴무으로 가보자. 생오겹 정식을 시키면 싱싱한 고기를 연탄불에 올려주는데, 불판에 어묵볶음과 파무침이 같이 올라간다. 진짜 맛있다. 점심시간만 짧게 영업한다. 미리 전화해보거나 예약하고 가면 더 좋다.

SIGHTSEEING
천지연폭포

- 추천 나이 1세부터
- 서귀포시 남성중로 2-15 📞 064-760-6304
- 09:00~22:00(입장 마감 21:20)
- ₩ 성인 2,000원, 어린이 1,000원
- ⓘ **편의시설** 주차장, 유모차 운행 가능(대여 가능), 수유실, 기저귀갈이대
- 🚌 버스 611, 612, 641, 642, 691, 692, 서귀포시티투어버스

하늘과 땅이 만나는 연못

기암절벽 위에서 우레와 같은 소리를 내며 쏟아져 내리는 하얀 물기둥. 천지연폭포의 시원한 물줄기는 주변의 울창한 숲길 산책 뒤에 나타나 더욱 감동적이다. 주차장에서 폭포까지는 유모차와 휠체어 모두 다닐 수 있는 평탄한 현무암 길이다. 십 분 정도 이어지는 계곡에는 다양한 아열대와 난대성 상록수와 양치식물이 밀생하고 있다. 서귀포는 용천수가 많이 솟고, 지하층에 물이 잘 스며들지 않는 수성 응회암이 널리 분포하여 다른 지역보다 상대적으로 폭포가 많다. 그중에서도 천지연폭포는 물줄기 길이 22m, 그 아래 못의 깊이가 20m로, 가히 하늘과 땅이 만나는 연못이라 불릴 만하다. 사계절 언제나 좋다. 무더운 한여름에도 숲과 물줄기 덕분에 시원하며, 10시까지 불을 밝히고 있어 야간에 가도 특별한 곳이다.

SIGHTSEEING
▼▼▼▼▼▼
기당미술관

👤 **추천 나이** 2세부터

📍 서귀포시 남성중로153번길 15 📞 064-710-4300

🕐 09:00~18:00(월요일·신정·설날·추석 휴관)

₩ 입장료 300~1,000원(7세 미만 무료) ⓘ **편의시설** 주차
장, 유모차 운행 가능(대여 가능), 수유실, 기저귀갈이대, 정원,
놀이방 🚌 **버스** 615, 627, 692, 서귀포시티투어버스

예술의 정취와 한라산 뷰 놀이방

삼매봉 자락에 있는 기당미술관은 국내 최초의 시립 미술관이다. 전통가옥을 연상케 하는 천장과 자연광
을 받아들인 쾌적한 전시공간이 인상적이다. 제주가 고향인 재일교포사업가 기당(寄堂) 강구범이 건립하
여 서귀포시에 기증하였다. 제주를 대표하는 변시지 작가의 작품과 지역 문화를 테마로 한 기획 전시를 만
날 수 있다. 아트 상품도 있는데, 종류는 적지만 소장 가치가 있다. 이곳은 서귀포 엄마들의 아지트 같은 곳
이다. 통창으로 한라산이 한눈에 들어오는 휴게실에 목재로 된 미끄럼틀과 그림 도구들이 있기 때문이다.
언덕 위에 있어 서귀포 시가지와 함께 한라산을 품에 안는 것 같은 뷰가 일품이다. 주차장 바로 앞에 있는
'삼매봉153'은 도서관 식당이라 저렴하면서도 메뉴가 다양하고 가성비가 좋다. 깔끔한 플레이팅과 친절한
서비스에, 밥과 국도 무한 리필! 배를 두둑이 채우고 나와 숲이 보이는 '삼매봉도서관'에서 책을 읽거나, 바
로 아래에 있는 칠십리시공원을 찾아가 보자. 기당미술관, 삼매봉153, 삼매봉도서관, 칠십리시공원으로 이
어지는 코스는 서귀포 엄마들이 아이와 함께 하는 최적의 반나절 산책 루트이다.

칠십리시공원

👤 **추천 나이** 1세부터

📍 서귀포시 서홍동 648-12(게이트볼장)

ℹ️ **편의시설 주차장**(무료주차장이 여러 곳이다. 게이트볼장 쪽 주차장이 화장실과 놀이터에서 가장 가깝다), 유모차 운행 가능, 기저귀갈이대

🚌 **버스** 615, 627, 691, 692, 서귀포시티투어버스(880)

최남단 자연을 품은 시민의 휴식처

온난한 기후와 천혜의 자연을 가진 서귀포는 공원도 남다르다. 최남단 휴양지의 멋을 살린 조경이 무척 아름답다. 이곳에서 휴식을 즐기는 사람들에게선 도시에서 볼 수 없는 여유가 묻어난다. 공원 규모도 여느곳과 달리 무척 넓다. 인구 밀도가 낮고 관광객들은 공원을 잘 찾지 않아 한적하고 이국적인 풍경이 펼쳐진다. 그중 칠십리시공원은 가족 나들이로 사랑받는 곳이다. 계절마다 옷을 갈아입는 풀과 나무, 돌다리가놓인 연못 등 다양한 자연이 조화를 이루고 있다. '작가의 산책길'도 공원 내부로 이어진다. 서귀포를 주제로 한 시와 노래 가사를 새긴 돌과 조형물이 곳곳에 있다. 놀이터는 한라산을 배경으로 들어서 있다. 집라인 등 체육 시설도 갖추었다. 천지연폭포와 난대림을 내려다볼 수 있는 전망대, 초봄의 매화 군락과 가을의 억새는 공원을 더욱 빛나게 해준다. 건너편의 기당미술관과 함께 들르면 좋은 여행 코스가 될 것이다.

청색 계곡이 있는 매화 군락지
걸매생태공원

👤 **추천 나이** 1세부터
📍 서귀포시 서홍동 477-1
ⓘ **편의시설** 주차장, 유모차 운행 가능
🚌 **버스** 295, 520, 611, 622, 633, 635, 643, 644, 645

칠십리시공원에서 북쪽으로 한 블록 떨어져 있는 걸매생태공원은 이름처럼 매화 군락으로 유명하다. 걸매는 '뛰어난 매화'라는 뜻이다. 2월 중순부터 팝콘 같은 꽃송이가 피어난다. 여러 꽃이 군락지를 이루어 계절마다 꽃놀이하기 좋다. 나무 데크가 조성돼 있어 유모차나 휠체어로 가기도 편리하다. 서귀포 원도심 걷기코스인 하영올레가 공원을 지난다. 산책로 아래엔 천지연폭포로 흘러가는 계곡이 있다. 백로와 오리가 찾아온다. 맑은 청색 물빛은 계속 쳐다보게 된다. 한여름엔 물놀이하는 시민들도 종종 보인다.

쉿! 플레이스

제주한일우호연수원

서귀포에서도 아는 사람만 아는 공원이 있다. 한국SGI 제주한일우호연수원이 그곳이다. 옛 프린스 호텔 자리에 있다. 오래전에 지은 호텔이라 뷰가 무척 좋다. 특별한 행사가 없으면 무료로 개방한다. 입구와 정원 연못에서 바라보는 한라산은 무척 가깝게 느껴진다. 해안 절벽 산책로는 나무 데크로 되어 있고, 소나무 숲이 우거진 잔디밭에는 피크닉을 할 수 있는 멋진 돌 테이블이 있다. 전망대에선 새연교와 새섬을 내려다볼 수 있다.

👤 **추천 나이** 1세부터
📍 서귀포시 남성로128번길 24
ⓘ **편의시설** 주차장, 유모차 운행 가능
🚌 **버스** 615, 627, 691, 692, 서귀포시티투어버스(880)
　　(도보 3분)

SIGHTSEEING
▼▼▼▼▼▼▼▼
서귀포시립해양공원

- 👤 **추천 나이** 1세부터
- 📍 서귀포시 남성중로 43
- ℹ️ **편의시설** 주차장, 유모차 운행 가능, 수유실 필요할 땐 천지연폭포(차로 1분 거리) 이용
- 🚌 **버스** 천지연폭포 정류장 이용(도보 9분)

서귀포항의 새연교에서 새섬까지

서귀포시립해양공원은 천지연폭포에서 차로 1분 거리에 있다. 이곳의 랜드마크는 새연교이다. 입구부터는 차량이 제한돼 아이와 찾기 좋다. 제주 전통 배 '테우'의 모습을 본떠 만들었으며, 멀리서 보면 바다 위에 배가 떠 있는 것처럼 보인다. 항구로 드나드는 고기잡이배와 유람선이 이국적인 분위기를 연출해준다. 새연교를 걸어서 건너면 바로 새섬21:40 이후 출입통제으로 이어진다. 어른 걸음으로 15분 정도면 섬 한 바퀴를 돌 수 있다. 유모차는 새연교까지만 가능하다. 밤 10시까지 조명을 밝혀 밤 산책하기 좋다. 하절기엔 야간 음악분수20:00~20:30, 월요일 운휴도 운영한다. 서귀포 관광 명소를 바다 위에서 돌아볼 수 있는 서귀포유람선064-732-1717도 인기다. 수심 45m까지 내려가 난파선까지 살펴볼 수 있는 서귀포잠수함submarine.co.kr도 바다 체험하기 좋다. 주말과 성수기에는 예약하는 게 좋다.

🤫 쉿! 플레이스

로즈마린,
서귀포항이 내려다보이는 레트로 주점

로즈마린은 천지연폭포와 시립해양공원 사이 해안가에 있다. 멀리서 보면 바다에 떠 있는 것처럼 보인다. 세련된 술집은 아니지만, 그래서 더 편하게 바닷가의 낭만을 즐길 수 있다. 아이들이 먹을 수 있는 음식과 주스 메뉴도 갖추고 있다. 무엇보다 서귀포항이 바로 앞이라 항구를 드나드는 배를 보며 술을 마시는 기분이 남다르다. 야외 자리가 있어 더 특별하다. 대리운전과 택시 호출 모두 가능하다.

- 📍 서귀포시 남성중로 13
- 📞 064-762-2808
- 🕒 15:00~02:00(매월 둘째 토요일 휴무)

SIGHTSEEING

외돌개

👤 추천 나이 4세부터
📍 서귀포시 서홍동 780-1 📞 064-760-3192
ℹ️ 편의시설 주차장(주차 봉을 기준으로 왼쪽 사유지는 유료,
오른쪽은 무료주차장. 서홍동 780-1)
🚌 버스 615, 627, 691, 692, 서귀포시티투어버스(880)

신비로운 바위와 절경의 올레길 산책

남쪽 바다에 외롭게 우뚝 선 바위가 하나 있다. 높이는 20m. 150만 년 전 화산 폭발 때 생긴 바위 섬으로 꼭대기에는 작은 소나무가 자생한다. 한 폭의 그림 같다. 보는 방향에 따라 다른 모양으로 보이는데, 이를 살펴볼 수 있도록 해안 절벽을 따라 산책로가 조성돼 있다. 외돌개는 많은 올레꾼이 다시 찾고 싶어 하는 7코스의 바닷길 시작점이다. 바다를 왼쪽에 두고 걷다 보면 외돌개 전망대가 나온다. 이곳을 지나면 나오는 평평한 데크 길은 널따란 잔디밭으로 이어진다. 온통 푸르고 눈부신 것이 지천이라 천국을 닮은 것 같다. 체력 단련 기구와 정자 등이 있어 피크닉을 즐기거나 쉬어 가기 좋다. 아이들은 그 어느 때보다 밝게 뛰놀 것이다. 반대로 외돌개 전망대에서 바다를 오른쪽으로 두고 걸으면 일몰이 특히 멋진 '폭풍의 언덕'이 나온다. 펜스가 없어 아이와 가기에는 조금 위험하다. 여기서 올레길을 따라 5분 정도 내려가면 선녀탕으로 알려진 황우지해안이다. 스노클링 하기 좋은 곳으로 유명해져 무척 붐빈다. 물이 깊고 계단이 위험해 초등생 이상에게 적합하다. 입구 매점에서 물놀이 장비를 대여할 수 있다.

SIGHTSEEING
정방폭포

🧍 추천 나이 5세부터
📍 서귀포시 칠십리로214번길 37 📞 064-733-1530
🕐 09:00~17:20 ₩ 입장료 1,000원~2,000원(7세 미만 무료) ⓘ **편의시설** 주차장, 수유실, 기저귀갈이대
🚌 버스 521, 651, 652, 600(매표소까지 도보 5분)

폭포는 곧장 바다로 떨어지고

정방폭포는 높이 23m, 너비 8m의 폭포로, 국내에서 유일하게 바다로 바로 떨어지는 폭포다. 천지연폭포, 천제연폭포와 더불어 제주도 3대 폭포 중의 하나이다. 매표소를 지나 계단을 내려가면 멀리서도 폭포 소리가 들린다. 폭포 양쪽으로 주상절리 구조의 암벽이 있어 마치 한 폭의 동양화를 보는 듯하다. 폭포에 반해 한참을 쳐다보다가 뒤를 돌아보면 바다가 있어 그 감동이 더욱 진해진다. 바다 물결은 은빛으로 출렁이고, 해가 맑은 날이라면 간간이 무지개도 떠오른다. 근처에는 천막을 치고 해산물을 파는 해녀 노점상도 있다. 돌아오는 길이 계단이고, 폭포 앞 또한 크고 작은 돌 바위들이 뒤엉켜 있어 너무 어린아이는 힘들다. 이곳은 다크투어리즘의 현장이기도 하다. 폭포가 있는 소낭머리_{소나무가 많다고 해서 붙여진 이름} 절벽은 4.3 사건 당시 취조받던 무고한 주민들이 즉결 처형된 곳이다. 그때 희생된 사람들의 피가 주위 바다를 붉게 물들였다고 한다.

SIGHTSEEING

소정방폭포와
왈종미술관

왈종미술관
- 추천 나이 4세부터 ⊙ 서귀포시 칠십리로214번길 30
- 064-763-3600 ⏰ 09:00~18:00(월요일·신정 휴무)
- ₩ 입장료 성인 10,000원, 어린이·청소년 6,000원
- ⓘ 편의시설 주차장, 수유실, 기저귀갈이대, 유모차 운행 가능
- ⊕ 인스타그램 walart_museum

폭포, 물놀이터, 바다 절경 그리고 예술

정방폭포 매표소에서 바다를 오른쪽에 두고 폭포 반대쪽으로 난 해안 산책로를 따라 걸으면 소정방폭포가 나온다. 화장실 건너편 '소라의성' 표지판과 올레길 리본을 따라가면 된다. 정방폭포에서 300m 떨어진 곳에 있다. 물줄기 높이는 7m로, 역시 해안으로 떨어진다. 백중날음력 7월 15일 이곳의 물줄기를 맞으면 일년 내내 건강하다고 해 물맞이 풍속이 전해져 온다. 계단이 조금 있으나 어린아이는 안고 가면 된다. 여름엔 시원한 물놀이터가 된다. 먼저 만나게 되는 소라의성서귀포시 칠십리로214번길 17-17, 09:00~18:00, 월요일 휴무, 064-732-7128은 무료 북카페다. 2층까지 꼭 올라가 보자. 세상에 이런 뷰가! 경탄이 절로 나오는 바다 절경을 감상하며 쉬어갈 수 있다. 소라의성까지는 데크 길이라 유모차도 가능하다. 날이 너무 덥다면 정방폭포 주차장 입구의 왈종미술관을 찾자. 제주도를 배경으로 그린 이왈종 작가의 감성 깊은 작품을 감상하며 푸른 바다를 시원하게 즐길 수 있다. 소장하고 싶은 매력적인 아트 상품도 갖추고 있다.

© 문신기

SIGHTSEEING
▼▼▼▼▼▼▼▼
올레길 6코스의 숨은 명소

자구리공원
◎ 서귀포시 서귀동 70-1
🚌 버스 서귀포시티투어버스(880), 600
서귀포KAL호텔
◎ 서귀포시 칠십리로 242 🚌 버스 600
구두미포구(섶섬 앞)
◎ 서귀포시 보목동 1351

아이가 뛰놀기 좋은 곳들

올레길 6코스엔 아이들이 놀기 좋은 곳이 많다. 자구리공원은 서귀포항 부두 옆에 있는 잔디밭 공원으로, 피크닉 하기 좋다. 여름에는 바닥 분수가 나와 아이들이 몰려든다. 서귀포KAL호텔은 위치가 무척 좋다. 특히 바다 쪽으로 난 정원은 골프장을 연상케 할 만큼 드넓은 잔디밭. 무작정 뛰어놀거나 사진찍기 좋다. 호텔 주차장은 무료 개방한다. 조금 더 동쪽으로 가면 구두미포구다. 섶섬을 가장 가깝게 볼 수 있는 곳이다. 포구 옆에는 전망대가 있는 섶섬지기서귀포시 보목로64번길 79라는 마을 카페가 있어, 쉬어 가기 좋다. 건너편 푸드트럭에도 단골이 많다. 가볍게 요기하며 포구 풍경을 즐기면 가성비 만점의 신선놀음이다. 세 곳 모두 추천 나이는 2세부터. 주차는 갓길에 하면 된다.

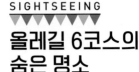

쉿! 플레이스

쉿! 여긴 정말 숨겨진 곳, 정모시쉼터

정모시쉼터는 정방폭포로 흐르는 물줄기가 지나가는 계곡이다. 사계절 내내 용천수가 흐르는 곳으로, 어른 허벅지 정도의 깊이라 아이들과 놀기에 딱 좋다. 여름엔 천연수영장이 된다. 다리를 건너도 되고, 징검다리를 콩콩 뛰어가도 된다. 용천수에 발을 담그고 도란도란 앉을 수 있어 무척 시원하다. 찻길이 있는 쪽에는 화장실과 돌 테이블이 있다. 비가 많이 온 다음 날은 범람 위험이 있다. 주차는 갓길에 하면 된다.

👤 추천 나이 3세부터
◎ 서귀포시 동부로12번길 19(정방사 앞)

SIGHTSEEING
▼▼▼▼▼

쇠소깍

👤 **추천 나이** 3세부터   📍 서귀포시 남원읍 하례로 378
₩ **체험료** 테우 5,000원~10,000원, 나룻배 성인 2인
20,000원(소인 1인 5,000원 추가), 깡통 열차 5,000원
~7,000원(예약 '서귀포in정')
ℹ️ **편의시설** 주차장, 유모차 운행 가능(일부 산책로)
🚌 **버스** 520, 521, 623, 624

바다 옆 신비로운 푸른 연못

쇠소깍은 이름부터 비밀스럽다. '쇠'는 효돈하효 마을을 뜻하며, '소'는 연못, '깍'은 끝을 의미한다. 이름처럼 민물의 끝, 바다와 맞닿은 연못의 청색 물빛이 비밀스러운 경치를 뽐낸다. 봄에는 하효항 쪽에 유채 꽃밭도 조성한다. 쇠소깍은 유네스코 생물권 보존구역 핵심지역으로 등재된 효돈천과 검은 모래 해변이 만나는 곳에 있다. 이곳에서 전통 뗏목인 '테우'과 '나룻배' 체험을 할 수 있다. 테우는 여러 명이 함께 타고 25분 정도 천천히 운행하고, 나룻배는 2인 1조5세 이상 유아 1인 추가 탑승 가능로 노를 저어 쇠소깍을 돌아보는 코스다. 계곡의 비경은 산책로에서도 충분히 구경할 수 있으니 어린아이와 무리해서 탈 필요는 없다. 아이들은 보드라운 검은 모래 해변에서 즐기는 모래놀이를 더 좋아한다. 매표소 앞에서 출발하는 '깡통열차'가 새로 생겼다. 쇠소깍에서 하효항 일대를 깡통열차를 타고 편하고 신나게 돌아볼 수 있다. 모든 체험은 17시경 마감한다. 쇠소깍은 계곡이라 아래쪽 전망대까지 가려면 아기 띠가 편하다.

© 제주도청

SIGHTSEEING
숨도

한라산 뷰를 자랑하는 정원 맛집

👤 추천 나이 1세부터 📍 서귀포시 일주동로 8941 📞 064-739-3331 🕐 08:30~17:30 (매장 및 부대시설 17:30까지) ₩ 성인 6,000원, 청소년 4,000원, 어린이 3,000원(미취학 아동 무료) ℹ️ 편의시설 주차장 🚌 버스 295, 520, 633 🌐 인스타그램 jeju_soomdo

제주 최대의 석부작·수석 박물관이 현대미 넘치는 정원으로 재탄생했다. 나선형 관람로는 오를수록 더 멋진 한라산 전망을 보여준다. 돌아보는데 3~40분 정도 걸리며, 정원을 좋아한다면 몇 시간이고 머물고 싶을 것이다. 각종 귤나무와 초여름의 수국 군락, 겨울의 동백나무 등 계절마다 제주의 꽃과 나무가 어여쁘게 자란다. 시원한 폭포와 제주 옛 가옥도 멋진 포토존이다. 관람로 끝자락에는 입장객만 이용 가능한 카페 숨도가 있다. 제주 전통 양식과 모던함이 어우러져 분위기가 특별하다. 유모차는 가능하지만, 계단과 돌길이 있어 아기 띠가 더 낫다.

SIGHTSEEING
하례감귤점빵 협동조합

새콤달콤 한라봉 넣은 상웨빵 만들기

👤 추천 나이 4세부터
📍 서귀포시 남원읍 하례로 272 📞 064-767-4545
🕐 10:00~15:00(마지막 주문 14:50, 매주 일요일 휴무)
🚌 버스 623, 624(도보 4분)
🌐 인스타그램 harye_bbang(체험예약 : 네이버)

쇠소깍을 끼고 길게 뻗은 하례리는 유네스코 생물권보전지역이다. 볕이 좋고 기후가 온화해 감귤과 만감류가 잘 자라기로도 유명하다. 하례점빵은 마을 부녀회에서 힘을 합쳐 운영하는 조합이다. 예로부터 제사상 위에 올렸다 하여 상웨떡으로 불린 향토 음식에 마을에서 자란 한라봉과 쑥을 넣어 상웨빵으로 개발했다. 쫀득한 반죽에 한라봉을 다져 넣고 찜기에 찐다. 기다리는 동안 달콤한 한라봉 청도 만들 수 있다. 남녀노소 재미있게 즐기며, 담백하면서도 달콤한 상웨빵을 즐길 수 있다. 체험은 네이버에서 예약할 수 있으며, 택배 주문도 가능하다.

제지기오름

👤 **추천 나이** 4세부터
📍 **서귀포시 보목동 275-1**
🅿 **주차** 제지기오름 입구 or 보목포구 주변
🚌 **버스** 630(입구까지 도보 3분)

섶섬과 바다가 보이는 풍경

따뜻한 해안 마을 보목에 자리한 해발 94.8m의 야트막한 오름이다. 입구에서 15분이면 전망대까지 오를 수 있다. 정상에서 보는 일출과 일몰이 모두 멋지다. 정상에 오르면 전망대와 너른 공터가 반긴다. 망원경과 운동기구도 있다. 멀리 푸른 바다와 바다에 떠 있는 섶섬이 보이고, 시선을 아래로 내리면 귤밭 사이 키 낮은 집들이 평화롭게 두 눈 가득 들어온다. 이 마을 바닷가엔 자리 물회로 유명한 보목 포구가 있다. 올레길 6코스가 지나간다. 해안도로를 따라가면 서쪽으로는 서귀포 시내에 이르고, 동쪽으로 가면 쇠소깍에 닿는다.

속골

👤 **추천 나이** 1세부터
📍 **서귀포시 호근동 1645**
ℹ **편의시설** 화장실, 유모차 운행 가능

빛나는 바다와 야자수 공원

서귀포 해안을 통과하는 올레 7코스는 올레꾼들 사이에서 가장 아름답기로 손꼽히는 구간이다. 가볍게 산책하는 느낌으로 즐길 수 있는 구간이 속골에 있다. 계곡물이 바다로 흘러가는 지점으로, 여름엔 계절 음식점이 펼쳐져 물에 발 담그고 바다와 범섬을 바라보며 백숙을 뜯는 곳으로 유명하다. 주차장엔 1년 뒤에 도착하는 느린 엽서가 있어 추억 만들기 좋다. 다리를 건너 걷다 보면 키 큰 야자수 군락이 이국적인 수모루공원을 만나고, 15분 정도만 걸으면 법환포구에 닿는다. 비바람이 센 날이나, 여름 성수기에는 추천하지 않는다.

SIGHTSEEING
상효원

👤 추천 나이 1세부터
📍 서귀포시 산록남로 2847-37 📞 064-733-2200
🕐 09:00~18:00(3~9월은 19:00까지)
₩ 입장료 5,000원~9,000원
ⓘ 편의시설 주차장, 유모차 운행 가능, 수유실(구상나무카
페), 기저귀갈이대 🌐 인스타그램 jejusanghyowon

반할 수밖에 없는 8만 평 비밀의 정원

사계절 내내 멈추지 않고 다채로운 꽃의 향연이 펼쳐지는 수목원이다. 북쪽은 한라산이 감싸고 있고, 남쪽
은 서귀포 바다를 향해 완만한 경사를 이루고 있다. 해발 300~400m의 산록에 위치해 풍광이 무척 아름
답다. 또한 큰 경사가 없어 유모차가 편히 다닐 수 있다. 귀여운 관람열차도 운행한다.요금별도 수목원 입구
쪽에는 식당과 카페가 있으며, 정상이라고 할 수 있는 '구상나무 카페'에는 수유실이 마련돼 있다. 카페는
상효원에서 가장 경사가 높은 곳에 있지만, 조금만 오르며 수고하면 최고의 경관을 두 눈 가득 넣을 수 있
다. 상효원엔 다양한 나무가 자란다. 특히 100년 이상 자란 노거수와 상록 거목이 밀집해 있어 더 특별하
다. 나무에 큰 관심이 없는 사람이라도 그 아래를 거니는 것만으로도 힐링이 된다. 특히 4월 20일경 겹벚
꽃이 피는 고목은 감탄을 금하지 못한다. 코스의 마지막에는 에어바운서와 목재 놀이터가 큼지막하게 조
성돼 있다. 해안 마을과 바다가 보이는 풍경이 더해져 오래도록 머물고 싶어진다.

SIGHTSEEING
▼▼▼▼▼▼▼
법환포구

👤 **추천 나이** 1세부터 📍 서귀포시 법환동 286-3
ⓘ **편의시설** 주차 가능, 유모차 운행 가능
🚌 **버스** 520, 521, 530, 641, 642, 643, 644, 651, 652, 690(도보 5분)

신비로운 범섬과 힘찬 파도

법환포구에 가면 범섬이 손에 잡힐 듯 보인다. 늦겨울부터 피어난 노란 유채꽃은 봄 내내 포구를 물들여 짠 바다 내음을 향기롭게 희석한다. 포구 앞에 식당과 편의시설이 많다. 포구 끝자락에는 용천수가 나오는 천연 목욕탕 '막숙'이 있다. 여름에 시원한 쉼터가 된다. 포구에서 올레 7코스를 따라 서쪽으로 20분쯤 걸어가면 카페 아뜰리에안이 나온다. 법환 바다의 풍경을 즐기기 좋은 카페다. 법환포구 근처에는 이마트와 제주월드컵경기장_{서귀포시 월드컵로 31}이 있다. 야간 조명이 있고, 많은 시민이 산책과 운동을 즐기고 있어 밤에도 안전하다.

SIGHTSEEING
▼▼▼▼▼▼▼
서건도

👤 **추천 나이** 5세부터
📍 서귀포시 강정동 산1
ⓟ **주차** 서건도 빌리지 근처 무료주차장

모세의 기적을 경험하세요

법환포구가 신도시 영향을 받아 번화해졌다. 복잡하지 않은 숨은 명소를 찾는다면, 차로 10분 내로 닿을 수 있는 서건도로 가자. 하루 두 번, 서건도 바닷길이 열린다. 제주도에서 유일하게 모세의 기적처럼 바다가 갈라진다. 이때 걸어서 섬에 들어갈 수 있다. 돌이 많은 독특한 해저지형 덕분에 보말이 가득하다. 섬 가장자리를 나무 데크로 둘러 산책하기도 편하다. 서건도 앞바다에는 종종 돌고래 떼가 나타난다. badatime.com에서 '바다 갈라짐'을 선택하면 물때를 알 수 있다. 썰물 1시간 전쯤부터 바닷길이 열린다.

서귀포자연휴양림

👤 추천 나이 1세부터　◎ 서귀포시 영실로 226
📞 064-738-4544　🕐 09:00~18:00
₩ 입장료 300원~1,000원(주차료 1,000원~3,000원)
ⓘ 편의시설 주차장, 기저귀갈이대, 유모차 운행 가능
🚌 버스 240(매표소까지 도보 3분)
🌐 인스타그램 seogwipohuyang4544

한라산 숨결이 오롯이 담긴 숲

서귀포자연휴양림은 유모차가 다닐 수 있는 데크도 있지만, 차로 둘러볼 수 있는 순환로가 있어 더 매력적이다. 제주의 산과 숲 그대로의 특징을 살려 원시림을 걷는 느낌이 든다. 서귀포 시내에서 30분 정도 떨어진 해발고도 700m 산 위에 있다. 도로가 굽어지는 곳마다 차를 세우고 발아래 펼쳐지는 시가지와 바다를 내려다보면 가슴이 탁 트인다. 순환로 중간 즈음 법정악 전망대로 가는 트레킹 코스가 있다. 왕복 30분 정도면 한라산 중턱에서 숨 막히는 풍경을 담을 수 있다. 순환로 종점인 '유아 숲체원'은 아이와 가기 좋은 곳이다. 휴양림 온도는 서귀포 시내와 10℃ 정도 차이가 나 피서지로 으뜸이다. 평상, 벤치, 캠핑장, 목재 놀이 도구들이 있는 최남단 자연휴양림이다. 주차장에서 매표소 반대편으로 가면 누구나 쉽게 걸을 수 있는 무장애데크길이다. 주말 및 상시로 열리는 유아 숲 체험숲속 키즈카페에 관한 정보는 인스타그램 sunforest를 참조하면 된다.

쉿! 플레이스

쉿! 여긴 정말 숨겨진 곳, 서귀포치유의숲

10개 테마로 이루어진 총 11km의 힐링 코스가 있다. 입구의 '가멍오멍숲길'은 데크 길이어서 아이와 가기 편하다. 인솔자를 따라가기 어렵다면 자유롭게 산책할 수도 있다. 예약하고 가야 하며, 운동화를 필수로 착용해야 한다.

👤 추천 나이 4세부터
◎ 서귀포시 산록남로 2271
📞 064-760-3067~8
ⓘ 편의시설 유모차 운행(일부), 수유실, 기저귀갈이대

SIGHTSEEING
▼▼▼▼▼▼▼
강정 해오름노을길

👤 추천 나이 1세부터
📍 서귀포시 말질로 261(서귀포 강정크루즈터미널)
🕐 05:00~22:00 ⓘ **편의시설** 주차장, 카페, 놀이터, 유모차 운행 가능 🚌 **버스** 520, 521, 532, 643, 644, 645, 651, 652, 690 (입구까지 도보 12분)

광활한 바다를 걷는 듯한 방파제길

서귀포 강정 앞바다의 아름다운 경치를 즐길 수 있는 길로, 최근에 개방됐다. 강정크루즈터미널의 서·남 방파제 친수공간을 걷기 좋은 길로 꾸미고, 일반인에게 공개한 것이다. 왕복 3.2km로 제법 긴 편이다. 포토존, 전망대, 쉼터, 화장실 등을 갖추고 있으며 입구 상가에는 카페도 있다. 야외 테이블이 있는 쪽은 작은 미끄럼틀도 있어 아이들과 가기 좋다. 노을이 질 무렵 찾아 야간 조명까지 즐기고 오면 더 훌륭한 산책이 될 것이다. 한여름엔 그늘이 없으니 주의하자.

SIGHTSEEING
▼▼▼▼▼▼▼
서귀포기적의도서관

👤 추천 나이 2세부터
📍 서귀포시 일주동로 8593 📞 064-732-3251
🕐 09:00~18:00(매주 월요일, 신정·설·추석 휴관)
ⓘ **편의시설** 주차장, 수유실, 기저귀갈이대, 정원, 놀이터
🚌 **버스** 510, 611, 612, 623, 624, 627, 690(도보 2분)

오름을 닮은 어린이 도서관

도넛처럼 가운데를 비운 타원형 건물로, 서가와 열람 공간이 빙 둘러 있다. 오름을 떠오르게 하는 건축물이다. 책을 읽어줄 수 있는 방도 따로 있다. 도서관으로 향하는 야트막한 언덕은 소나무 숲이다. 부지조성 시 베어버릴 뻔한 나무를 모두 살려내 중정에도 그대로 자라게 두었다. 회원이 아니더라도 누구나 열람할 수 있다. 책을 읽는 아이들에게 시원한 그늘을 마련해준다. 도서관 앞뜰은 놀이터와 체육시설이 있는 문부공원으로 이어진다. 공원 앞 '장수마을밥상'은 모든 메뉴가 10,000원인 정식 맛집이다. 돈가스도 있다.

서귀포시 도심권 맛집·카페·숍

RESTAURANT
CAFE&BAKERY·SHOP

웅담식당

📍 서귀포시 중앙로59번길 5
📞 064-762-6442
🕐 11:00~23:00(일 휴무, 재료 소진 시 조기 마감)
ⓘ **편의시설** 주차장(만차 시 골목길, 공영주차장 이용)

레트로 감성이 나는 제대로 된 생고기 맛집

메뉴는 오겹살 하나다. 서귀포 사람들이 손에 꼽는 맛집으로 서귀포매일올레시장 길 건너편 먹자골목에
있다. 오겹살을 솥뚜껑 위에 척척 올린 뒤 감자, 양파, 파절임과 함께 적절히 익힌다. 잘 익은 고기에 고명
을 푸짐히 얹어 쌈을 싸 먹으면, 쫄깃하고 고소한 맛이 입안 가득 퍼진다. 감탄사가 절로 나온다. 저녁 피크
타임에는 기다려야 할 수도 있으니 조금 일찍 가거나, 예약하는 게 좋다. 다만 연탄불이라 연기와 냄새가
싫거나, 너무 어린아이와 동반이라면 재고하는 게 좋다. 이럴 땐 놀이방과 좌식테이블이 있는 명가솥뚜껑
서귀포시 중앙로62번길 36, 064-763-0844, 15:00~22:30, 매월 둘째 주 화요일 휴무을 추천한다.

ONE MORE

글램핑 스타일로 즐기는 솥뚜껑 삼겹살

🍴 아솔

숙성 과정을 거쳐 육즙과 지방을 최적의 상태로 만들
어 내온다. 개별 텐트에서 독립적으로 음식을 즐길 수
있다. 글램핑 스타일이라 캠핑온 기분이 든다. 서귀포
귤밭이 자연 그대로의 액자를 만들어주어 더욱 감성
돋는다. 서귀포올레시장에서 자동차로 북쪽으로 10
분 거리에 있어 접근성도 좋다. 어린이 메뉴로 캐릭터
우동과 수제 소시지가 있다. 성수기엔 붐비는 편이다.
예약하고 이용하길 권장한다. 연중무휴이다.

📍 서귀포시 동홍로303번길 13 📞 010-6834-7050
🕐 15:00~23:00
ⓘ **편의시설** 주차장, 아기 의자, 반려동물 동반 가능

RESTAURANT
자리돔횟집

◎ 서귀포시 동홍동로 7 ☎ 064-733-1239
🕒 11:00~21:30(15:00~16:00 브레이크타임, 마지막 주문 20:30)
ⓘ 편의시설 주차장(가게 뒤편), 좌식테이블, 포장 가능

예약 필수! 로컬들이 찾는 싱싱한 횟집
서귀포 원도심은 진짜 맛집이 아니면 오래 버티기 힘들다. 자리돔횟집은 언제나 발 디딜 틈이 없다. 입구 큰 수조에 고기가 가득하다. 고등어회와 모둠회를 인원수에 맞게 4개 사이즈로 나눠 주문할 수 있다. 원하는 회가 여러 종류라면 반반 메뉴도 만들어 준다. 싱싱하고 푸짐한 회와 내공 깊은 손맛에 다들 만족한다. 아이들 먹을 만한 성게국도 팔고, 10만 원 이상 주문하면 구이도 나온다. 기본 반찬으로 나오는 홍합탕과 파래전이 감칠맛 난다. 여름이라면 물회도 꼭 먹어보자. 저녁 시간이라면 예약 필수. 갯돔, 벵에돔, 다금바리 등을 즐기고 싶다면 '새연교횟집서귀포시 솔동산로22번길 11, 064-767-0202을 추천한다.

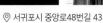

RESTAURANT
바당국수

◎ 서귀포시 중앙로48번길 43
☎ 064-733-9259
🕒 09:00~23:00(화요일 휴무)
ⓘ 편의시설 주차장, 아기 의자, 좌식테이블

올레시장 근처 국수와 순대국밥 맛집
선용 주차장을 갖춘 고기국수와 순대국밥 맛집이다. 아기 의자가 있어 테이블에 앉아도 되고, 좌식 자리를 이용해도 된다. 손님은 여행객과 도민이 반반이다. 고기국수, 비빔국수, 멸치국수, 순대국밥은 모두 기본에 충실하면서 다음날 또 생각 나는 맛이다. 물리지 않고, 뽀얀 육수와 넉넉한 고기와 면도 배불리 먹을 수 있다. 국수를 먹을까 국밥을 먹을까 고민이라면, 하나씩 시켜서 나눠 먹으면 좋겠다. 아이가 먹을 메뉴는 안 맵게 해달라고 미리 주문하면 된다. 전골과 생선구이, 순대와 돔베고기 등 안주류도 많다.

🍽 RESTAURANT
행복한시저네

📍 서귀포시 막동산로 5-4 📞 070-8877-0755
🕐 10:30~17:00(마지막 주문 16:30, 주말 휴무)
ⓘ 편의시설 주차 가능(공영), 아기 의자, 정원
🌐 블로그 caesarfafa.blog.me

한 입 한 입 행복한 흑돼지 짜글이

진짜 맛집이라면 대체 불가능해야 한다. 행복한 시저네의 유일한 메뉴는 흑돼지 짜글이다. 이 집의 짜글이를 본뜬 집이 많지만, 원조를 따라가진 못한다. 아들 이름 '시저'를 내세운 이 집은 아들이 학교에 가는 평일 낮에만 문을 연다. 이를 놓칠세라 일찍부터 손님이 몰려든다. 짜글이는 흑돼지 생고기를 김치 소스와 육수에 넣고 자글자글 끓여 먹는 것이다. 입맛에 따라 새우와 소고기 사리를 넣어도 된다. 어린이를 위한 소시지 계란밥 메뉴를 따로 준비하고 있다. 마무리로 먹는 버터 스파게티는 화룡점정이다.

🍽 RESTAURANT
형아시횟집

📍 서귀포시 이어도로 778-1
📞 064-739-4187 🕐 11:00~22:00(브레이크타임
14:00~16:00, 1·3번째 일요일 휴무)
ⓘ 편의시설 주차장, 좌식테이블, 부스터, 포장 가능

신서귀포 주민들이 단골인 바닷가 횟집

서귀포 켄싱턴리조트 근처에 있다. 신서귀포 시민들이 단골인 바닷가 횟집이다. 매운탕, 지리, 회덮밥, 물회 등 점심 식사도 든든하게 먹을 수 있고, 저녁에는 가성비 좋은 생선회 코스를 즐겨 찾는다. 인당 3~5만 원 선의 코스는 그야말로 '스끼'부터 메인까지 푸짐하게 나온다. 법환포구에서 강정마을 가는 해안도로에 있는데, 푸른 바다 풍경과 넓은 하늘을 아낌없이 보여준다. 주차장도 널찍하고, 신식 단독 건물이라 내부도 깨끗하다. 아이 동반이라면 좌식테이블을 예약하면 마음 편히 먹을 수 있다.

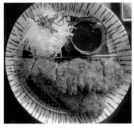

RESTAURANT
영육일삼

◎ 서귀포시 이어도로 679 ☎ 070-8830-9492
🕐 11:30~19:30(브레이크타임 15:00~17:30, 화요일 휴무)
ⓘ **편의시설** 주차 가능(가게 옆 무료주차장), 아기 의자, 좌
  식테이블, 포장 가능 🌐 **인스타그램** 0613tonkatsu

일본에서 먹는 듯한 우동과 흑돼지 돈가스

서귀포 켄싱턴리조트 앞에 있는 아담한 가게다. 안으로 들어서면 마치 일본의 어느 가게에 온 것 같은 기분이 든다. 작지만 비좁지는 않고, 바깥에 캠핑 테이블과 의자가 있어 기다리는 동안 가볍게 놀 수 있다. 다시와 쯔유도 직접 만들고, 쫄깃탱글한 면발과 겉은 바삭하고 속은 촉촉한 흑돼지 돈가스쿠로카츠도 양손 엄지가 절로 올라간다. 여름이라면 냉우동과 냉소바를 꼭 시켜보자. 입안에서 춤추는 쫄깃한 면발이 사라지는 게 너무나 아쉽다. 생맥주와 가라아게도 잘 어울린다.

RESTAURANT
대우정

◎ 서귀포시 이어도로 866-37
☎ 010-2655-5654 🕐 09:00~20:30 (브레이크타임
15:00~17:00, 마지막 주문 20:30, 목요일 휴무)
ⓘ **편의시설** 주차장, 아기 의자, 좌식테이블, 포장 가능
🌐 **인스타그램** jeju0137

돌솥 전복밥에 마가린을 비벼 먹는 맛이란!

전복과 생선구이로 든든하게 몸보신할 수 있는 전복 전문점이다. 대표 음식은 전복돌솥밥이다. 찰진 돌솥밥에 마가린을 넣고 쓱쓱 비벼 먹으면 입이 행복해진다. 아이들 잘 먹는 전복죽과 전복성게미역국도 있고, 갈치와 고등어 요리도 판매한다. 인원수에 따라 세트 메뉴를 시키면 회와 구이 등을 푸짐하게 차려 내온다. 서귀포 구시가지에서 최근 신서귀포의 법환포구 근처로 이전했다. 신식 단독 건물이라 깨끗하고 주차장도 넓다. 브레이크타임 없어 언제든 찾을 수 있어 더 좋다.

(🍽) RESTAURANT
국수의전설

📍 서귀포시 효돈로 108 📞 064-733-7101
🕐 09:30~15:30(목요일 휴무)
ⓘ 편의시설 주차 가능(가게 앞길), 아기 의자, 좌식테이블, 포장 가능

감귤박물관 근처 도민 국숫집

쇠소깍과 감귤박물관 사이에 있는 국숫집이다. 제주도 국수, 하면 떠오르는 메뉴를 대부분 갖추고 있다. 고기국수가 가장 기본이고, 보말칼국수, 문어비빔국수, 성게칼국수도 있다. 돔베고기와 보말죽도 되니, 아이들도 든든하게 먹을 수 있다. 고기국수와 비빔국수, 그리고 돔베고기를 묶은 세트 메뉴를 시키면 가족끼리 나눠 먹기 좋다. 무엇보다 조미료를 쓰지 않고, 토판염만을 사용해 먹고 난 뒤 속이 편하다. 가게 앞은 4월이면 벚꽃이 흐드러진다. 주위를 둘러보면 관광지와 사뭇 다른 풍경이 펼쳐져 정감이 간다.

(🍽) RESTAURANT
구두미연탄구이

📍 서귀포시 문필로 71 📞 064-762-7004
🕐 16:00~21:30(주문 마감 20:30, 화요일 휴무)
ⓘ 편의시설 주차장, 아기 의자, 마당(그네)
🌐 인스타그램 jeju_gudumi

감귤 따기 체험도 가능한 예스키즈존 근고기 맛집

섶섬이 눈앞에 보이는 보목 마을에 있다. 아이와 함께 외식할 때 가장 어려운 건 기다리기 힘들어하는 아이를 달래는 것인데, 구두미연탄구이에서는 그런 걱정할 필요가 없다. 그네 등이 있는 까닭이다. 음식도 깔끔하고 직원들도 무척 친절하다. 근고기는 굽는 스킬에 따라 맛이 천차만별인데, 겉은 바삭하고 속은 촉촉하게 구워준다. 열기가 남은 불판 위에 끓여 먹는 김치찌개도 별미이다. 매년 10월 중순부터는 손님들에게 무료로 감귤 따기 체험도 진행한다. 예스키즈존 맛집답게, 아이를 위해 된장국과 봉지 김을 무료로 준다.

⑪ RESTAURANT
보목포구의 물회 맛집

바다나라횟집 ◎ 서귀포시 보목포로 55
📞 064-732-337 ⏱ 09:10~21:00(마지막 주문 19:50)
보목해녀의집 ◎ 서귀포시 보목포로 48
📞 064-732-3959 ⏱ 10:00~20:00
어진이네횟집 ◎ 서귀포시 보목포로 93
📞 064-732-7442 ⏱ 10:00~20:00
돌하르방식당 ◎ 서귀포시 보목포로 53
📞 064-733-9288 ⏱ 10:00~20:00

봄, 여름엔 물회지!

5월부터 살이 오르기 시작하는 자리부터 여름의 한치까지, 싱싱한 제철 물회를 파는 식당이 보목포구 앞에 줄지어 있다. 제주 물회는 육지와 달리 된장 베이스 육수에 식초를 뿌리고 밥을 말아 먹는다. 생선구이가 기본 찬으로 나오니 아이 반찬으로 좋다. 보목해녀의집은 바다 앞에 야외테이블이 있어 파도 소리를 들으며 식사할 수 있다. 어진이네횟집은 최근 건물을 새로 지어 깔끔하다. 자리물회는 된장 육수, 한치물회는 초고추장 육수를 쓴다. 바다나라횟집도 맛있다. 무침과 구이, 탕 메뉴도 갖추고 있어 저녁에도 찾기 좋다. 돌하르방식당도 추천한다.

⑪ RESTAURANT
은희네해장국 서귀포점

◎ 서귀포시 516로 84
📞 064-767-0039
⏱ 07:00~15:00(매주 목요일 휴무)
ⓘ **편의시설** 주차장, 아기 의자, 포장 가능

한라산을 바라보며 전설의 해장국을 맛보자

제주도 해장국 열풍에서 빠질 수 없는 곳이다. 본점은 제주시 일도2동에 있고, 서귀포점은 토평동에 있다. 한라산을 바라볼 수 있는 멋진 전망에 맛도 좋다. 주재료인 소고기는 먹어도 먹어도 계속 나올 만큼 많이 들어 있다. 콩나물과 우거지도 푸짐하게 넣어 준다. 메뉴는 소고기해장국 한 개지만, 테이블마나 맛이 다르다. 이게 무슨 뚱딴지같은 소리냐고? 콩나물 적게, 우거지 많이, 선지 빼고 고기 많이, 혹은 양념장은 따로, 마늘은 넣고 등으로 다양하게 주문할 수 있기 때문이다. 날달걀이 필요하면 요청하면 된다.

 RESTAURANT

오병이어

📍 서귀포시 월드컵로 161-1 📞 064-738-9202
🕐 11:00~19:00(휴식 시간 14:30~17:00, 매주 일요일 휴무)
ⓘ 편의시설 주차장, 아기 의자
🌐 인스타그램 jejufish064_7389202

당일 잡아 요리한 생선구이 정식

제주산 음식 재료 중 으뜸은 단연 당일바리 해산물이다. 당일 잡았다는 뜻으로, 오병이어에서는 당일바리 생선구이를 즐길 수 있다. 1인 20,000원짜리부터 금태, 갈치, 옥돔 등 프리미엄 생선구이까지 메뉴가 제법 다양하다. 제철 나물밥에 연어장, 소면, 미역국, 누룽지, 요구르트까지 기본으로 나온다. 당일바리 생선이 떨어지면 영업을 일찍 끝낼 수 있고, 가끔 배가 뜨지 못한 날엔 아예 문을 열지 않을 수 있으므로 미리 확인하고 가는 게 좋다. 아기 의자는 있지만, 식당이 2층에 있어서 계단을 올라가야 한다.

───────────────── SPECIAL TIP ─────────────────

포장해서 먹기 좋은 맛집을 소개합니다

🍽️ 혁이네수산

도민들이 입을 모아 추천하는 횟집이다. 아파트 단지의 작은 상가에 있는데, 횟감은 자연산만 쓰며, 가격도 비교적 저렴하다. 직접 가게에서 먹어도 좋다.
📍 서귀포시 동홍중앙로 8 📞 064-733-5067

🍽️ 다정하다

브런치 감성의 도시락 박스 전문점이다. 빵, 스프, 디저트, 과일 등 원하는 메뉴로 구성할 수 있다. 배달도 가능하다. 📍 서귀포시 문부로 8 📞 070-8864-1229

🍽️ 바삭 신서귀포점

흑돼지 돈가스 전문점이다. 가게에서 직접 구운 식빵으로 만든 빵가루를 입혀 바삭한 맛이 남다르다. 신서귀포점 외에 제주도에 지점이 여러개 있다.
📍 서귀포시 김정문화로 5 📞 064-738-0911

🍽️ 천일만두

중국식 수제만두 전문점이다. 모든 메뉴가 정통 중국식이라 제대로 현지의 맛을 느낄 수 있다.
📍 서귀포시 서문로 25 📞 064-733-9799

서귀포 김밥 열전

올레꾼들이 즐겨 찾기 시작한 뒤로 서귀포 김밥은 치열한 경쟁을 벌이며 꾸준히 맛을 발전시켜 왔다. 서귀포에서 이름난 김밥 맛집을 소개한다. 전화로 미리 주문하고 픽업하면 좋다.

🍴 한라네김밥

고소한 김밥을 2인분 이상 시키면 무장아찌를 함께 주는데 궁합이 무척 좋다. 만두와 찐빵도 맛있어서 단골이 많다. 꼬마김밥도 얇게 썰어주고 포장도 정갈해 좋다.

📍 서귀포시 일주동로 8697 📞 064-763-7360
🕐 06:30~16:00, 일요일은 14:00까지, 매주 화요일 휴무

🍴 복음이네김밥만두

한라네김밥에서 비법을 전수하여 신서귀포에 문을 열었다. 맛과 포장이 한라네김밥과 같다.

📍 서귀포시 김정문화로 64 📞 064-738-0805
🕐 08:00~17:30, 토요일은 14:50까지, 일요일 휴무

🍴 짱아찌김밥

좋은 재료를 쓰고 손이 커서 양도 많다. 속이 실하고 푸짐한데 가격도 무척 저렴하다. 고기가 들어간 김밥은 제주도산 고기를 쓰는데, 한 줄만 먹어도 든든하다.

📍 서귀포시 중앙로 145-4 📞 064-763-1985

🍴 오는정김밥

설명이 필요 없는 유명 김밥 가게이다. 조금 기름지고 단짠단짠한 편이다. 수백 통 전화를 걸 수 있는 인내심을 가진 사람이라면 도전해보자

📍 서귀포시 동문동로 2 📞 064-762-8927
🕐 10:00~20:00, 매주 일요일 휴무

🍴 다정이네

달걀부침이 두툼하게 들어간다. 오는정김밥과 맛이 비슷해 역시 인기가 좋다. 오는정김밥보다 전화 연결이 잘 되고, 덜 기다려도 된다. 꼬마김밥이 있는데 조금 두꺼운 편이다. 오션뷰 정원과 평상 테이블, 쾌적하고 넓은 매장을 갖춘 서귀포신시가지점도 있다.

올레시장 본점
📍 서귀포시 동문로 59-1 📞 070-8900-8070
🕐 08:00~20:00, 브레이크타임 15:00~16:00, 월요일 휴무

서귀포신시가지점
📍 서귀포시 이어도로 796 📞 0507-1398-9140
🕐 08:00~20:00, 월요일 휴무

TIP 🏷 그곳이 알고 싶다! **놀이방 완비 식당**

24시뼈다귀탕, 김대감숯불갈비, 라라코스트, 명가솥뚜껑, 조마루, 화끈한갈매기, 흑한우명품관, 자연샤브 서귀포신시가지점, 김고기, 행운 숯불갈비

☕ CAFE & BAKERY
허니문하우스

📍 서귀포시 칠십리로 228-13
📞 070-4277-9922
🕐 10:00~18:30
ⓘ **편의시설** 주차장, 유모차 운행 일부 가능, 아기 의자
🌐 **인스타그램** honeymoonhouse_officiel

지중해의 카페에 온 듯

파노라마 오션 뷰 카페를 찾는다면, 그러면서 음료와 음식도 맛이 좋길 바란다면, 동시에 아이들도 맘껏 놀 수 있으면, 바다를 바라보며 산책도 할 수 있으면, 이왕이면 풀과 나무가 우거져 공기도 좋았으면. 이 모든 걸 다 갖춘 곳이 바로 허니문하우스다. 이름 한번 잘 지었다. 제주도가 신혼여행지로 인기를 끌던 시절 호황을 누렸던 파라다이스호텔 자리를 2018년 리모델링해 오픈한 곳이다. 카페는 섶섬과 범섬이 보이는 절벽 위에 있다. 야외 테라스도 멋지고 통유리창으로 느끼는 풍경도 아름답다. 지중해의 건물을 연상케 하는 흰색 회랑을 지나면 바다와 소나무 숲이 한눈에 펼쳐진다. 올레길 6코스가 지나는 위치라 커피 마시다가 잠시 산책을 다녀올 수도 있다. KAL호텔에서 운영하기에 음료와 베이커리 맛도 좋은 편이다. 공휴일에는 키즈 베이킹 클래스 등 이벤트도 진행하니 인스타그램으로 확인해 보자.

☕ CAFE & BAKERY

UDA

📍 서귀포시 속골로 13-7
📞 070-7757-0000
🕐 10:30~19:00(마지막 주문 18:30, 브런치 마감 15:30)
ℹ️ 편의시설 주차장, 갤러리, 정원
🌐 인스타그램 uda_jeju

오션 뷰 잔디밭 브런치 카페

여름이면 발 담그고 백숙 먹는 곳으로 유명한 속골 입구에 들어선 오션 뷰 카페다. 몽환적인 범섬 앞바다 전망뿐만 아니라 아이 동반 고객에게 참 좋다. 1층엔 꽤 널찍한 갤러리가 있어 지역 예술가 작품을 만날 수 있고, 브런치 메뉴와 아이스크림, 계절 음료도 충실해 든든하다. 맛도 좋고 친절함도 겸비하고 있다. 실내 좌석은 2층부터 있고, 3층은 루프톱이다. 엘리베이터가 없고 계단이라 유모차는 어렵다. 앞마당 잔디밭은 바다로 뻗어 나갈 듯 넓어 뛰놀기 좋고, 앉을 곳도 충분하다. 뜨거운 여름이라면 수영장도 이용할 수 있는 근처 대형카페 하라케케서귀포시 속골로 29-10, 070-4548-7433도 추천이다.

☕ CAFE & BAKERY

벙커하우스

📍 서귀포시 막숙포로41번길 66
📞 010-4483-0803 🕐 09:00~21:00
ℹ️ 편의시설 주차장, 유모차, 정원
🌐 인스타그램 bunkerhouse_jeju

서귀포 앞바다를 그대 품 안에

제주 올레 7코스는 올레꾼과 도민들이 가장 아름답다고 꼽는 산책길이다. 서귀포에서 월평까지 이어지는 7코스는 눈부신 해안을 따라 쭉 나아간다. 걷는 내내 잊을 수 없는 경관을 선사한다. 벙커하우스는 올레 7코스가 지나는 서귀포시 법환동에 있다. 자연 그대로의 해변 자갈밭이 눈 앞에 펼쳐지는 카페이다. 조금만 내려가면 몽돌 부서지는 바다다. 카페 뒤편에 야외 공간이 있어 아이들이 놀기 좋다. 바닷가 길이 지나는 카페이므로 경치는 말이 필요 없다.

☕ CAFE & BAKERY
아뜰리에안

📍 서귀포시 막숙포로 166
📞 064-739-8100 ⏰ 09:00~22:00(주문 마감 21:50)
ⓘ 편의시설 주차장, 정원, 기저귀갈이대
🌐 인스타그램 atelier_an

범섬 앞바다가 시야 가득 들어온다

법환포구와 서건도 사이에 있는 오션 뷰 카페이다. 벙커하우스와 마찬가지로 카페 바로 앞으로 올레 7코스가 지난다. 카페에 앉으면 범섬 앞바다가 한가득 들어온다. 카페 건물이 독특하다. '제주다운건축상'을 받은 건축물이다. 한가한 시간이라면 별채로 가자. 본채보다 더 자유롭게 여유를 즐길 수 있다. 꽃이 만발한 잔디밭 마당이 앞뒤로 있어 아이와 가기 편하다. 유기농 주스와 햄버거, 브런치 메뉴도 판매한다.

☕ CAFE & BAKERY
카페 텐저린

📍 서귀포시 이어도로 880
📞 064-738-9767
⏰ 09:00~18:00
ⓘ 편의시설 주차장, 기저귀갈이대, 정원
🌐 인스타그램 cafe_tangerine_

아이와 가기 좋고 맛도 좋은 브런치 카페

신서귀포에서 젊은 엄마들에게 인기가 좋은 카페다. 디저트, 브런치, 햄버거와 맥주도 즐길 수 있다. 소파 자리와 귀여운 미니어처 의자는 금세 아기들 차지가 된다. 기저귀갈이대도 있다. 야외는 인조 잔디와 캠핑 의자로 편안하게 만들어져 있다. 주위에 800평 귤밭이 있어, 초봄에는 귤꽃 향이 진하게 퍼지고, 겨울엔 감귤 따기 체험도 할 수 있다. 옥상에선 범섬과 한라산이 보인다. 바로 길 건너편에는 법환초등학교가 있어 운동장에서 실컷 뛰놀 수도 있다.

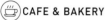
CAFE & BAKERY

비브레이브 혁신도시점

⚲ 서귀포시 서호중앙로 85-13
☎ 064-738-9112 ⓒ 08:00~21:00
ⓘ 편의시설 주차장, 유모차
⊕ 인스타그램 be_brave_korea

서귀포에서 가장 맛있는 커피

신서귀포 동쪽 제주혁신도시에 있는 카페이다. 카페 성공의 키워드인 맛과 친절, 그리고 분위기까지 두루 갖추고 있다. 서호점은 노키즈존이지만, 혁신도시점은 예스키즈존이다. 귤밭 정원이 있거나 푸른 바다가 보이지 않지만, 분위기와 커피 맛으로 풍경 카페에 맞서고 있다. 시그니처 메뉴는 로쉐이다. 이름처럼 로쉐 초콜릿 맛이 나는 달콤하고 진한 커피이다. 테이크아웃으로는 흘리기 쉬우니 매장에서 마시길 추천한다. 전용 잔에 마치 그림처럼 담아 준다. 원두와 드립백도 판매하며, 비브레이브만의 엠디 상품도 판매한다. 근처에는 언덕길을 따라 공원이 넓게 펼쳐져 있어 범섬을 내려다보며 산책하기 좋다.

CAFE & BAKERY

서귀다원

⚲ 서귀포시 516로 717
☎ 064-733-0632
ⓒ 09:00~17:00(화요일 휴무)
ⓘ 편의시설 주차장, 산책로

힐링 풍경 감상하며 녹차 한 잔

해발 250m의 한라산 청정지역에서 재배한 녹차를 만날 수 있는 다원이다. 인당 5천 원에 두 종류의 차를 넉넉하게 내어준다. 붉은 차 한입, 푸른 차 한입 번갈아 맛보고, 곁들임으로 나오는 달콤한 귤정과도 별미로 즐겨 보자. 세련된 건물도 아니고, 내부엔 나무 테이블과 의자뿐이지만, 부족한 게 없어 보인다. 다원을 향해 뻥 뚫린 창을 바라보고 앉아 있노라면 세상 모든 게 푸르러 보인다. 날씨가 좋은 날이라면 상쾌한 바람을 맞으며 제주 녹차를 맛보는 호사를 누릴 수 있다. 한라산 아래 녹차 밭을 즐길 수 있는 산책로도 조성되어 있다

CAFE & BAKERY
테라로사 서귀포점

◎ 서귀포시 칠십리로658번길 27-16
☎ 064-738-4478
◷ 09:00~21:00
ⓘ **편의시설** 주차장, 유모차, 아기 의자

제주 안의 테라로사

강릉에서 시작한 테라로사가 여덟 번째로 오픈한 제주지점이 쇠소깍 근처에 있다. 강릉의 산속 카페처럼 제주지점도 주황색 벽돌 건물이다. 어느새 벽돌 건물은 테라로사의 상징 이미지로 자리 잡았다. 인테리어는 강릉 테라로사와 특별히 다를 것이 없다. 바다 전망은 아니지만, 그래도 장소성은 확실히 차별화되어 있다. 카페 옆으로 귤밭이 펼쳐지는 까닭이다. 특히 귤밭 사이에 있는 안뜰이 아늑하다. 날씨가 좋은 날이라면 주저하지 말고 야외 테이블로 가자. 정원 같은 카페에서 여유를 만끽하기 좋다. 실내 자리도 좋다. 계단식으로 된 좌석이 눈에 띄는데, 통유리 창문이 있어 야외의 정원을 안으로 끌어다 놓은 것 같다. 커피로 유명한 카페답게 맛은 보장돼 있다. 향긋한 핸드드립 커피와 어울리는 담백한 빵도 인기가 좋다. 근처에서 올데이 브런치와 웰컴 키즈존 카페를 찾는다면 오버더센스서귀포시 칠십리로 655, 0507-1409-1115를 추천한다.

☕ CAFE & BAKERY
친봉산장

📍 서귀포시 하신상로 417
📞 010-5759-5456
🕐 11:00~22:00(마지막 주문 21:30)
ⓘ **편의시설** 주차장, 마당, 야외테이블
🌐 **인스타그램** jeju_deerlodge

미국 서부의 산장을 닮은 감성 카페

친봉산장의 감성은 독보적이다. 루프톱에 올라서면 서귀포 쪽에서만 볼 수 있는 웅장한 한라산이 성큼 다가서 있다. 널찍한 야외공간엔 테이블을 놓았다. 아이들과 편하게 카페를 즐기기 좋은 곳이다. 중앙 홀의 높은 유리 천장은 하늘과 빛과 빗소리가 그대로 전해주고, 벽난로에서 타닥타닥 장작 타는 소리를 들으며 불멍 시간을 가질 수 있다. 친봉산장의 시그니처 메뉴는 스머프를 떠올리게 하는 가가멜 스튜이다. 소고기와 토마토가 듬뿍 들어간 진한 스튜가 빵 그릇에 담겨 나온다. 위스키가 들어간 아이리시 커피는 부드러운 크림과 어우러져 산장 여행의 기분을 한껏 끌어올린다. 맥주와 와인, 술안주 메뉴도 있다. 매일 아침 굽는 빵과 구운 우유도 맛있다.

CAFE & BAKERY
베케

⊙ 서귀포시 효돈로 48 ☎ 064-732-3828
⊙ 09:30~17:30 (입장 마감 16:30, 매주 화요일 휴무)
ⓘ **편의시설** 주차장, 유모차(일부 흙길), 기저귀갈이대
₩ **입장료** 성인 12,000원, 36개월 이상 어린이 및 청소년
8,000원 (네이버 예약 가능) ⊕ **인스타그램** veke_official

이끼와 식물이 만든 매혹적인 정원 카페

베케는 대한민국에서 최고의 정원 전문가로 손꼽히는 김봉찬 대표가 꾸린 이끼 정원이다. 노출 콘크리트
건물에 들어서면 이윽고 베케의 매력에 물씬 빠지게 된다. 자리에 앉아 유리창 너머로 펼쳐지는 이끼 정원
을 바라볼 수 있기 때문이다. 일부러 흐리게 붓칠한 풍경화 한 폭이 커다랗게 걸려있는 것 같다. 커피와 차
맛도 좋다. 오감이 살아난다면, 이제 정원으로 나서 보자. 창으로 보았던 이끼 정원을 둘러싼 나무 데크 길
이 이어지고, 길을 따라 화원이 펼쳐진다. 정원은 그야말로 식물의 백과사전이다. 철마다 꽃과 풀이 존재
감을 뽐낸다. 수준급 식물원에 들어선 것 같다. 김봉찬 대표의 노력과 내공을 이곳에서 만날 수 있다. 그가
진행하는 정원 투어와 다양한 전시·교육 프로그램도 운영하고 있다. 정원을 거닐다 쉬어갈 수 있는 건물이
모두 네 군데 있다. 사방으로 정원을 감상할 수 있는 통창이 인상적이다. 자연이 느리게 전하는 아름다운
감동을 느끼고 싶은 이들에게 추천한다.

커피를 사랑한다면 이곳도 포기하지 말자

☕고미로스터리랩

서귀서초등학교가 있는 골목길 끝에 있는 감각 있는 카페다. 커피도 디저트도 맛있고, 상하목장 유기농 우유 아이스크림도 있어 아이들과 함께 즐기기에도 좋다. 특히 쌀이 들어간 디저트도 있어 든든한 커피타임에 제격이다.

◎ 서귀포시 솜반천로46번길 21 ☎ 0507-1311-1466

☕유동커피

메이비에 자리가 없다면 유동커피로 가자. 메이비에서 오른쪽으로 방향을 틀어 1분만 내려가면 길 건너편에 있다. 상호를 주인 이름에서 따왔을 만큼 커피맛에 대한 자부심이 크다. 취향에 커피 맛을 맞춰주므로, 바리스타의 안내를 받아 주문해도 좋겠다.

◎ 서귀포시 태평로 406-1 ☎ 064-733-6662

☕올디벗구디

중문-신서귀포를 잇는 대로변에 있는 주택 개조 카페이다. 쿠키, 크로플 맛이 좋다. 흑임자 크림이 올라가는 구디 커피와 잘 어울린다. 아쉽게도 실내는 13개월~10세 노키즈존이다. 야외 테이블은 예스키즈존.

◎ 서귀포시 일주서로 330 ☎ 010-9082-1914

☕카페블루하우스 서귀포점

홍콩 정통 밀크티를 맛볼 수 있는 곳이다. 홍콩에서 온 사장님이 제주에 세 군데 지점을 운영하고 있다. 커피가 아쉽다면 밀크티에 샷을 추가한 동윤영을 마셔 보자. 타르트와 샌드위치도 맛있다. 공영주차장이 가게 바로 앞에 있다.

◎ 서귀포시 천지로 51 ☎ 0507-1391-2354

그곳이 알고 싶다!

빵순이 빵돌이를 위한 빵지 순례 명소 4

서귀포는 작은 도시지만, 제대로 빵을 굽는 집들이 많아 빵순이 빵돌이라면 순례하기 좋은 곳이다.
대개 규모는 작지만, 유기농 밀가루와 제주 우유 등 최상급 재료를 쓰며,
알레르기 있는 아이가 먹을 수 있는 빵도 찾아볼 수 있다.

🍞 봉주르마담

서귀포 신시가지의 아파트 단지 앞에 있다. 유기농 재료만 쓰는 정성 가득한 베이커리로, 빵과 케이크, 마카롱 모두 맛있기로 주민들에게 소문난 집이다.
📍 서귀포시 대청로 33 오름빌딩 1차 📞 064-739-2900

🍞 이민욱제빵소

제주도 전역에서 주문이 들어올 정도로 소문난 빵집이다. 특히 통밀과 호밀 100%가 들어간 식사 빵의 인기가 만점이다. 시그니처브로트는 특허도 출원했다. 📍 서귀포시 신북로 28

🍞 시스터필드

크루아상과 담백한 유럽식 유기농 빵으로 핫한 베이커리이다. 서귀포시외버스터미널 길 건너편에 있다.
📍 서귀포시 월드컵로 8 📞 064-739-2225

🍞 블랑제리

유기농 재료로 건강에 좋은 빵을 만든다. 알레르기 있는 아이들을 위해 우유와 버터를 넣지 않은 빵도 많다. 커피류도 판매하며, 테이블이 있어 먹고 갈 수 있다. 서귀포 구시가지 동홍동에 있다. 📍 서귀포시 동홍중앙로52번길 2 📞 064-767-0913

제주스러운 놀이터 3곳

변시지 그림정원 서귀포의 화가 변시지를 기리는 공원 옆으로 생태 놀이터 '아이뜨락'이 있다. 통나무, 밧줄, 그네와 미끄럼틀 등 자연 친화적인 놀이 공간으로 만들어져 있다. 📍 서귀포시 서홍동 1614-3

악근천 서귀포 켄싱턴리조트 건너편 골목에 있는 고래 모양의 멋진 놀이터이다. 📍 서귀포시 강정동 3066

돈내코야영장 주차장 위쪽 언덕 너른 잔디밭에 놀이터가 있다. 짙은 녹음 속에서 새소리 들으며 신선놀음 하는 기분으로 나들이를 즐길 수 있다. 📍 서귀포시 상효동 1459

 SHOP

제스토리

◎ 서귀포시 막숙포로 60
📞 064-738-1134
🕘 09:00~21:00
🌐 인스타그램 jestorycafe

법환 바닷가 앞 기념품 가게

서귀포 신시가지 남쪽 법환포구 앞에 있는 2층짜리 소품 가게이다. 제주시에 있는 바이제주와 같은 곳에서 운영한다. 제주도에서 활동하는 작가 300여 팀의 핸드메이드 소품을 한데 모아 판매한다. 캐릭터 상품, 해녀 상품, 양초, 파우치, 마그넷, 먹을거리, 액세서리, 패브릭, 의류 등 기념품 종류가 무척 다양하다. 2층 창가에 놓인 소파에 앉으면 법환 앞바다의 작은 섬과 푸른 바다가 한눈에 들어온다. 잠시 풍경을 감상하며 쉬어가기도 좋다. '우드 프린트'는 이곳만의 특별한 상품으로, 휴대전화에 담긴 사진을 원목 액자에 즉석에서 인화해 준다. 여행 중에 찍은 사진을 우드 프린트에 담아가면 오래도록 남을 기념품이 될 것이다. 상점 앞은 법환포구 광장이고, 위로 조금 올라가면 시원한 용천수가 솟는 막술물이 나온다.

PART 7

서귀포시 중문권

여행 지도 | 버킷리스트 | 핫스폿
맛집 | 카페 & 베이커리 | 숍

서귀포시 중문권 여행지도

안덕면
오설록

중문고등어 쌈밥

토끼떡공방

예래고을

레이저아레나엑스

산방산
대정읍

중문회어시장

우정회

런닝맨제주

스토리캐슬 EP.1
더신데렐라

히든클리프호텔

더플래닛

수두

박물관은살아있다

여미지식물원

그랜드조선

테디베어뮤지엄

엉덩물
계곡

천제연폭포

베릿내오름
(베릿내공원)

하나

롯데호텔

호텔신라

쉬리의언덕
중문색달해수욕장

바다바라

칠링아웃

중문 액트몬

씨에스호텔앤리

예래생태공원

더클리프
항해진미

파르나스호텔 제주
(프로맘킨더)

제주국제평화센터

부영호텔

ICC컨반

예래미반

논짓물

대포주상절리

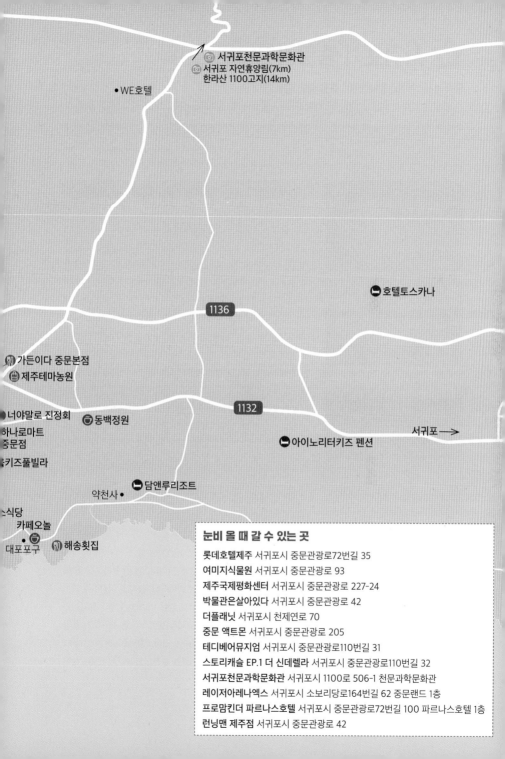

📷 서귀포천문과학문화관
📷 서귀포 자연휴양림(7km)
한라산 1100고지(14km)

● WE호텔

🏨 호텔토스카나

1136

🍴 가든이다 중문본점
🌱 제주테마농원

🍴 너야말로 진정회
🌳 동백정원

1132

서귀포 ➝

하나로마트
중문점
🏊 키즈풀빌라

🛏 아이노리터키즈 펜션

약천사 ● 🛏 담앤루리조트

식당
☕ 카페오놀
●
대포포구 🍴 해송횟집

눈비 올 때 갈 수 있는 곳

롯데호텔제주 서귀포시 중문관광로72번길 35
여미지식물원 서귀포시 중문관광로 93
제주국제평화센터 서귀포시 중문관광로 227-24
박물관은살아있다 서귀포시 중문관광로 42
더플래닛 서귀포시 천제연로 70
중문 액트몬 서귀포시 중문관광로 205
테디베어뮤지엄 서귀포시 중문관광로110번길 31
스토리캐슬 EP.1 더 신데렐라 서귀포시 중문관광로110번길 32
서귀포천문과학문화관 서귀포시 1100로 506-1 천문과학문화관
레이저아레나엑스 서귀포시 소보리당로164번길 62 중문랜드 1층
프로맘킨더 파르나스호텔 서귀포시 중문관광로72번길 100 파르나스호텔 1층
런닝맨 제주점 서귀포시 중문관광로 42

☆ 서귀포시 중문권 버킷리스트

투숙하지 않아도 좋다! 중문 호텔 실속 활용법

신라, 롯데, 씨에스, 그랜드조선······. 중문관광단지엔 한 번쯤 묵어보고 싶은 호텔이 많다. 키즈 카페, 정원, 산책로, 카페, 음식점 등 숙박하지 않아도 이용할 수 있는 시설도 무척 많다. 깨끗한 화장실과 기저귀갈이대는 덤이다. jungmunresort.com

❶ 제주신라호텔

자연 학습장, 쉬리 벤치 언덕, 캠핑 빌리지

호텔 로비에 들어서면 애플망고빙수로 유명한 라운지 바당과 페이스트리 부티크가 나온다. 우측 엘리베이터를 타고 1층으로 내려가면 분수 연못이 있는 숨비정원이다. 왼쪽으론 토끼, 다람쥐 우리가 있는 자연 학습장이 있다. 아이들이 좋아한다. 오른쪽으론 영화 <쉬리>의 마지막 장면을 촬영했던 쉬리 벤치 언덕이 있다. 이곳에 다다르면 중문 해변이 눈 앞에 펼쳐진다. 호텔 내 미식거리로는 제주에서 최고로 손꼽히는 뷔페 더파크뷰가 있고, 풀 사이드 바의 전복한우차돌박이짬뽕도 유명하다. 봄, 가을엔 캠핑 빌리지를 추천한다. 바비큐를 각 텐트로 정갈하게 서빙해준다. 바닥 분수와 놀이터를 전용으로 즐길 수 있어 아이들이 무척 좋아한다. 오전 11시부터 오후 3시까지 이용할 수 있는 런치 코스 요금은 1인 75,000원 어린이 39,000원이다. 예약이 필요하다. 캠핑 빌리지는 투숙객만 이용할 수 있다.

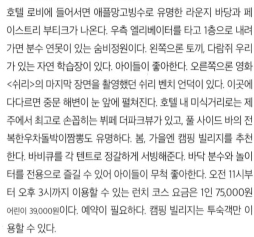

❷ 롯데호텔제주

대형 키즈카페부터 오락실·락볼링장까지

롯데제주는 온 가족이 즐길 수 있는 실내 놀이 시설을 갖추고 있다. 메인 빌딩 6층으로 가면 어린이 스포츠 클럽 '챔피언R'이 나온다. 스케이팅, 실내 집라인, 로프캐넌, 미디어볼풀, 플레이짐 등 다양한 놀이 시설이 있는 대형 키즈카페이다. 36개월 이상 어린이는 부모 없이 입장할 수 있으며, 바로 옆은 VR체험존이다. 오락실과 락볼링장도 재미를 더해준다. 뷔페 더캔버스와 밤 늦게까지 운영하는 패밀리 락 볼링장도 같은 층에 있다. 1층으로 내려가면 풍차 라운지와 분수, 뷔페, 야외풀이 있는 정원, 산책로가 나온다. 산책로는 해변까지 이어진다.

❸ 씨에스호텔앤리조트

그네 타며 추억 쌓고, 바다 보며 브런치를

제주 전통가옥을 재현한 호텔이다. 중문 바닷가에 있는 데다 초가 호텔을 정원 사이에 일정한 거리를 두고 배치해 시야감이 좋다. 일반 호텔보다 한적해 마음이 한결 여유로워진다. 입구부터 무척 이국적이다. 초록으로 우거진 나무가 아름다운 터널을 만들어 준다. 나무 터널을 지나면 볕을 잔뜩 머금은 푸른 바다가 다가온다. 바다와 정원을 배경으로 멋진 식사를 하고 싶다면 별채 카페 카노푸스로 가자. 실내뿐 아니라 야외에도 자리가 있다. 눈부신 바다와 잘 가꿔진 뜰을 벗 삼아 올 데이 브런치를 즐길 수 있다. 흑돼지돈가스, 피자, 스파게티 등이 있고 가격은 20,000원 안팎이다. 감동적인 풍경과 수준급 서비스, 그리고 아이들 놀기 좋은 환경을 생각하면 비싸다고 느껴지지 않는다. 제주 전통을 살린 정원을 걷다 보면 드라마 <시크릿 가든>의 키스 신 배경이 됐던 벤치가 나온다. 바다와 키 큰 야자수가 어우러진 잔디밭이다. 잔디밭에 전통 그네가 있어 아이와 함께 특별한 체험을 하기에 좋다.

ONE MORE

취향별
호캉스 선택 팁

특별한 서비스와 럭셔리 수영장을 원한다면 신라와 롯데, 그랜드 조선, 제주 최장 인피니티 풀을 갖춘 파르나스가 좋다. 실내외 수영장을 사계절 운영하며 겨울철엔 온수 풀, 키즈 프로그램이 훌륭하다. 캐릭터를 좋아한다면 롯데의 헬로키티룸이 특별할 것이다. 부영호텔은 가성비가 좋은 편이다. 겨울엔 실내 수영장만 운영한다. 제주 전통 스타일의 독채에서 조용히 머물고 싶다면 씨에스가 좋다. 수영장은 없다. 히든클리프는 단지에서 조금 떨어져 있지만, 인피니티 풀로 유명하다.

서귀포시 중문권 명소
SIGHTSEEING

중문관광단지는 중문, 대포, 색달동에 걸쳐 있다.
꽃과 예술의 정원 여미지식물원, 신비로운 숲속 3단 폭포 천제연,
화산과 바닷물이 창조한 기묘한 절벽 대포주상절리,
이국적인 해변 중문색달해수욕장······. 중문의 매력 속으로 여러분을 초대한다.

SIGHTSEEING
여미지식물원

- 👤 추천 나이 1세부터
- 📍 서귀포시 중문관광로 93 📞 064-735-1100
- 🕐 09:00~18:00 ₩ 입장료 7,000원~12,000원
- ℹ️ 편의시설 주차장, 유모차 운행 가능(대여 가능), 수유실, 기저귀갈이대
- 🚌 버스 510, 520, 521, 690, 600
- 🌐 인스타그램 yeomiji_botanic_garden

꽃과 나무로 꾸민 예술 정원

아름다운 땅이라는 멋진 이름을 가진 식물원이다. 1989년 개원한 제주 관광지의 고전이라 할 수 있지만, 식물원은 의외로 모던하고 예술적이다. 식물원은 온실 정원과 야외 정원으로 이루어져 있다. 온실 식물원은 물, 꽃, 열대과일, 선인장 등 주제별로 꾸며져 있다. 온실 식물원 전망대에 오르면 한라산과 중문 앞바다를 가득 눈에 담을 수 있다. 야외엔 한국, 일본, 프랑스, 이탈리아 등 나라별 정원과 허브, 습지원, 자생식물 등 주제별 정원이 있다. 조각과 설치 작품을 보는 즐거움도 쏠쏠하다. 아이들은 축구장만 한 잔디 정원에서 맘껏 뛰놀 수 있다. 부지가 넓어 안내도를 보고 마음에 드는 곳을 정해 구경하면 좋다. 서로 붙어 있는 이태리·프랑스 정원에는 웅장한 분수대와 베르사유 궁전을 연상케 하는 정원이 펼쳐져 있어 아이들이 특히 좋아한다. 볕이 좋은 날엔 간식이나 도시락을 준비하자. 가벼운 스낵은 온실 내 무인 편의점에서 판매한다. 여미지식물원 주차장 정문에서 왼쪽으로 조금 가면 천제연폭포 서쪽 입구가 나온다.

SIGHTSEEING
▼▼▼▼▼▼▼
천제연폭포

👤 추천 나이 4세부터 📍 서귀포시 천제연로 132
📞 064-760-6331 🕐 09:00~18:00(입장 마감 일몰 시각에 따라 변동)
₩ 입장료 1,350원~2,500원
ⓘ 편의시설 주차장, 수유실, 기저귀갈이대
🚌 버스202, 282, 510, 520, 521, 530, 531, 532, 633, 655

칠선녀가 목욕한 난대림 3단 폭포

천연기념물 제378호이다. 옥황상제를 모시는 일곱 선녀가 별이 빛나는 밤에 내려와서 목욕하고 노닐다 갔다는 전설이 있는 곳이다. 하느님의 못天帝淵이란 뜻처럼 아름다움을 넘어 비경이다. 한라산에서 출발한 중문천이 울창한 난대림 사이로 흐르다가 절벽에 이르러 3단 폭포를 만든다. 제1폭포는 주상절리 암벽 아래 수심 21m의 에메랄드빛 연못으로 낙하한다. 이 물은 다시 제2폭포, 제3폭포를 거쳐 바다로 흘러간다. 계곡을 따라 내려가는 계단이 가팔라 유모차는 들어가지 못한다. 씩씩한 네 살 정도부터는 걸어서 다녀올 만하다. 제1폭포는 비가 내린 다음에만 물줄기가 흐른다. 걷기엔 제2폭포부터 가보자. 유원지 입구에 보기만 해도 아찔한 선임교칠선녀 다리가 있다. 오작교 형태로 꾸민 아치형 철제다리다. 한라산과 바다가 양쪽으로 바라보이는 곳에 있다. 이곳에서 보는 난대림은 마치 웅장한 원시림 같아 색다르다.

대포주상절리

👤 **추천 나이** 1세부터
📍 서귀포시 이어도로 36-30
📞 064-738-1521 🕐 09:00~18:00(입장 마감 일몰 시각
에 따라 변동
₩ **입장료** 1,000원~2,000원
ⓘ **편의시설** 주차장, 유모차 운행 가능(산책로만 가능),
기저귀갈이대

화산과 바다가 만든 병풍 절경

화산이 폭발할 때 분출한 용암이 바다를 만나면서 빠르게 식는 과정에서 생긴 다각형 돌기둥을 주상절리라고 한다. 중문동에서 서쪽으로 대포동에 이르는 약 2km의 해안에 검은 기둥들이 마치 병풍처럼 해안을 둘러싸고 있다. 화산이 만든 신비로운 풍경은 학술 가치가 높고 경관이 뛰어나 세계지질공원으로 지정되었다. 색달동 중문 골프장 아래의 갯깍주상절리와 대포주상절리가 유명한데, 특히 자연의 웅장함을 그대로 느낄 수 있는 대포주상절리가 압권이다. 전망대까지 가는 길은 계단이 많은 절벽이라 주의해야 한다. 유모차를 끌어야 한다면 전망대는 포기하고 산책로만 돌아봐도 된다. 곳곳에 주상절리대를 전망할 수 있는 포인트가 있다. 야자수 늘어선 산책로엔 남국의 정취가 물씬 풍긴다. 매표소 앞에 있는 뿔소라 조각상에서 뒤쪽 갈림길로 가면 유모차가 갈 수 있는 산책로가 나온다. 한적하고 차도 다니지 않아 아이와 걷기 참 좋다.

SIGHTSEEING
▼▼▼▼▼▼▼
베릿내오름

👤 추천 나이 4세부터
📍 서귀포시 중문동 2631
ⓘ 편의시설 주차장
🚌 버스 510, 520, 521, 690, 600

숲과 바다를 담은 중문의 전망대

베릿내오름은 중문과 그 주변을 한눈에 조망할 수 있는 오름이다. 천제2교 밑 베릿내 공원에서 시작하는 계단을 오르다 보면 관광단지의 북적임은 단번에 지워진다. 정상에 올라 한라산과 눈부신 제주 남쪽 바다를 바라보며, 넓은 데크에서 공용 훌라후프를 돌려 보자. 기분이 무척 좋아질 것이다. 오를 때는 멋진 숲길이고, 다시 같은 길을 되돌아올 땐 눈부신 중문 바다를 눈에 담으며 내려오니 절로 힐링이 된다. 여행자들은 이곳에 오름이 있다는 사실을 잘 모른다. 지나치기 아쉬운 풍경이니 가볍게 올라보자. 정상까지 약 20분 걸린다.

쉿! 플레이스

여긴 정말 숨겨진 곳, 베릿내공원

베릿내공원은 관광단지 한가운데 있지만, 이렇게 멋진 공원이 있는 줄 모르는 사람이 많다. 베릿내 오름 입구 천제2교 다리 밑 올레 8코스인데, 검색해도 잘 나오지 않는다. 공원을 둘러싼 맑은 물엔 물고기와 오리, 철새가 노닌다. 천제연 폭포에서 흘러나온 물이 바다로 가는 길목에 있는 중문천이다. 눈앞의 난대림 절벽이 웅장해 신선놀음하는 기분이 난다. 피크닉을 할 수 있는 정자와 흔들 그네도 있다. 여름엔 돌다리 근처에서 가벼운 물놀이도 할 수 있다.

👤 추천 나이 1세부터
📍 서귀포시 중문관광로 192(베릿내오름 입구, 천제2교 다리 밑)
ⓘ 편의시설 주차와 유모차 운행 가능
🚌 버스 510, 520, 521, 690, 600(도보 2분)

중문색달해수욕장

👤 추천 나이 5세부터
📍 서귀포시 색달동 2950-3
ⓘ 편의시설 주차장
🚌 버스 510, 520, 521, 690(도보 10분)

야자수가 있는 이국적인 해변

중문색달해수욕장은 해마다 100만 명이 다양한 해양스포츠를 즐기기 위해 몰려드는 곳이다. 특히 다른 곳에 비해 파도가 잦고 높은 편이라 서퍼의 천국이라 불린다. 국내에서 가장 규모가 큰 국제서핑대회가 매년 6월에 열린다. 이때 찾아가면 이색적이고 멋진 구경을 할 수 있다. 옛 지명은 진모살로, 긴 모래 해변 이라는 뜻이다. 이렇게 멋진 곳이지만 아이와 가려면 주의가 필요하다. 주차장에서 모래사장까지 급경사 내리막이다. 반대로 돌아갈 때는 오르막을 올라야 한다. 또한 물살이 센 편이라 위험할 수 있다. 해수욕장 개장 시즌엔 마을회에서 주차요금3,000원을 받는다. 롯데, 신라 호텔 산책로에서도 모래사장까지 이어지는 계단이 있다. 모래사장까지 내려가지 않고 중문 해변의 이국적인 풍경을 즐기고 싶다면 해수욕장 입구에 있는 대형 카페 더클리프로 가도 좋겠다. 카페와 주변을 산책하는 것만으로도 충분히 아름다운 시간이 될 것이다. 돌고래 쇼로 유명하던 퍼시픽 리솜은 돌고래를 방사한 뒤 영업을 중단했으니 참고하자.

SIGHTSEEING
▼▼▼▼▼▼
엉덩물계곡

👤 **추천 나이** 2세부터
📍 서귀포시 색달동 2822-7(중문색달해수욕장 주차장 입구 우측 전기차충전소 앞)
ⓘ **편의시설** 주차장, 유모차
🚌 **버스** 510, 520, 521, 690(도보 10분)

유채꽃 물결치는 계곡

중문색달해수욕장 뒤편, 제주한국콘도 동쪽에 숨겨진 골짜기이다. 해수욕장 주차장에 들어서서 전기차충전소가 있는 우측으로 가면 엉덩물계곡이 나온다. 지형이 험준해 물 마시러 왔던 산짐승이 들어가지 못하고 엉덩이만 들이밀고 볼일만 보다 갔다고 해서 붙여진 재미난 이름이다. 봄이 되면 계곡 경사면을 따라 유채꽃이 만발하는데, 노란 물결의 끝이 푸른 바다로 이어져 장관을 이룬다. 꼭 봄이 아니더라도 나무 데크로 길을 잘 만들어 놓아 아이와 산책하기 편하다. 입구에서 골짜기 끝까지 걸어서 10분 정도 걸린다. 중간에 얕은 계단이 조금씩 나오지만, 유모차가 다니기에도 큰 어려움이 없다. 올레 8코스가 지나는 길이며, 계곡 끝에서 좌측으로 올라가면 켄싱턴리조트 중문점과 롯데호텔이 나온다. 계단이 있는 게 단점이지만, 켄싱턴리조트와 롯데호텔 방향에서 내려오면 절경 포인트가 바로 나온다. 입장료는 무료이다.

논짓물

민물과 바닷물이 만나는 천연 인피니티풀

민물과 바닷물이 만나는 곳에 있는 천연 수영장이다. 용천수가 해안 가까운 곳에서 솟아나 식수나 농업용으로 사용할 수 없어서, 물을 버린다는다는 뜻으로 논짓물이라 불렀다. 여름이 되면 마을 청년회에서 각자리에 번호표를 붙여 요금을 받는다. 주말이나 방학에는 아침 일찍부터 자리가 찬다. 바로 앞에 편의점과 카페, 화장실이 있어 편리하다. 배가 고프면 주차장 앞에 있는 논짓물횟집 서귀포시 예래해안로 249, 064-738-8804으로 가자. 식당 이름과 달리 회만 빼고 물회, 생선구이, 생선매운탕을 먹을 수 있다.

예래생태공원

나만 알고 싶은 한적하고 아름다운 공원

중문 서쪽 한적한 예래 마을의 대왕수천에 있다. 하천 전체가 생태 공원이자 생태 학습장이다. 2월엔 유채와 매화가, 3월엔 벚꽃이 만개한다. 공원 안에 있는 예래생태체험관에선 전시와 체험 프로그램을 운영한다. 생태체험관에서 시작하면 코스는 두 갈래로 나뉜다. 작은 개울물 다리를 건너 한라산 쪽 올레길 리본을 따라가면 습지를 따라 걷는 데크 길로 접어든다. 봄부터 유채와 벚꽃 등 꽃이 흐드러진 계곡까지 편도 10~15분 거리다. 벚꽃 철 외에는 인적이 드물다. 반대로 바다 쪽으로 걷다 보면 논짓물 해변이 나온다.

서귀포시 중문권 맛집·카페·숍

RESTAURANT
CAFE&BAKERY·SHOP

RESTAURANT
가든이다 중문본점

📍 서귀포시 중문상로 86 📞 064-902-9819
🕐 12:00~22:30(마지막 주문 21:30)
ℹ️ 편의시설 주차장, 아기의자, 놀이방, 정원
🌐 인스타그램 ida_garden.jeju

놀이방 완비에 픽업 서비스까지, 맛 좋은 무항생제 흑돼지

중문관광단지에서 조금 벗어난 곳에 있는 흑돼지 전문점이다. 근고기, 생갈비, 양념갈비 모두 제주산 무항
생제 흑돼지를 사용한다. 마을 사람들이 즐겨 찾는 곳이니 맛은 물론이고, 인근에서 보기 드문 예스키즈존
고깃집이라 더 반갑다. 점심 정식은 흑돼지떡갈비와 갈비탕 중 선택할 수 있다. 건강한 흑미밥과 냄비 된
장찌개, 맛깔나는 반찬이 같이 나온다. 맛과 가성비를 모두 잡았다. 실내 놀이방, 옥상정원, 야외 모래놀이
장, 미끄럼틀까지 갖추고 있다. 인근 호텔 픽&드랍 서비스를 제공해서 부담 없이 술을 곁들이일 수 있다.

RESTAURANT
항해진미

📍 서귀포시 중문관광로 154-17   📞 064-739-3400
🕐 11:50~21:00(브레이크타임 15:00~16:50, 수요일 휴무)
ⓘ **편의시설** 주차장, 유모차, 아기 의자, 수유실,
    기저귀갈이대, 마당, 포장 가능
🌐 **인스타그램** seafood_dining

파노라마 오션 뷰 다이닝 펍

항해진미는 중문색달해수욕장 근처 퍼시픽리솜 요트 항구에 있다. 방파제 바로 위에 있어 삼면이 파노라마 오션 뷰를 자랑한다. 통유리창 너머로 초록빛 파도가 넘실대고, 해가 저물 무렵이면 태양이 하늘과 바다를 붉게 물들인다. 날씨가 좋은 날엔 해넘이 풍경이 그야말로 환상적이다. 다이닝 펍인 만큼 메뉴도 다양하다. 신선한 회와 해산물부터 꼬치구이, 전, 생선구이 등 선택의 폭이 넓다. 초밥, 라면, 사시미 등 점심 특선 메뉴도 있으며, 와인 세트도 가성비가 괜찮다. 특별한 맛집은 아니지만, 중문관광단지에서 메뉴 당 2만 원 내외 가격으로 최고의 오션 뷰와 친절한 서비스를 즐길 수 있다. 편의시설도 좋다. 깨끗한 수유실과 널찍한 화장실까지 오션 뷰, 어디서든 풍경이 예술이 된다. 해가 다 지면 창밖이 어두워 아무것도 보이지 않는다. 낮이나 노을 질 무렵 가는 게 좋다.

 RESTAURANT
중문고등어쌈밥

📍 서귀포시 일주서로 1240
📞 0507-1361-2457
🕐 09:30~21:00(마지막 주문 20:00)
ℹ️ 편의시설 주차장, 유모차 운행 가능, 아기 의자, 꽃 정원
🌐 인스타그램 sang_ye1240

사계절 꽃구경하는 밥집

널찍한 홀과 주차장, 빼놓을 것 하나 없는 메뉴가 가득한 가족 친화적인 식당이다. 맵고 칼칼한 묵은지고
등어쌈밥이 주인공 노릇을 하지만 전복죽과 돌솥밥도 맛이 좋다. 아이 동반일 때는 고민할 것 없이 돈가스
를 추가하면 된다. 돈가스를 수제로 만들었는데 상당히 맛이 좋다. 이곳만의 특별한 매력은 계절마다 특색
있게 가꾸는 정원이다. 유채, 핑크뮬리, 동백 등 제주의 다채로운 색을 듬뿍 담은 환상적인 꽃물결이 식당
앞으로 펼쳐진다. 든든하게 배를 채우고 나서 마음도 풍요롭게 채워보자.

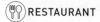 RESTAURANT
수두리보말칼국수

📍 서귀포시 천제연로 192
📞 064-739-1070
🕐 08:00~17:00(매월 1·3주 화요일 휴무)
ℹ️ 편의시설 주차 가능(뒷골목), 아기 의자, 보말죽 포장 가능
🌐 인스타그램 suduribomal_noodle

보말칼국수 원탑 맛집

보말이 잔뜩 들어간 걸쭉한 국물과 쫄깃한 칼국수 면발. 이 집 보말칼국수는 제주도 원탑이라 해도 과언이
아닐 정도로 맛이 좋다. 줄 서는 것 싫어하는 사람이라도 이 집이라면 줄 서게 될 것이다. 테이블링 어플로
원격 줄서기를 하면 한결 편하다. 원하면 보리밥도 무한 제공해준다. 아기 의자도 있고, 손님이 많아도 친
절해 더욱 좋다. 아침 일찍부터 문을 여니 식사 시간대를 피해서 가면 기다리지 않고 먹을 수 있다. 웨이팅
이 힘들면 2분 거리의 대포칼제비서귀포시 중문관광로 338를 찾자. 여기도 맛있다.

RESTAURANT
어머니횟집

◎ 서귀포시 중문로 54   📞 064-738-2641
🕐 10:00~22:00(일요일 휴무)
ⓘ 편의시설 좌식 테이블, 픽업서비스

편안하고 친절한 검증된 도민 맛집

관광단지를 벗어난 중문 주택가 한가운데에 있는 오래된 횟집이다. 제주의 여느 횟집처럼 물회와 탕, 조림 등을 기본으로 한다. 동네 사람들이 많이 찾는 식당답게 가격도 합리적이다. 그날그날 들어오는 잡어회부터 제주 특산 다금바리, 구문쟁이능성어 등 자연산 회도 판매한다. 세련된 차림이나 오션 뷰는 하니지만, 만족도는 늘 최상이다. 아이와 함께 가면 생선구이, 계란찜 등 맵지 않은 반찬을 살뜰히 챙겨준다. 인근 숙소는 요청하면 픽업 서비스도 제공해 준다. 주차는 주변 골목이나 공영주차장을 이용하자.

RESTAURANT
예래고을

◎ 서귀포시 상예로 238
📞 064-738-3714
🕐 10:00~20:30(브레이크타임 15:00~17:00, 화요일 휴무)
ⓘ 편의시설 주차장, 좌식테이블, 마당

정갈한 밥집, 갈치조림부터 전복돌솥밥까지

정갈한 집밥을 든든하게 먹고 싶다면 예래고을로 가자. 관광단지를 조금 벗어나 중산간 초입에 있다. 현지인에게 더 유명한 도민 맛집으로 뽕잎돌솥밥, 해물 전골, 전복돌솥밥, 갈치조림, 생선구이 등을 먹을 수 있다. 손수 만든 반찬에 정성이 가득해 자꾸만 손이 간다. 솥밥을 시키면 생선구이와 찌개도 함께 나온다. 밥은 떠내 양념장을 섞어 먹을 수 있고, 돌솥에 뜨거운 물을 부어 누룽지까지 먹을 수 있다. 모두 좌식테이블이고, 가족이 운영하는 식당이라 친절하고 정감 있다. 아침부터 식사할 수 있다.

🍴 RESTAURANT
해송횟집

📍 서귀포시 이어도로 200-7
📞 064-738-4060 🕐 11:30~22:00(매주 화요일 휴무)
ⓘ 편의시설 주차장, 개별 룸, 아기 의자, 마당
🌐 인스타그램 haesong_jeju

바다 전망 개별 룸에서 즐기는 회 코스

중문 동쪽 대포포구 근처에 있는 바다 전망 횟집이다. 개별 룸과 테라스에서 오붓하게 앉아 바다를 바라보며 식사할 수 있다. 아이들 먹을 죽과 구이 반찬도 충분하다. 전채 음식부터 후식까지 빼곡하게 차려준다. 저녁 식사를 할 계획이라면 일몰 전에 가 오션 뷰를 충분히 즐기자. 자리는 여유 있는 편이지만 예약 전화를 해두면 더 좋다. 런치 메뉴는 1인 30,000원부터이고, 2~3인 저녁 스페셜 코스는 138,000원부터 시작한다. 죽, 에피타이저, 갈치 및 전복회, 각종 해산물과 화로구이, 우럭탕수어, 생선구이, 튀김, 매운탕과 식사까지 줄지어 차려진다.

🍴 RESTAURANT
소소식당

📍 서귀포시 대포로 69-12 📞 064-738-2257
🕐 11:00~15:00(마지막 주문 14:00, 수요일 휴무)
ⓘ 편의시설 주차 가능(가게 앞), 아기 의자, 마당
🌐 인스타그램 sohsoh_restaurant_jeju

정성이 듬뿍 전복영양밥과 돌문어덮밥

중문관광단지에서 동쪽으로 살짝 벗어난 대포마을에 있는 작은 식당이다. 손맛 좋고 마음씨 친절한 부부가 심플하게 꾸민 음식점이다. 모든 음식이 정갈하고 맛있다. 해물전골우동은 테이블 위에서 직접 끓여 먹는 방식이다. 전복영양밥과 제주돌문어덮밥은 한 그릇 안에 맛과 영양이 듬뿍 담겨 있다. 담백한 양념을 살짝 입혀 구운 닭 다리를 넣은 카레와 유부초밥은 아이들이 특히나 좋아한다. 음식의 양도 꽤 많은 편이어서 건강과 든든함을 함께 챙길 수 있다. 네이버로 예약하면 더 편하게 즐길 수 있다.

포장해서 먹기 좋은 맛집을 소개합니다

🍴 예래미반

딱새우장, 떡갈비, 흑돼지제육, 전복장 등 메인을 고르면 각종 반찬과 함께 화려한 한상차림을 내는 곳이다. 피크닉을 가고 싶으면 우아하고 든든한 도시락을 예약하자.

📍 서귀포시 예래로 452
📞 064-794-9827

🍴 하나로국밥

진하게 우려낸 돼지고기 육수에 고기를 잔뜩 넣어 준다. 가격도 저렴하다. 오래도록 자리를 지키고 있는 도민 맛집으로, 한가할 땐 배달도 해준다.

📍 서귀포시 천제연로 222-2
📞 064-738-4514

🍴 칠링아웃샵 제주중문점

내추럴와인 중심의 와인 전문 가게이다. 치즈, 쿠키 등 와인과 잘 어울리는 식료품과 스낵박스도 판매한다. 글라스 와인과 커피를 즐길 수 있는 공간도 갖추고 있다.

📍 서귀포시 중문관광로 305
📞 0507-1373-3740

생선회와 해산물 포장 맛집

서귀포매일올레시장에서 유명한 우정회센타 분점이 중문에 있다. 고등어, 갈치에 활어회를 섞은 모둠이 있어 고민하지 않아도 된다. 해산물 모둠과 해물탕, 딱새우도 가능하다. 좌석도 있지만 늘 손님이 많은 편이다. 일광회센타는 가족 단위로 많이 찾는 곳이지만 포장도 해준다. 고등어회 전문이며, 활어회 모둠도 있다. 하나로마트 수산물 코너에서는 무게를 달아 갓 잡은 회를 저렴한 가격에 포장 판매한다. 성수기에는 줄이 길 때도 많다. 주문을 미리 해놓고 장을 보면 좋다. 생선회 포장 마감은 오후 8시다. 더본호텔 입구에 새로 생긴 중문회어시장도 가성비 좋은 포장 전문점이다. 회는 물론 각종 해산물도 있으며, 대게는 직접 쪄준다.

우정회센타 중문점 📍 서귀포시 천제연로 179 📞 064-738-7677
너야말로 진정회 📍 서귀포시 천제연로 295 📞 0507-1439-7104
하나로마트 중문점 📍 서귀포시 천제연로 242 📞 064-738-9883
중문회어시장 📍 서귀포시 색달로 1 📞 064-739-7774

TIP

그곳이 알고 싶다!

놀이방 완비 식당

24시뼈다귀탕, 오르막가든, 제주오성, 가든이다

CAFE & BAKERY
더클리프

◎ 서귀포시 중문관광로 154-17(퍼시픽랜드 옆)
☏ 064-738-8866 ⏰ 10:00~00:00(금·토 01:00까지,
   카페 19:00까지)
ⓘ 편의시설 주차장(퍼시픽랜드), 유모차 운행 가능, 마당,
   오후 7시부터 실내는 노키즈존
⊕ 인스타그램 thecliffjeju

남국의 휴양지에 온 듯한

중문색달해수욕장 입구 전망 좋은 절벽 위에 있는 대형 카페이다. 중문색달해수욕장과 돌고래 쇼가 열리는 퍼시픽리솜을 연결해 다녀오면 좋다. 커피와 음료, 칵테일과 각종 주류를 즐길 수 있다. 브런치, 버거, 피자 등 음식도 판매한다. 심장을 들썩이게 하는 힙한 라운지 음악이 망망대해로 울려 퍼진다. 날씨가 좋다면 무조건 야외 자리에 앉자. 계단과 인조 잔디에 설치된 푹신한 소파와 파라솔 베드에서 완벽한 휴양지 느낌을 경험할 수 있다. 절벽 아래로 펼쳐진 중문 바다와 해변을 내려다보는 전망이 끝내준다. 낮도 아름답지만, 해가 질 때는 더 황홀하다. 이곳에서 바라보는 붉은 석양은 황홀함 그 자체이다. 태양이 식어가는 만큼씩 바다와 하늘은 붉은색으로 더 진해진다. 그 모습을 보고 있으면 마음도 붉게 물들 것 같다. 이 멋진 카페는 저녁 7시부터는 칵테일 바로 바뀐다. 이때부터 실내는 노키즈존이다. 야외와 라운지는 키즈 ok존

☕ CAFE & BAKERY
바다바라

⊙ 서귀포시 중문관광로72번길 29-51(켄싱턴리조트 중문
점 뒤편) 📞 064-738-8884
🕐 10:00~19:00(마지막 주문 18:30, 날씨에 따라 변동 가능)
ⓘ 편의시설 주차장, 유모차, 아기 의자, 마당
🌐 인스타그램 bada_bara

올레길 옆 오션 뷰 카페

바다바라는 아직은 덜 알려져 제법 여유를 느낄 수 있는 오션 뷰 카페이다. 마당으로 나가면 중문의 푸른
바다가 와락 다가온다. 마당엔 제법 멋스럽게 자란 나무 한 그루가 그늘을 만들어 준다. 그 옆엔 야외테이
블과 흔들 그네가 있다. 마당도 넓지만, 실내 자리도 널찍하고 창문이 바다를 향해 나 있어 날씨가 궂어도
아쉽지 않다. 아이들과 함께 바다를 바라보며 잔디 마당에서 뛰놀거나, 잠시 올레길을 걸어도 좋다. 다양
한 베이커리를 갖추고 있어 제법 든든하게 배를 채울 수 있다.

☕ CAFE & BAKERY
동백정원

⊙ 서귀포시 이어도로343번길 117
📞 064-738-4592
🕐 11:00~18:00(마지막 주문 17:30, 수요일 휴무)
ⓘ 편의시설 주차장, 유모차 운행 가능, 마당
🌐 인스타그램 cafe_dbdb

붉은 동백과 노란 귤이 열리는 농가 정원

중문에서 약천사 가는 방향에 있는 숨겨진 정원 카페다. 커피와 브런치, 수제 과자를 판매한다. 귤과 동백
이 함께 물 드는 겨울 정원이 이곳의 하이라이트다. 날이 풀리면 봄꽃 내음이 흐르고, 여름의 초록과 가을
의 산들바람이 주변을 푸르게 노랗게 부지런히 물들인다. 카페로 들어서는 길은 동백나무 터널이다. 해가
드는 정원에 서면 마음이 따스해진다. 마당은 아이들과 소소하게 보고 즐기기 좋다. 겨울철엔 한라봉 따기
체험도 가능하며, 따뜻할 땐 피크닉 세트를 대여해 마당에서 수채화 같은 사진도 남길 수도 있다. 외진 곳
이라 택시나 차를 이용하는 게 좋다.

CAFE & BAKERY
오또도넛

⊙ 서귀포시 중문상로 87
☎ 064-904-1516
🕐 08:00~18:00
ⓘ 편의시설 주차 가능 가게 옆
🌐 인스타그램 ottodonut

고소한 커피와 달콤 쫀득한 도넛

중문관광단지에서 살짝 벗어난 주택가에 자리 잡은 도넛 전문점이다. 원하는 종류가 있다면 예약도 가능하다. 많이 달지 않고 쫀득한 반죽 덕에 하나로는 부족하다. 커피까지 맛있어서 환상 궁합이다. 커피를 테이크아웃 하면 기본 메뉴인 글레이즈드를 하나씩 무료로 끼워준다. 가게에서 직접 볶는 대정 마늘 크림치즈, 청귤, 말차 등 제주산 재료로 토핑한 도넛이 알록달록 눈과 입을 사로잡는다. 자구리공원 근처에 서귀포점을 오픈했다. 내부 자리가 본점보다 널찍해 여유롭게 앉았다 가기 좋다.

CAFE & BAKERY
카페 오놀

⊙ 서귀포시 대포로 174
☎ 064-749-4564
🕐 10:00~18:00
ⓘ 편의시설 주차장, 유모차 운행 가능
🌐 인스타그램 cafe_onol_jeju

자연 방목 유기농 우유로 만든 디저트

건강하면서도 달콤한 디저트를 즐길 수 있는 공간이다. '오놀'은 '오늘'이란 뜻의 제주말이다. 한라산 초지에 자연 방목한 젖소로부터 당일 착유한 동물복지 유기농 우유를 사용한다. 여기에 제주에서 자라난 감귤, 레드키위, 애플망고, 우도 땅콩, 청귤 등 제철 식재료의 짙은 풍미가 살아있는 디저트까지 즐길 수 있다. 고소한 아이스크림과 커피, 디저트까지 삼박자를 갖추었다. 매장은 작은 편이지만 우유갑 모양 입구가 귀엽고, 대포포구를 바라볼 수 있는 자리가 많아 좋다.

SHOP
제주테마농원

📍 서귀포시 일주서로 686
📞 064-738-7949
🕐 09:00~18:00
🌐 인스타그램 jejuthemefarm

제주 과일과 생강으로 담근 청

신라호텔에 과일을 납품하는 제주테마농원에서 제주 과일로 만든 청을 직접 만들어 판다. 유리병에 담겨 있어 위생적이며, 특히 생강을 넣어 만든 제품은 많이 달지 않고 감기에 좋아 선물하기 좋다. 애플망고, 천혜향, 하귤 등이 있으며, 수제 잼도 있다. 특히 이 집의 애플망고는 신라호텔의 망고 빙수에 쓰이는 바로 그 애플망고이다. 애플망고 쉐이크도 매장에서 만들어 판다.

SHOP
토끼떡공방

📍 서귀포시 일주서로 1290
📞 064-721-2323
🕐 10:00~18:00(매주 화·수요일 휴무)
🌐 인스타그램 rabbit_ricecake

한라산 무공해 쑥으로 만든 떡

이 떡집의 주인공은 쑥이다. 한라산에서 재배한 청정 쑥으로 만든 떡은 쑥 함량이 42%이다. 매장이 서귀포에서 제주시로 넘어가는 평화로 진입 전 길가에 있어 들르기 좋다. 쑥으로 만든 음료도 있어 먹어보고 사갈 수 있다. 기본 쑥떡은 한 개 1,000원이고, 12종 견과류가 들어간 견과쑥떡, 단팥쑥떡은 1,200원이다. 개별 포장을 해 위생적이고 하나씩 꺼내 먹기 좋다. 전국 배송도 한다. 당일 제조한 떡이 소진되면 마감하므로, 미리 인스타그램을 확인하고 가도록 하자.

PART 8

서귀포시 서부권

대정읍·안덕면

여행 지도 | 버킷리스트 | 핫스폿
맛집 | 카페 & 베이커리 | 숍

신창풍차해안도로

크래커스 한경점

저지문화예술인마을
(제주현대미술관·김창열미술관)

저지오름

한경해안로

낙천의자공원

낙천리

김대건신부
표착기념성당

용수리

환상숲
곶자왈

차귀도

자구내포구

고산리유적

한경면

청수곶자왈

제주평화
박물관

고산평야

구분오름

하소로커피

제주
도립

수월봉

산양큰엉곶

신도포구

무릉리

미쁜제과

나무식탁

무릉외갓집

신평리

보름이
오름

노을해안로

영락리

아몽가

돌고래구경

제주

눈비 올 때 갈 수 있는 곳

제주추사관 서귀포시 대정읍 추사로 44
오설록티뮤지엄 서귀포시 안덕면 신화역사로 15
제주항공우주박물관 서귀포시 안덕면 녹차분재로 218
뽀로로&타요테마파크 서귀포시 안덕면 병악로 269
무민랜드 서귀포시 안덕면 병악로 420
산방산탄산온천 서귀포시 안덕면 사계북로41번길 192
본태박물관 서귀포시 안덕면 산록남로762번길 69
세계자동차&피아노박물관 서귀포시 안덕면 중산간서로 1610
토이파크 서귀포시 안덕면 동광로 267-7
로봇플래닛 서귀포시 안덕면 신화역사로 188번길 151
피규어뮤지엄 서귀포시 안덕면 한창로 243
포도뮤지엄 서귀포시 안덕면 산록남로 788
헬로키티아일랜드 서귀포시 안덕면 한창로 340
바이나흐튼 크리스마스박물관 서귀포시 안덕면 평화로 654
원더아일랜드 서귀포시 안덕면 신화역사로304번길 89

대정읍

대정족발 본점
와토커피

산방식당

미영이네
남경수산

모슬포항

알드

대정쌍둥이식당

운진항
하모해수

(M1971요트투어, 가파도·마라도 여객선)

환

서귀포시 서부권 여행지도

서광리
토이파크
동광리
포도뮤지엄
바람목장카페
오설록티뮤지엄
원더아일랜드
인디이스트
고바진
방주교회
신화월드
동광IC
무민랜드
본태박물관
제주항공우주
박물관
수풍석뮤지엄
로봇플래닛
뽀로로앤타요
테마파크
소인국
테마파크
바이나트혼
크리스마스
박물관
안덕면
헬로키티
아일랜드
카멜리아힐
상천리
올드캡
축협축산물플라자
풀베게
세계자동차
&피아노박물관
고스란
대정족발
파더스가든
피규어
뮤지엄
제주유리박물관
희
화순곶자왈
안성리
살롱
산방산
탄산온천
안덕계곡
군산오름
중문
가족키즈
펜션M
식과함께
예래동
산방산
안덕농협
로컬푸드직매장
대정향교
대평리
제주시점
산방연대
까사디노아
제주해조녜보말성게전문점
피로스터스
원앤온리
황우치해안
박수기정과
대평포구
춘미향식당
카페루시아
서툰가족
용머리해안
휴일로
사계골목집
토끼트멍
사계항
사계해안
형제해안로
알오름
마라도 여객선
원
송악산

서귀포시 서부권 버킷리스트 10

❶ 돌고래 만나러 가자, 노을해안로

대정 앞바다엔 행운의 상징인 돌고래P305가 자주 출몰한다. 달리기하듯 쏙쏙 얼굴을 내미는 돌고래는 천진하게 뛰노는 아이들과 닮았다. 귀여운 바다 친구 돌고래를 만나러 대정읍의 한적한 해안도로로 가자. 모슬포항에서 서쪽으로 노을해안로를 따라 12분 남짓 올라가면 된다.

❷ 이국적인 아름다움, 오설록과 카멜리아힐

오설록P306은 제주도의 수많은 녹차밭 중에서 단연 이국적이다. 녹차로 만든 다양한 디저트도 즐기자. 카멜리아힐P309은 겨울이 되면 더 아름다워진다. 동백이 수목원을 붉고 사랑스럽게 물들인다. 5월 중순부터 6월까지 피는 수국도 무척 아름답다.

❸ 서쪽의 으뜸 절경 송악산

송악산P312은 제주 서부에서 최고 절경으로 꼽힌다. 유모차로도 갈 수 있어 더욱 좋다. 해안 절벽을 따라 이어진 둘레길 옆으로 감동적인 풍경이 펼쳐진다. 산방산, 형제섬, 쪽빛 바다, 그리고 가파도와 마라도까지, 잊을 수 없는 아름다움을 마음껏 담아가자.

❹ 서부의 최고 드라이브 코스, 형제해안로

형제해안로P314는 송악산에서 사계포구까지 이어진다. 시선을 바다로 돌리면 형제섬을 비롯하여 마라도와 가파도까지 보인다. 고개를 반대로 돌리면 산방산, 군산, 한라산으로 이어지는 능선은 신비롭게 다가온다.

❺ 한적한 마을 대평리의 기암절벽, 박수기정

뒤는 산이요, 앞은 망망대해다. 안덕면 대평리는 여유로움이 묻어나는 한적한 포구 마을이다. 기암절벽 박수기정P317이 웅장함을 뽐내며 마을을 지키고, 바다에 내려앉는 노을은 한 폭의 그림 같다. 이런 풍경 앞에 아이와 서 있는 것만으로도 감동이 밀려온다.

⑥ 뽀로로도 만나고, 우주를 향한 꿈도 꾸고

제주항공우주박물관P307은 비행기와 우주를 주제로 한 아시아 최대 규모의 체험형 테마파크다. 이곳에 가면 아이들의 눈에서 꿈이 반짝인다. 뽀로로&타요 테마파크P310는 뽀로로와 타요 캐릭터를 기본으로 하는 어린이 전용 테마파크다.

⑦ 귤도 따고 동물 먹이도 주고, 파더스 가든

파더스가든P311은 정원과 목장이 어우러진 테마파크다. 이곳엔 알파카, 타조, 말, 강아지, 양, 오리 등이 평화롭게 산다. 아이들에게 동물 먹이 주기 체험의 인기가 높다. 겨울에만 할 수 있는 귤 따기 체험도 아이에겐 잊지 못할 추억이 될 것이다.

⑧ 화산섬의 숨소리를 찾아, 제주 곶자왈

용암이 만들어낸 불규칙한 암석 지대에 숲과 나무가 독특한 식생을 이룬 곳. 곶자왈은 원시림의 모습과 생태를 그대로 간직하고 있다. 제주곶자왈도립공원P311과 산양큰엉곶P305은 데크 길을 잘 만들어 놓아 아이와 같이 가기 좋다. 숲길을 산책하다 보면 저절로 힐링이 된다.

⑨ 여름엔 밀면, 겨울엔 방어

산방식당P321은 제주식 밀면의 원조이자 대표주자다. 육수 밀면과 비빔밀면, 그리고 수육을 즐길 수 있다. 모슬포는 매년 겨울 방어 축제가 열리는 방어의 고장이다. 특대 방어를 코스로 제대로 즐기고 싶다면 모슬포 항구 앞 식당을 찾자.

⑩ 감성 깊은 카페에서 멋진 휴식을

한옥에서 여유롭게 커피와 베이커리를 즐기고 싶다면 미쁜제과P327로 가자. 안덕면의 원앤온리P329 루프톱에 오르면 산방산과 푸른 바다가 손에 잡힐 듯 다가온다. 안덕면의 감성 깊은 카페 풀베개P330, 노을이 아름답고 돌고래가 노니는 오션 뷰 카페 핀스와 블루웨일P305도 기억하자.

서귀포시 서부권 명소
SIGHTSEEING

돌고래 관찰 포인트, 차밭이 이국적인 오설록,
아이에게 꿈을 심어주기 좋은 항공우주박물관, 타요와 뽀로로 테마파크,
곶자왈과 송악산, 겨울에 더 아름다운 수목원 카멜리아힐……
아이와 함께 가면 더 좋은 서귀포시 서부의 핫플을 소개한다.

© flickr_anokarina

SIGHTSEEING
▼▼▼▼▼▼▼▼
돌고래 구경

  👤 **추천 나이** 돌고래 요트 6세부터, 돌고래 관찰 1세부터
  📍 서귀포시 대정읍 노을해안로 150~800일대(내비게이션
      CU서귀영락해안도로점 또는 대정읍 노을해안로 288)

노을해안로에서 돌고래와 함께 춤을

대정읍 영락리와 신도리 앞바다에선 돌고래를 종종 목격할 수 있다. 돌고래를 만나면 큰 행운이 찾아온다고
하니 한번 시도해보자. 모슬포항에서 서쪽으로 해안도로를 따라 12분 남짓, 낚시꾼 말고는 인적이 드물다. 이
름도 낭만적인 노을해안로이다. 바다 앞 편의점CU서귀영락해안도로점, 노을해안로 288에서 간식을 사 먹으며 돌고
래를 기다려 보자. 파도가 잔잔하고 만조일 때 특히 잘 나타난다. 해양환경단체 핫핑크돌핀스hotpinkdolphins.
org, 064-772-3366에서는 다양한 보호 활동을 펼친다. 매년 여름엔 '돌고래 학교'를 연다. 편하게 카페 핀스서귀포
시 대정읍 무릉리 4065-1, 블루웨일서귀포시 대정읍 일과대수로11번길 43에 앉아 돌고래를 기다리는 것도 좋은 방법이다.

SIGHTSEEING
▼▼▼▼▼▼▼▼
산양큰엉곶

  👤 **추천 나이** 1세부터
  📍 제주시 한경면 청수리 956-6 📞 064-772-4229
  🕐 09:30~18:00(11~3월 17:00, 종료 1시간 전 매표 마감)
  ₩ 입장료 3,000~6,000원(36개월 미만 무료)
  ⓘ **편의시설** 주차장, 유모차 운행 가능(중간 지점까지), 화
  장실(매표소 앞) 🌐 **인스타그램** sanyang_keunkot

포토존 가득한 달구지길 곶자왈

비밀스럽게 막혀있던 '산양곶자왈'이 멋진 모습으로 문을 열었다. 제주에만 있는 독특한 숲 '곶자왈'을 편
안하게 즐길 수 있다. 3.5km의 산책로로, 중앙 달구지길은 왕복 약 1시간이 걸린다. 동화에서 나온 것 같은
포토존이 정말 많다. 오르막이 조금 있지만 포장된 길이 중간 지점까지 이어진다. 이어지는 흙길은 평탄하
지만, 유모차나 휠체어는 덜컹거릴 수 있다. 기차와 레일이 있는 기찻길과 소달구지 체험은 아이들이 특히
좋아한다. 진짜 돌무더기 곶자왈을 걷고 싶다면 산책로 중간에 나오는 숲길로 빠지면 된다.

SIGHTSEEING
오설록티뮤지엄

👤 추천 나이 2세부터 📍 서귀포시 안덕면 신화역사로 15
📞 064-794-5312 🕐 09:00~18:00
ⓘ 편의시설 주차장, 유모차 운행 가능, 수유실, 기저귀갈이
대, 아기 의자, 정원
🚌 버스 255, 771-1, 771-2, 784-1, 784-2, 820-1, 151

이국적이어서 더 아름다운 풍경

아모레퍼시픽이 한국 전통차와 문화를 소개하기 위해 2001년 개관한 국내 최초의 차 박물관이다. 안덕면 서광리의 오설록 차밭과 맞닿아 있으며, 주변 풍광과 어우러지는 디자인이 돋보인다. 박물관과 카페 건물이 멋져 사진을 남기기에도 좋다. 뮤지엄에는 차의 역사, 종류, 다기, 녹차를 주제로 한 회화 작품 등이 한눈에 보기 좋게 전시되어 있다. 뮤지엄 전망대에 오르면 녹차밭과 한라산 그리고 제주 남서부 일대를 한눈에 조망할 수 있다. 제주도의 수많은 녹차밭 중에서 풍경이 단연 압권이다. 카페에서는 녹차와 녹차로 만든 아이스크림을 비롯한 다양한 디저트, 화산송이로 만든 이니스프리 제품, 기념품을 판매한다. 티 클래스를 예약제로 운영하며, 천연 비누 만들기 체험은 아이들도 참여할 수 있다. 오설록에 가면 '기다림 나무'도 찾아보자. 차밭과 차밭 사이에 서 있는 나무는 멀리서 봐도 운치가 있다. 나무를 배경으로 사진을 찍으면 오설록의 기억을 더 오래 간직할 수 있을 것이다. 오설록은 입장료가 없는 게 장점이지만, 그래서 많은 사람이 몰린다. 한해 150만 명이 찾는 곳이라 주차장과 실내가 붐빈다.

© flickr. EunHoSung

제주항공우주박물관

👤 **추천 나이** 2세부터
📍 서귀포시 안덕면 녹차분재로 218 📞 064-800-2000
🕐 09:00~18:00(매월 셋째 주 월요일 휴관)
₩ **입장료** 8,000~10,000원 ⓘ **편의시설** 주차장, 유모차
운행 가능(대여 가능), 수유실, 기저귀갈이대, 정원, 놀이방
🚌 **버스** 255, 771-1, 771-2, 784-1, 784-2, 820-1, 820-2,
820-3 🌐 **인스타그램** fly.jam

아시아 최대 항공우주박물관

제주항공우주박물관은 아시아 최대 규모를 자랑한다. 체험 요소가 집중적으로 배치돼 있어 우주를 향한 반짝이는 꿈을 맘껏 펼칠 수 있다. 실제 비행했던 전투기와 항공기를 속속들이 살펴볼 수 있고, 미국 스미스소니언과 협력한 'How Things Fly'에선 각종 비행 원리를 체험하며 항공 기술을 배워볼 수도 있다. 조종사 옷을 입고 조종석에 앉아 사진을 찍을 수 있는 포토존은 인기 넘버 원이다. 2층은 천문우주관과 테마관이다. 수많은 별이 반짝이는 우주 속을 산책하듯이 걸을 수 있도록 꾸며 놓아 절로 눈이 휘둥그레진다. 5D 서클비전과 돔 영상관, 인터랙티브 체험 시설 등이 있으며, 7세 이상이라면 중력가속도 체험 기구도 타볼 수 있다. 상시 교육 체험 프로그램도 매우 다양하다. 무료 전시해설은 하루 6번 진행된다. 영유아 체험관도 알차다. 2층에는 스펀지 블록이 가득한 어린이 상상공작소와 키즈카페를 방불케 하는 아이 잼 스페이스 3~9세, 키 130cm 이하 이용 가능가 있다. 4층 그림카페에서는 오설록 녹차밭과 송악산, 그리고 서쪽 바다까지 조망할 수 있으니 꼭 올라가 보자.

SIGHTSEEING
▼▼▼▼▼▼
신화월드

👤 **추천 나이** 5세부터
📍 서귀포시 안덕면 신화역사로 304번길 38
📞 1670-1188 🕐 10:00~20:00 ⓘ **편의시설** 주차장, 유
모차 운행 가능(대여 가능), 수유실, 기저귀갈이대
🌐 **인스타그램** jejushinhwaworld

제주 최대 테마파크와 워터파크

신화테마파크는 제주의 유일한 놀이동산이다. 규모가 무척 큰 복합 리조트 단지 내부에 있어 편의시설이 잘
되어 있다. 야외 시설이라 여름과 겨울에는 완전히 즐기기 어렵다. 제주도에서 가장 크지만, 수도권의 대형 놀
이동산보다 규모가 작은 편이다. 라바 캐릭터로 꾸며져 있으며, 미끄럼틀이 여럿 있는 놀이터는 아이들이 무
척 좋아한다. 여름에는 대형 워터파크가 인기를 끈다. 주말엔 불꽃놀이가 휴양지의 밤을 빛내준다. 오설록 티
뮤지엄과 제주항공우주박물관과 아주 가깝다. 워터파크는 연중 운영하며, 비투숙객도 이용할 수 있다.

SIGHTSEEING
▼▼▼▼▼▼
바램목장&카페

👤 **추천 나이** 2세부터 📍 서귀포시 안덕면 신화역사로 611
📞 010-2098-6627 🕐 10:00~18:00(10월~2월은
17:00, 10월~2월 월요일·우천 시 휴무) ₩ **입장료** 24개월
이상 4,000원, 만 5세 이상 1인 1메뉴(입장료 면제), 먹이 구
입비는 별도 ⓘ **편의시설** 주차장, 유모차 운행 가능
🌐 **인스타그램** baalamb_jeju

먹이 주며 양과 함께 놀기

바램목장&카페에는 행복한 양들이 산다. 걸음 닿는 대로 한가로이 노닐며 풀을 뜯는다. 카페에서는 푸른
초원 위의 구름처럼 몽실몽실한 양들을 바라보며 휴식을 취할 수 있다. 데크와 야외 테이블이 있어 날씨가
좋으면 환상적이다. 먹이를 구매하면 직접 풀밭에 들어가 양 먹이를 줄 수도 있다. 먹이를 들고 가면 양들
이 조르르 달려온다. 먹이가 금방 동날 수 있으니 천천히 조절해서 주자. 오설록, 항공우주박물관, 신화월
드, 카멜리아힐, 파더스가든에서 차로 5분 내외 거리여서 이들 스폿과 같이 둘러보면 좋다.

SIGHTSEEING
카멜리아힐

추천 나이 1세부터 ⊙ 서귀포시 안덕면 병악로 166
064-792-0088 ⏱ 08:30~19:00(6~8월),
08:30~18:30(간절기), 08:30~18:00(11~2월), 폐장 1시간
전 입장 마감 ₩ 입장료 7,000원~10,000원
ⓘ 편의시설 주차장, 유모차 운행 가능, 수유실, 기저귀갈이대
🚌 버스 752-1, 752-2

사계절 꽃으로 가득한 동백 수목원

동백의 꽃말은 '그대만을 사랑해'이다. 카멜리아힐은 겨울이 되면 더 아름다워진다. 꽃말처럼 수목원을 붉고 사랑스럽게 물들인다. 11월이면 하나둘 피기 시작하여 이듬해 4월까지 분홍, 선홍, 붉은 동백이 마음을 사로잡는다. 센스 넘치는 문구를 적은 가랜드가 걸려있고, 포토존이 워낙 많아 시간 가는 줄 모르고 머물게 된다. 동백이 머무는 겨울뿐만 아니라, 봄에는 벚꽃과 100여 종의 철쭉, 여름엔 수국이 흐드러지고, 가을에는 핑크뮬리가 바람 따라 춤을 춘다. 계절마다 다른 아름다움을 느끼기 좋은 곳이다. 특히 5월 중순부터 6월까지 피는 수국이 무척 아름답다. 무엇보다 길 대부분에서 유모차를 끌 수 있고, 넓은 잔디밭과 쉬어갈 곳도 잘되어 있어 행복한 시간을 보낼 수 있다. 카페에서 잠시 쉬었다 가기 좋고, 동백 오일·에코백·디자인 소품을 비롯한 다양한 기념품과 제주도를 담은 여행책을 구매할 수 있다. 발길 닿는 곳마다 예쁘다는 소리가 절로 나올 테니, 카메라 배터리를 충분히 채우고 출발하자.

뽀로로&타요 테마파크

👤 **추천 나이** 3세부터 ⊙ 서귀포시 안덕면 병악로 269
📞 064-742-8555 🕐 10:00~18:00
₩ **입장료** 자유이용권 30,000원~40,000원 (오후 3시 이후 5,000원 할인) ⓘ **편의시설** 주차장, 유모차 운행 가능, 수유실, 기저귀갈이대
🚌 **버스** 752-1, 752-2 🌐 **인스타그램** pororotayo_jeju

뽀로로에 타요까지!

아이들에게 친근한 뽀로로와 타요 캐릭터를 기본으로 하는 어린이 전용 놀이 공간이다. 야외 8천 평, 실내 2천 평으로 국내 최대 규모를 자랑한다. 뽀로로와 타요 친구들을 더불어 만날 수 있으니 방방 뛰지 않을 아이가 없다. 실내외에 미로, 바이킹, 관람차, 회전목마, 워터슬라이드, 기차, 후룹라이드, 짐볼, 미끄럼틀, 미니 트램펄린 등 다양한 어트랙션이 있다. 체험 코너와 동물 먹이주기 프로그램도 있어 어린아이부터 초등학교 저학년까지 즐길 거리가 다양하다. 키가 100cm 미만일 경우 이용이 제한적이다.

무민랜드제주

👤 **추천 나이** 3세부터 ⊙ 서귀포시 안덕면 병악로 420
📞 064-794-0420 🕐 10:00~19:00(카페 10:30부터)
₩ **입장료** 성인 12,000원~15,000원
ⓘ **편의시설** 주차장, 유모차 대여 가능, 수유실, 기저귀갈이대 🌐 **인스타그램** moominlandjeju

귀엽고 순수한 무민을 만나러 가자

귀엽고 순수한 무민을 만날 수 있는 특별한 공간이다. 순수한 이야기를 늘어놓는 무민 친구들은 보기만 해도 마음이 포근해진다. 색칠하기, 볼풀 놀이방 등 소소한 체험실과 놀거리가 있고, 야외에는 작은 놀이터도 있다. 전망 좋은 루프톱과 북카페는 오래 머물고 싶은 곳이다. 카페에는 캐릭터 디저트와 식사류가 있고, 아기 의자도 준비돼 있다. 뮤지엄숍과 카페는 입장료를 내지 않아도 누구든지 이용할 수 있다. 뽀로로&타요 테마파크에서 자동차로 1분, 중문관광단지에서 15분 거리이다.

SIGHTSEEING
▼▼▼▼▼▼▼
제주곶자왈도립공원

👤 추천 나이 6세부터
📍 서귀포시 대정읍 에듀시티로 178 📞 064-792-6047
🕐 09:00~18:00(11~2월 ~17:00, 폐장 2시간 전까지 입장)
₩ 입장료 500원~1,000원 ⓘ 편의시설 주차장

자연의 숨소리를 온전히 느낄 수 있는

곶자왈은 화산 폭발 후 용암이 식으면서 만든 암석 지대로, 양치식물, 나무, 덤불 등 다양한 생물이 모여 산다. 세계에서 유일하게 열대 북방한계 식물과 남방한계 식물이 공존하는 생태 숲으로, 제주의 허파라 불린다. '곶'은 숲, '자왈'은 나무와 덩굴이 마구 얽힌 곳을 말한다. 곶자왈을 걸으면, 마치 영화 <아바타>의 속 숲에 들어온 것 같다. 제주곶자왈도립공원은 산책로가 잘 조성돼 아이와 걷기 편하다. 전망대까지 왕복 50분 거리로 가장 짧은 '테우리길'은 나무 데크도 있지만 울퉁불퉁한 돌길도 있어 유모차로 가기는 힘들다.

SIGHTSEEING
▼▼▼▼▼▼▼
파더스가든

👤 추천 나이 2세부터 📍 서귀포시 안덕면 병악로 44-33
📞 070-8861-8899 🕐 09:00~18:00(입장 마감 17:00)
₩ 입장료 25개월 이상 어린이 11,000원, 성인 13,000원(귤 따기 체험비 별도) ⓘ 편의시설 주차장, 유모차 운행 가능, 기저귀갈이대 🚌 버스 752-1, 752-2, 800, 800-1(도보 10분) 🌐 인스타그램 fathers_garden

양·말·알파카·타조, 수목원 같은 동물 농장

파더스가든은 정원과 목장이 어우러진 테마파크다. 목장이지만 야자수와 유채, 수국, 핑크뮬리, 동백 등 꽃과 나무가 많아 제주의 사계절을 고스란히 느낄 수 있다. 사진을 찍으면 어디서든 그림처럼 나온다. 알파카, 타조, 말, 사슴 등 동물들도 많다. 부지가 넓은 편이라 자연 친화적이다. 먹이 주기 체험도 할 수 있다. 겨울엔 귤 따기 체험을 추천한다. 아이들에게 특별한 경험이 될 것이다. 서귀포 쪽 평화로 초입에 있어 공항이나 시내 방면을 오가는 길에 들르기 좋다.

SIGHTSEEING
▽▽▽▽▽▽▽
송악산

👤 **추천 나이** 1세부터
📍 서귀포시 대정읍 상모리 165
ⓘ **편의시설** 주차장, 유모차 운행 가능(부남코지까지)
🚌 **버스** 752-1, 752-2(주차장까지 도보 4분)

유모차도 갈 수 있는 해안 절경 둘레길

송악산은 서쪽 제주에서 빼놓을 수 없는 으뜸 절경이다. 해안 절벽을 따라 이어진 둘레길에서 형제섬, 산방산, 군산, 한라산으로 이어지는 절경을 한눈에 담을 수 있다. 날씨가 좋으면 가파도와 마라도까지 보인다. 한 바퀴 돌려면 한 시간 넘게 걸리지만, 초원에 말을 방목해 아이들이 좋아한다. 말타기 체험도 가능하다. 봄에는 유채꽃이, 초여름에는 제1전망대 주변으로 수국이 흐드러지게 피어난다. 부남코지까지는 유모차도 다닐 수 있으니 더할 나위 없다. 첫 갈림길에서 올레길 리본이 있는 바닷길이 아닌 산등성이 쪽 길을 택해야 운행이 편안하다. 바람 부는 곳이라는 뜻의 부남코지는 탄성을 자아내는 전망 명소이다. 최근 자연휴식년제를 마친 정상부를 개방했다.

쉿! 플레이스

쉿! 여긴 정말 숨겨진 곳,
환태평양평화소공원과 하모해수욕장

송악산 언덕을 넘어 조금만 더 서쪽으로 올라가면 환태평양평화소공원이 나온다. 한적한 바다 절경을 가볍게 즐기며 쉬어 가기 좋다. 날이 좋을 땐 무대에서 야외 공연이 펼쳐진다. 모래사장으로 내려가는 계단이 있다. 다시 서쪽으로 길을 따라가다 만나는 하모해수욕장은 한적하게 물놀이나 야영을 즐기기 좋다.

환태평양평화소공원
📍 서귀포시 대정읍 상모리 1683-7
하모해수욕장
📍 서귀포시 대정읍 하모리 279

제주추사관

👤 **추천 나이** 3세부터 📍 서귀포시 대정읍 추사로 44
📞 064-710-6865 🕐 09:00~18:00(매주 월요일 및 신
  정·설날·추석 휴무)
ⓘ **편의시설** 주차장, 유모차 운행 가능(대여 가능), 정원
🚌 **버스** 253, 255, 751-1, 751-2, 151, 761-1, 761-3(도보 3분)

추사 김정희의 삶과 예술

과거 제주는 최악의 유배지였다. 추사는 척박한 제주에서 9년이나 유배 생활을 했다. 그 사이 제주 유생들에게 학문과 서예를 가르쳤고, '추사체'를 완성했다. 추사관은 유배자 김정희의 삶과 그의 예술 세계를 품고 있다. 기념 홀을 비롯해 전시실 세 개가 있다. 그가 남긴 편지와 생활 흔적 등을 만날 수 있다. <알쓸신잡2>에 방영된 뒤 더 많은 사람이 찾는다. 추사관은 예술가로서의 김정희에 대한 외경심을 담아 지었는데, 2010년 건축문화상을 받았다. 그가 남긴 그림 <세한도>에 나오는 수수한 집을 똑 닮았다. 입구는 지하로 내려가는 사선형의 계단이다. 마치 유배를 떠나는 길처럼 느껴진다. 관람을 마친 후 출구로 올라오면 지금 막 유배에서 풀려난 사람처럼 주위를 둘러보게 된다. 수미쌍관이 멋진 건축물이다. 전시장 옆에 그가 머물던 초가를 재현해놓았다. 10시부터 16시까지 매시 정각12시 제외에 전시관 해설이 있다.

ONE MORE

추사가 유생을 가르친
대정향교

추사관에서 차로 5분 거리에 대정향교가 있다. 향교는 유교의 성현에게 제를 지내는 곳이자 지방에 세운 국립교육기관이었다. 효종 4년1653년에 지금 자리에 세워졌다. 추사 김정희가 학생을 가르치기도 한 곳으로, 산방산과 단산이 둘러싸고 있고, 멋지게 자란 소나무가 운치를 더해준다.

📍 서귀포시 안덕면 향교로 165-17

SIGHTSEEING
▼▼▼▼▼▼
형제해안로

👤 추천 나이 1세부터
📍 서귀포시 안덕면 형제해안로 72일대
🅿 주차 산계원(안덕면 형제해안로80) 건너편
ⓘ 편의시설 주차장, 유모차 운행 가능
🚌 버스 752-1, 752-2

공룡 발자국이 남아 있는 사계 바다

송악산을 내려오면 일단 동쪽으로 달려 보자. 아름다운 해안도로가 산방산 앞까지 이어진다. 사계리의 형제해안로는 화산섬 제주의 흔적을 고스란히 간직하고 있어 더욱 특별한 길이다. 약 1만 5천 년 전에 쌓인 화산재 퇴적지층이 커다란 붓으로 페인트를 칠한 것처럼 독특한 풍경을 보여준다. 이곳엔 공룡 발자국도 남아 있다. 사람 발자국 500여 점과 새, 육식 동물, 연체동물, 절지동물, 식물 화석까지 발견되었다. 같은 장소에서 동시에 다양한 화석이 나온 곳은 세계적으로 무척 드물다. 차만 타고 지나가기 아쉽다면, 형제해안로 주차장에 내려 모래사장으로 내려가 보자. 작은 모래언덕이 이국적인 분위기를 자아낸다. 무엇보다 종종 구름모자를 쓴 산방산이 바다 앞까지 다가와 신비롭다. 형제해안로는 올레 10코스에 속한다. 유모차가 다닐 수 있을 만큼 인도가 널찍한 데다 카페도 많아 산책하기 좋다. 용머리 해안을 전망할 수 있는 사계 방파제서귀포시 안덕면 사계리 2147-36까지 달리고 멈추기를 반복하며 절경을 충분히 감상하자. 방파제의 빨간 등대 앞은 차가 다니지 않고 깨끗해 산책하기 좋다.

SIGHTSEEING
▼▼▼▼▼▼▼
산방산

👤 추천 나이 4세부터
📍 서귀포시 안덕면 사계리 166-4
₩ 산방굴사 500원~1,000원(다른 사찰은 무료),
　용머리해안 통합관람권 1,500원~2,500원
ⓘ 편의시설 주차장
🚌 버스 202, 752-1, 752-2

전설에 등장하는 신비로운 산

제주도를 만든 키 큰 여신 설문대할망이 백록담 봉우리를 뽑아 던져 만들었다는 전설이 내려오는 산방산. 높이는 395m로, 서남부 평야 지대에 우뚝 서 있어 어디서 보아도 눈에 띈다. 둘레가 깎아지른 절벽인 종 모양 화산체다. 종종 구름이 산에 막히면 구름 모자를 쓴 것 같은 신비로운 풍경을 연출한다. 묘한 기운 때문일까. 이곳엔 사찰이 3개나 있는데, 그중 해발 200m 지점의 자연 석굴에 불상을 안치한 산방굴사는 영주십경제주에서 경관이 특히 뛰어난 열 곳 중 하나다. 계단을 오르기 힘들다면, 입구에 있는 보문사를 찾자. 야외의 거대한 불상 앞 사계 앞바다를 감상하는 훌륭한 전망대다. 산방산 공영 주차장에서 아래쪽으로 이어진 길을 따라가면 용머리해안이다. 유모차와 휠체어가 다닐 수 있도록 길을 잘 닦아놓았다. 다만 돌아오는 길은 오르막이다. 중턱 즈음에 아이 달랠 거리가 있다. 귀여운 토끼 모양으로 아이스크림을 만들어주는 치치퐁서귀포시 안덕면 사계남로216번길 24-62와 넓고 전망 좋은 카페 소색채본사계남길216번길 24-61이다. 힘들 것 같다면 차로 이동하자. 산방산 일대에는 2월부터 유채꽃이 만발한다. 대부분 사유지로, 1인당 1천 원을 내고 사진을 찍을 수 있다.

쉿! 플레이스

쉿! 여긴 정말 숨겨진 곳, 산방연대

산방연대서귀포시 안덕면 사계리 3689는 산방산 주차장 앞으로 이어진 언덕 위에 있다. 과거 횃불과 연기를 이용해 소식을 전하던 곳이다. 요즘으로 치면 휴대전화 기지국인데, 전망이 무척 좋다. 여기서 이어지는 산책로는 올레 10코스다. 내려가면 갈림길이 나온다. 왼쪽으로 가면 비밀스럽게 숨겨진 황우치해변이고, 오른쪽으로 가면 용머리해안이다.

용머리해안

👤 **추천 나이** 6세부터
📍 서귀포시 안덕면 사계리 118 📞 064-794-2940
🕐 09:00~17:00(만조 및 기상악화 시 통제, 전화 확인)
₩ 입장료 1,000원~2,000원, 산방굴사 통합관람권 1,500
   원~2,500원
ⓘ **편의시설** 주차장, 유모차 운행은 입구까지만 가능

굽이치는 용머리 암벽

산방산 자락이 바다로 뻗어나가는 곳에 바닷속으로 들어가는 용의 머리를 닮은 사암층 암벽지대가 있다.
수천만 년 동안 모래가 켜켜이 쌓여 돌이 된 절벽이 파도에 깎여 기묘한 곡선을 그리고 있다. 오랜 세월 파
도에 움푹 패인 굴방과 암벽은 가히 압도적이다. 높이 30~50m의 절벽이 굽이치듯 이어지는 모습은 영화
에서 본 그래픽 같다. 돌아보는 데 30분~1시간 정도 걸린다. 빠지거나 미끄러지지 않게 조심해야 하므로
운동화를 신는 게 좋으며, 6세 미만 아이와는 관람을 권하지 않는다. 용머리해안까지 가지 못한다면 산책
로만 돌아봐도 바닷가 절경을 만끽하기에 충분하다. 잔디밭이 넓게 펼쳐져 있으며, 오래됐지만 옛 추억
을 불러일으키는 유원지인 산방랜드도 아이들은 즐거워한다. 이곳엔 네덜란드 선인 하멜이 난파되어 표
착한 곳이기도 하다. 이를 기념하는 하멜표류기념비와 상선전시관이 있다. 그 옆 커피스케치서귀포시 안덕면
사계남로216번길 24-32는 최근 문을 연 제주 카페 중 단연 손에 꼽히는 뷰를 자랑한다. 산책로를 따라 언덕을
오르면 산방산이 나온다. 용머리해안 입장권은 산방굴사와 통합관람권으로도 구매할 수 있다.

©제주눈썹

SIGHTSEEING
▼▼▼▼▼▼
박수기정과 대평포구

- 추천 나이 1세부터
- 서귀포시 안덕면 감산리 982-2
- ① 편의시설 주차장, 유모차 운행 가능(포구 주변)
- 버스 530, 531, 633, 751-2(포구까지 도보 9분)

박수기정 절벽이 지켜주는 넓은 틀

대평마을의 박수기정은 높이 약 100m에 이르는 수직 절벽이다. 샘물을 뜻하는 '박수'와 절벽을 뜻하는 '기정'이 합쳐진 말로, 바가지로 떠 마실 수 있는 깨끗한 샘물이 솟는 절벽이라는 뜻이다. 중문 쪽에서 해안도로로 가고 싶다면, '논짓물'에서 시작하는 예래해안도로를 택하면 된다. 한적한 포구가 있는 대평리에 들어서면 시간이 느리게 흘러가는 것 같다. 높은 언덕을 넘어야 만날 수 있는 마을이다. 수직 절벽은 마을의 경계이자 듬직한 울타리이다. 대평밥상, 카페루시아, 카페휴일로에서는 바다와 박수기정의 풍경을 온전히 즐길 수 있다. 대평포구 앞에서 이어지는 몽돌 바닷길을 따라가면 절벽을 가장 가까이서 볼 수 있지만, 아이와 함께라면 포구 앞 빨간 등대 쪽이 안전하다. 여름철 저녁엔 간혹 해변 무대에서 해녀들의 공연이 열린다.

쉿! 플레이스

쉿! 여긴 정말 숨겨진 곳, 안덕계곡

대평리에서 북쪽 큰길로 나오는 길목에 안덕계곡서귀포시 안덕면 감산리 346이 숨어 있다. 병풍 같은 기암절벽과 평평한 암반 바다, 맑은 물이 흐르는 멋진 곳으로, 3백여 종의 식물이 사는 난대림 원시림이다. 천연기념물 제377호로 지정됐다. 계곡을 따라 트레킹을 할 수 있다. 유모차는 운행하기 어렵다. ⊙ 서귀포시 안덕면 감산리 346

서귀포시 서부권 맛집·카페·숍

RESTAURANT
CAFE&BAKERY·SHOP

RESTAURANT
나무식탁

📍 서귀포시 대정읍 도원로 214 📞 070-4208-3858
🕐 11:00~16:00(매주 일요일·월요일 휴무)
ℹ️ 편의시설 주차 가능(신경도예 운동장), 유모차, 아기 의자
🌐 인스타그램 namu_moment_jeju

제주 음식 재료와 일본식 음식의 만남

대정읍 신도리에서 요리하는 남편과 꽃 꽂는 아내가 운영하는 맛집이다. 제주의 음식 재료를 이용해 만든 일본식 음식은 보기에도 좋고, 맛도 훌륭하다. 사진도 잘 나오니 서쪽 시골 마을까지 찾아온 수고가 헛되지 않다. 한치가스는 이 집에서 가장 인기 있는 메뉴이다. 고등어가 통째로 올라간 소바와 푸짐한 우동이 잘 어울린다. 생물 고등어 수급이 원활치 않아 휴무가 잦은 편이다. 방문 전에 영업 여부를 확인해야 한다. 캐치테이블 어플로 현장 대기가 가능하다.

 RESTAURANT

미영이네

◎ 서귀포시 대정읍 하모항구로 42 📞 064-792-0077
🕐 11:30~22:00(주문 마감 20:30, 1·4주 수요일 휴무)
ⓘ 편의시설 주차 가능(가게 앞), 아기 의자, 좌식테이블, 포장 가능

입안에서 살살 녹는 고등어회

모슬포의 미영이네선 고등어회와 탕을 한 번에 맛볼 수 있다. 손맛이 좋아 도민과 관광객 모두가 사랑하는 맛집이다. 채소 무침과 참기름을 두른 밥이 특히 맛있어 많이 먹어도 질리지 않는다. 기름기가 많은 생선이라 조금 느끼하다 싶을 때 탕이 나온다. 아이들은 겉은 바삭하고 속은 촉촉한 고등어구이를 주면 된다. 최근 리모델링을 해서 내부를 깔끔하게 단장했다. 여름에는 물회와 객주리쥐치 조림을, 겨울에는 방어도 한다. 손님이 늘 많지만 친절함도 잃지 않아 기분이 좋아지는 맛집이다.

 RESTAURANT

대정쌍둥이식당

◎ 서귀포시 대정읍 하모백사로 2
📞 064-792-6073
🕐 09:00~21:00(마지막 주문 20시, 매주 수요일 휴무)
ⓘ 편의시설 주차, 좌식 테이블

현지인 손님으로 붐비는 포구 식당

풍부한 어장을 자랑하는 모슬포 항구에서 현지인 손님이 유난히 많은 식당이다. 제철 바다 음식을 위주로 하며, 주요 메뉴로 회와 무침, 생선국 등이 있다. 여름에는 활한치물회가 단연 인기. 뼈째 먹는 제주 생선에 도전하고 싶다면 자리강회를 시켜 보자. 겨울에는 기름기 오른 방어회를 인원수 별로 시킬 수 있는데, 3만 원부터 시작하니 가성비가 좋다. 의외의 메뉴인 갈비찜도 인기다. 기본은 매콤한 맛이라 맵지 않게 주문하면 아이 밥반찬으로 딱이다. 바로 앞은 하모해수욕장이라 바다 구경하고 놀기도 좋다.

 RESTAURANT

식과함께

📍 서귀포시 안덕면 화순로142번길 11-9
📞 064-900-9745
🕐 10:30~22:00(브레이크타임 16:00~17:00,
　마지막 주문 21:00, 매주 목요일 휴무)
ⓘ 편의시설 주차 가능(가게 앞), 아기 의자, 포장 가능

가성비 만점 갈치구이와 조림

기본 메뉴는 1인분 9,900원이다. 조림과 생선구이도 1인분부터 가능하다. 어두워지면 문여는 식당 찾기 쉽지 않은 동네에서 늦은 밤까지 영업하는 곳이라 좋다. 우럭튀김, 게우밥 등 이것저것 시켜 나눠 먹을 수 있는 세트 메뉴가 있어 반갑다. 단연 인기가 많은 메뉴는 제주산 갈치구이정식이다. 보말칼국수, 성게미역국, 해물라면 등 선택지도 다양하다. 8가지 반찬과 성게미역국은 2~3천 원에 추가할 수 있어 아이들과 함께 가도 부담 없다. 넉넉한 아기 의자와 친절한 서비스도 인상적이다.

🍽 RESTAURANT

사계골목집

📍 서귀포시 안덕면 사계남로84번길 4-7
📞 0507-1364-0290
🕐 16:00~22:00(마지막 주문 21시, 매주 월요일 휴무)
ⓘ 편의시설 아기 의자, 캠핑 존, 마당
🌐 인스타그램 sagye_golmokjip

캠핑 감성 야외 흑돼지구이

캠핑 감성을 느끼며 흑돼지구이를 먹으면 정말 좋겠는데 아이들과 함께할 생각하니 한숨부터 나온다면 이곳을 찾자. 목심, 오겹살은 물론 특수부위 양념구이와 갈빗살까지 있어 다양하게 맛볼 수 있다. 찌개류와 메밀비빔면도 갖추고 있다. 실내 좌석도 있지만, 이곳의 묘미는 야외석이다. 오두막에는 캠핑 의자와 바비큐 존이 개별로 설치되어 있고, 자갈 깔린 마당은 아이들 놀기에 딱 좋다. 노을 무렵 붉게 물들어 가는 하늘을 바라보며 바비큐를 즐겨보자. 사계 해변 뒷골목 오래된 마을 안쪽에 있다.

RESTAURANT
산방식당

◎ 서귀포시 대정읍 하모이삼로 62
📞 064-794-2165
🕐 11:00~18:00(매주 수요일, 명절 휴무)
ⓘ 편의시설 주차장, 유모차, 아기 의자, 좌식테이블

제주 밀면의 원조집

산방식당은 제주식 밀면의 원조이자 대표주자다. 소면이 아니라 중간 크기 면을 쓰는데, 가게에서 직접 반죽해 뽑기에 쫄깃한 식감이 매력적이다. 육수는 멸치로 우려내 맛이 깊고 깔끔하다. 메뉴는 간단하다. 육수에 담근 일반 밀면과 양념만 넣은 비빔밀면, 그리고 빼놓을 수 없는 수육, 이렇게 셋이다. 특이하게도 이집에선 술을 시키면 맛보기 고기를 주는데, 양이 적지 않아 안주로 충분하다. 뒷다리를 삶은 수육은 아이가 먹기에도 부드럽고 야들야들하다. 특히 겨자와 함께 나오는 특제 고추장소스에 찍어 먹으면 중독적이다. 밀면과 수육, 그리고 제주 막걸리는 환상적인 궁합을 이룬다. 도민들도 많이 찾거니와 모슬포, 올레길등과 가까워 관광객까지 몰려 웨이팅이 자주 걸린다. 제주도에 분점이 여러 곳 있다. 기다림이 힘들면 모슬포의 노포 영해식당이나 영성식당으로 가자.

 RESTAURANT
고바진

◎ 서귀포시 대정읍 영어도시로 64
☎ 064-792-2030 ⏱ 11:30~21:00(브레이크타임 15:00~
17:00, 일·월요일 휴무)
ⓘ 편의시설 주차장, 아기 의자, 마당
🌐 인스타그램 jeju_gobajin

연기 없이 담백한 숯불 흑돼지

연기 없이 먹을 수 있는 숯불 흑돼지 구이집을 찾는다면 바로 여기다. 고기를 주문하면 숯불을 이용해 제주 전통 항아리에서 기름기를 쫙 빼며 굽는다. 다 구운 고기를 철판에 올려 내오는데, 냄새와 연기를 걱정하지 않아서 좋다. 고기는 쫀득하고 담백하다. 곁들여 나오는 채소구이, 소시지와 무척 잘 어울린다. 공깃밥을 시키면 아이들에겐 김과 미역국도 내어준다. 와인 리스트도 합리적인 가격이고, 후식 열무국수도 찰떡궁합이다. 흑돼지구이를 익히는 데 20분 정도 걸린다. 좌석이 많지 않아 예약하고, 시간 맞춰 가는 게 좋다.

 RESTAURANT
홍성방

◎ 제주 서귀포시 대정읍 하모항구로 76
☎ 064-794-9555
⏱ 09:00~21:00
ⓘ 편의시설 주차장, 아기 의자, 포장 가능

항구 앞의 만족스러운 중식당

모슬포항 방어 축제 거리에 있는 중화요리 전문점이다. 점심부터 손님이 꽉 들어찬다. 저녁이라면 코스에 욕심을 내보는 게 좋다. 가격은 인당 19,000원에서 31,000원이면 된다. 윤기 흐르는 냉채 3종이 먼저 등장하고, 곧이어 깐풍새우와 통째로 튀긴 생선 요리가 나온다. 탕수육이 빠지면 서운하다. 얇게 썬 양파를 듬뿍 얹은 달콤하고 쫄깃한 탕수육까지 먹으면 엄지가 절로 올라간다. 마무리 식사는 짜장면과 볶음밥, 두 종류의 짬뽕 중에서 택하면 된다. 메뉴에서 빼놓을 것 없이 맛있고, 바쁜 와중에도 늘 친절하다.

 RESTAURANT
춘미향식당

◎ 서귀포시 안덕면 산방로 382
📞 064-794-5558
🕒 11:30~21:00(브레이크타임 15:00~17:30, 수요일 휴무,
재료 소진 시 종료)
ⓘ 편의시설 주차가능(길가), 아기 의자, 좌식테이블

손맛 좋은 제주의 집밥

신선하고, 맛있고, 푸짐해 칭찬이 자자한 집이다. 안덕면 사계리의 동네 식당이었던 춘미향은 이제는 제주 서남부에서 모르는 이 없게 되었다. 정겨운 시골 식당을 유명 맛집으로 이끈 비결은 프로 정신과 손맛이다. 식당은 온 가족이 힘을 합쳐 운영한다. 어머니는 김치와 반찬을, 아버지는 낚싯배를 몰아 고기를 낚고, 형제는 요리한다. 채소 대부분은 텃밭에서 가져오고, 양식이나 냉동 생선은 사용하지 않는다. 대표 메뉴인 춘미향 정식을 시키면 반찬과 함께 쫀득한 흑돼지 목살을 구워 먹으라고 불판을 준비해준다. 보말미역국, 옥돔구이, 딱새우장 등과 함께 먹을 수 있어 더 행복하다. 참돔, 벵에돔, 벤자리 등 이름부터 귀한 제주 생선으로 만든 김치찜과 조림도 포기할 수 없다. 재료 소진 시엔 브레이크타임 전에도 마감할 수 있다.

(icon) RESTAURANT
까사디노아

◎ 서귀포시 안덕면 대평로 42   ☎ 064-738-1109
ⓒ 11:30~17:00(마지막 주문 16:30, 일·월 휴무)
ⓘ **편의시설** 주차 가능(대평포구 앞), 유모차, 아기 의자, 마당, 포장 가능 ⊕ **인스타그램** casadinoa_jeju

대평리에서 만나는 작은 로마

수요미식회에 나왔던 연남동의 까사디노아가 제주 대평리로 이사를 왔다. 한적한 대평포구 뒤편에 자리 잡고 있다. 넓은 잔디마당이 있어서 아이들이 마음껏 뛰어놀 수 있다. 통창으로 한라산의 멋진 뷰가 실내까지 들어온다. 이탈리아에서 온 셰프는 고향의 맛을 그대로 재현하고 있다. 좋은 재료를 고집해 핀사를 겉은 바삭하고 속은 촉촉하게 구워낸다. 핀사와 잘 어울리는 수제 생맥주, 와인도 구비하고 있으며, 치즈 플래터 역시 유럽의 어느 와인 바에서 나온 것 같은 구성으로 만나볼 수 있다.

(icon) RESTAURANT
올드캡

◎ 서귀포시 안덕면 녹차분재로 58
☎ 064-792-3525
ⓒ 10:30~20:00(브레이크타임 15:30~17:00)
ⓘ **편의시설** 주차장, 아기 의자, 포장 가능
⊕ **인스타그램** oldcap.official

호주식 피시앤칩스와 수제 햄버거

오설록과 신화월드 가까운 곳에 있는 호주를 품은 제주 수제버거 맛집이다. 든든하고 간편하게 먹을 수 있는 이 집 버거는 맛과 건강까지 잡았다. 부드러운 번 사이에 겉은 바삭하고 속은 촉촉한 통생선 살 필렛이 신선한 제주 채소와 함께 곁들여진다. 생선이 별로라면 한우, 흑돼지, 치킨을 택하면 된다. 자꾸만 손이 가는 마성의 감자튀김도 있다. 버거번부터 시즈닝 소스까지 모든 것은 매장에서 직접 만든다. 아이들 마실 수 있는 유기농 사과주스는 물론 맥파이 생맥주 탭까지 갖추고 있다.

(🍴) RESTAURANT
제주해조네
보말성게전문점

📍 서귀포시 안덕면 대평감산로 12
📞 0507-1417-7908
🕐 08:00~15:00(마지막 주문 14:40, 매주 수요일 휴무)
ⓘ 편의시설 주차 가능(가게 앞 갓길), 아기 의자, 포장 가능
🌐 인스타그램 jeju.haejo

내공 깊은 보말 요리 어멍의 정갈한 밥상

간판에 내세운 것처럼 제주 바다에서 난 보말과 성게로 정갈한 밥상을 차려내는 집이다. 죽, 비빔밥, 칼국수, 수제비, 미역국에 아끼지 않고 재료를 듬뿍 넣는다. 고등어와 옥돔구이도 곁들이면 더욱 든든하다. 조리 전 과정을 유튜브에 공개할 만큼(youtube.com/@jejuhaejo) 건강한 맛을 자부한다. 동네 맛집이지만 깔끔한 내부가 돋보인다. 곳곳에 숨어있는 인테리어 아이디어를 보는 재미가 쏠쏠하다. 테이블 위에는 제주 여행 전도가 있어 음식을 기다리며 아이와 지도를 보면 좋다. 15년 보말 요리 내공의 어멍과 요식업 전공자 아들이 선사하는 깊은 맛을 느껴보자. 아기를 위한 식기와 가위 등을 준비하고 있다.

포장해서 먹기 좋은 맛집을 소개합니다

🍴 대정족발

제주산 돼지고기 생족으로 족발을 만든다. 포장하면
3천 원 할인해준다. 모슬포가 본점이며, 분점은 영어
교육도시에 있다.

📍 서귀포시 대정읍 중산간서로 2276

📞 064-794-5254

🍴 토끼트멍

낚시로 잡은 무늬오징어 요리를 다양하게 맛볼 수 있
다. 제주산 돌문어와 제육을 넣어 만든 볶음도 별미
다. 각종 계절 메뉴도 안주로 좋다.

📍 서귀포시 안덕면 사계남로 182

📞 0507-1410-7640

🍴 남경수산

낚시로 잡은 대방어를 바로 떠서 포장해준다. 마리당
판매하기 때문에 저렴하지만, 양이 무척 많아 일행이
5명 이상이면 추천한다. 인원이 적다면 모슬포항 앞
에 있는 횟집을 찾자. 신영수산이 유명하다.

📍 서귀포시 대정읍 최남단해안로 30번길 12

📞 064-792-8159

🍴 축협축산물플라자

안덕면 신화역사공원 근처에 있는 제주 한우구이 정
육식당이다. 서귀포 축협에서 운영한다. 뽀얀 한우탕
도 있으며, 정육점에서 신선한 제주 한우와 돼지고기
를 구매할 수 있다.

📍 서귀포시 안덕면 중산간서로 1914-3

📞 064-794-5658

 그곳이 알고 싶다! **놀이방 완비 식당**

피그농원

CAFE & BAKERY

미쁜제과

📍 서귀포시 대정읍 도원남로 16
📞 070-8822-9212 🕐 09:00~20:00
ⓘ **편의시설** 주차장, 유모차 운행 가능, 좌식테이블, 야외테이블, 정원
🌐 **인스타그램** mippeun_jeju

멋스러운 한옥 정원 카페

멋스러운 한옥 건물에서 빵과 음료를 즐기고, 넓은 마당에서 뛰놀 수 있는 카페다. 베이커리 종류가 무척 다양해 출출한 배를 달래기에도 안성맞춤이다. 대정읍 신도리의 해안도로 앞에 있어 창 너머로 바다 풍경도 감상할 수 있다. 잔디 마당엔 바다를 볼 수 있는 정자와 야외테이블이 있다. 전통적인 느낌과 남국의 정취가 잘 어우러지게 꾸몄다. 작은 냇가와 그네, 시소까지 있어 아이들과 이곳저곳 구경하며 놀기 좋다. 넓은 실내에는 신발 벗고 앉을 수 있는 공간이 있어 어린 아기를 눕혀 놓기도 편하다. 전자레인지도 있으니 이유식 데우기도 좋다. 야외 화산학 교과서로 불리는 수월봉에서 가까워 둘러본 뒤 쉬어 가기 좋다. 비교적 아침 일찍 문을 열고 해질 때까지 영업한다. 이쪽 바다는 돌고래가 나타나기로 유명해 운이 좋으면 남방돌고래를 만나는 행운도 얻을 수 있다. 저녁 무렵 아름다운 노을을 편안하게 즐길 수 있어 더욱 좋다.

 CAFE & BAKERY

인디이스트

📍 서귀포시 안덕면 동광로 107
📞 010-6655-1613
🕐 10:30~19:00(마지막주문 18:30)
ⓘ 편의시설 주차장, 유모차 운행 가능, 야외테이블, 운동장
🌐 인스타그램 cafe_intheeast

동광분교 문화 체험 카페

지금은 폐교된 동광분교 자리에 생긴 제주문화 체험 카페다. 학교는 문을 닫았지만, 어린이들을 위한 배움의 터전이란 의미는 여전하다. 그대로 남아 있는 넓은 운동장은 아이들이 맘껏 뛰놀 수 있는 무궁무진한 놀이터이다. 비눗방울과 던지고 놀 수 있는 장난감도 판매한다. 탈탈탈, 전동 경운기도 아이들에게 인기 만점이다. 크루아상과 소시지 샌드위치 등 베이커리도 맛있고, 직접 구운 달콤하고 귀여운 쿠키와 어린이 주스도 갖추고 있는 예스 키즈존 카페다. 실컷 뛰놀다가 배고프면 식사 대용 메뉴를 골라보자. 국내산 치킨 너겟으로, 아이들이 좋아하는 공룡 정원을 테마로 플레이팅 해서 내어준다. 어른들을 위한 브런치도 있다. 오설록, 신화월드와 가깝고 평화로 근처에 있어서 접근성이 좋다. 단체 모임이나 생일 등 파티를 열고 싶다면 널찍한 룸을 대관하면 된다.

☕ CAFE & BAKERY
원앤온리

📍 서귀포시 안덕면 산방로 141
📞 064-794-0117 ⏱ 09:00~19:00(주문 마감 18:30)
ⓘ 편의시설 주차장, 유모차 운행 가능, 아기 의자, 야외테이블, 정원
🌐 인스타그램 jejuoneandonly

산방산과 바다를 품은 라운지

제주 서남부는 비교적 평탄한 지형이다. 이 지역에 들어서면 어디서든 우뚝 서 있는 산방산이 보인다. 산방산 주변으로는 안개와 구름이 자주 몰려 신비로운 모습이 종종 연출된다. 이웃한 용머리해안과 송악산까지 더해져 그 기운이 더욱 강렬하다. 카페 원앤온리는 뒤로는 산방산을 지붕처럼 얹고 있고, 앞으로는 길고 고요한 황우치해안을 품고 있다. 카페 이름에 세상에서 단 하나뿐인 뷰와 분위기를 품었다는 뜻을 담았다. 2층 루프톱에 있는 편안한 소파에 앉으면 마치 리조트에 온 것 같다. 깎아지른 산방산의 절경이 머리 위로 다가오고, 황우치해변과 푸른 바다가 시야로 들어온다. 전망이 좋아 가격은 비싼 편이지만, 생과일을 아낌없이 갈아 넣은 주스와 정성껏 만든 음식 메뉴도 맛있는 편이다. 정원이 넓어 아이들 뛰어 놀기 좋다. 산방산 모양을 본뜬 케이크가 시그니처 디저트. 출출하다면 치맥 찬스를 써보자.

☕ CAFE & BAKERY
풀베개

📍 서귀포시 안덕면 화순서서로 492-4
📞 064-792-2717 🕐 10:00~20:00(주문 마감 19:00)
ⓘ 편의시설 주차장, 유모차 운행 가능, 야외테이블, 마당
🌐 인스타그램 pullbege

곳곳이 그림이 되는 공간

요즘 제주에서 잘 나가는 카페를 꼽자면 단연 풀베개다. 카페 이름은 주인이 애정하는 나쓰메 소세키의 소설 제목이다. 앞마당의 귤밭은 싱그러운 캠핑장 같고, 키 큰 고목이 지키고 있는 안마당과 뒤뜰은 계절이 머무는 곳이다. 특히 겨울이 되면 안뜰의 동백나무가 매일 수많은 꽃을 떨궈 그림 속 풍경 같다. 본디 오래된 주택의 마당이었을 공간에 돌과 솔방울, 꽃잎 같은 자연물을 놓아 제주의 감성을 잘 살렸다. 내부에는 주인의 취향이 고스란히 반영된 책들이 놓여 있다. 채광이 좋고 개성 넘치는 인테리어 덕에, 어디에 앉아도 그림이 된다. 여유가 넘치고 말솜씨가 좋은 주인은 실은 오랜 시간 광화문에서 이자카야를 운영했다고 한다. 커피와 음료, 베이커리뿐만 아니라 위스키와 와인 등도 만나볼 수 있다. 오전이나 저녁 무렵에 가면 비교적 여유롭게 온전한 매력을 느낄 수 있다. 별채는 노키즈존이다.

CAFE & BAKERY
카페 루시아

⊙ 서귀포시 안덕면 난드르로 49-19
📞 064-738-8879
🕐 09:30~21:00
ⓘ 편의시설 주차장, 유모차 운행 가능, 야외테이블, 마당
🌐 인스타그램 jeju_lucia_

대평포구와 박수기정 절경을 한눈에

기가 막힌 위치에 있다. 포구 뒤 야트막한 언덕 위에 자리를 튼 카페 루시아. 기암절벽이 압도적인 박수기정과 한적한 대평포구를 한눈에 담아 보자. 이곳은 특히 아이들이 좋아하는 젤라토 메뉴는 물론 베이커리도 다양해 더욱 좋다. 풍경에 조금 더 들뜨고 싶다면 바다 쪽으로 다가간 야외테이블이나 2층 루프톱에 앉는 게 좋다. 원래는 오랫동안 대평 앞바다를 지키던 작은 카페였는데, 최근 바로 옆으로 신축 확장해 문을 열었다. 이 마을은 사람이 많은 곳이 아니라 유유자적 제주에서의 시간을 만끽하기 좋다. 봄에는 박수기정을 배경으로 유채꽃이 흐드러지게 핀다. 언제 찾아도 좋지만, 가장 아름다울 때는 일몰 무렵이다. 푸르게 빛나던 바다와 바다만큼 푸르던 하늘이 점점 붉게 타오르는 모습이 황홀하게 아름답다.

☕ CAFE & BAKERY
카페 휴일로

📍 서귀포시 안덕면 난드르로 49-65
📞 010-7577-4965
🕙 10:00~20:00(주문 마감 19:30)
ℹ️ 편의시설 주차장, 유모차 운행 가능, 야외테이블, 정원
🌐 인스타그램 hueilot

한적한 바닷가와 박수기정의 풍경

인적 드문 대평리 앞바다에 힙한 음악이 흘러나오고, 잘 정돈된 넓은 정원이 펼쳐진다. 대평리에서 이런 풍경의 카페를 찾는다면 카페 휴일로가 딱 맞다. 카페는 전체가 통창으로 바다를 향해 시원하게 뚫려 있다. 내부는 넓고 천장은 높아 시원시원하다. 박수기정과 산방산, 송악산이 겹겹이 펼쳐지는 위치에 있어 풍경이 어디에 내어놓아도 나무랄 데 없다. 대평리의 다른 카페도 대부분 그렇지만 오션 뷰 카페치고는 비교적 사람이 몰리지 않는 편이어서 여유롭게 쉬어 가기 좋다. 카페 앞 정원은 인조 잔디다. 하지만 크게 위험하지 않아 아이들 놀기 좋은 편이다. 카페 옆으로 제주 올레 8코스가 지나간다. 휠체어가 다닐 수 있도록 포장된 코스라서 유모차 끌고 가볍게 올레길을 느껴볼 수도 있다. 아이가 조금 크다면 손잡고 걸어도 좋겠다. 물질하는 해녀들이 다니는 길목이어서 종종 해녀를 볼 수 있다.

 CAFE & BAKERY

청춘부부

⊙ 서귀포시 대정읍 추사로38번길 181
📞 010-6657-1529
🕐 월~수 08:30~17:00(주말 10:00부터, 목·금 휴무)
ⓘ **편의시설** 주차장, 유모차 운행 가능, 아기 의자, 마당
🌐 **인스타그램** jeju_booboo

미래로 보내는 엽서를 쓸 수 있는 카페

대정읍 중산간 마을의 감귤 창고를 리모델링한 카페이다. 모든 디저트를 직접 만들고 원두 로스팅까지 한다. 근처에 영어 교육 도시가 있어 학부모 단골손님이 많다. 그만큼 커피와 디저트 맛으로도 알아준다. 주황색 귤이 주렁주렁 매달린 풍경이 보이는 코타츠 테이블 자리는 멋진 포토존이다. 젊은 부부가 운영하는데, 카페 곳곳을 정성스럽고 감각적으로 꾸며 자꾸만 카메라 셔터를 누르게 된다. 아기 의자도 있고, 겨울에는 귤 따기 체험도 할 수 있는 예스키즈존이다. 아침 일찍부터 문을 열어 더욱 반갑다. 카페엔 편지를 쓸 수 있는 엽서가 있다. 이 엽서에 편지를 써서 주소를 적어 두면 주기적으로 발송해준다. 아이와 함께 미래의 우리에게 편지를 써보는 소중한 시간을 가져 보자. 추사유배지에서는 북쪽으로, 곶자왈도립공원에선 남쪽으로 자동차로 5분 거리에 있다.

☕ CAFE & BAKERY

고스란

📍 서귀포시 안덕면 병악로 81-40
📞 010-4027-2949
🕐 10:00~18:00(매주 수요일 휴무)
ℹ️ **편의시설** 주차장, 아기 의자, 정원
🌐 **인스타그램** cafe.gosran.jeju

고스란히 편안하게 쉴 수 있는

넓은 잔디밭과 채광 좋은 갤러리가 인상적인 카페다. 마당엔 엄마, 아빠들의 카페 선정 우선순위인 잔디밭이 넓게 펼쳐져 있고, 야자수와 동백나무가 있어 남국의 여유로움도 한껏 누릴 수 있다. 빵과 케이크, 유기농 주스 등을 판매해 아이들 간식거리도 충분하다. 내부의 바닥은 푹신한 재질로 마감해 발걸음 소리가 크게 나지 않고, 다칠 염려도 없다. 벽에 걸린 그림만 보아도 주인의 안목이 드러나는데, 차를 마시며 갤러리처럼 즐기기 좋다. 2층은 고가의 작품이 많아 노키즈존이지만, 1층과 넓은 잔디밭 정원만으로도 충분히, 그리고 카페 이름처럼 고스란히 편안한 휴식을 누릴 수 있다. 카페 옆으로도 숨겨진 산책로가 있다. 안덕면 중산간 카멜리아힐 근처에 있으며, 평화로 가까이에 있어 서귀포와 제주시를 오가는 길에 들르기 좋다.

☕ CAFE & BAKERY

어린왕자감귤밭

📍 서귀포시 대정읍 추사로36번길 45-1
📞 0507-1461-1605 🕐 09:30~20:00
ℹ️ 편의시설 주차장, 농장, 정원, 야외테이블
🌐 인스타그램 jeju_gosuhan

귤나무와 동물 친구들이 반기는 곳

입장료 없이 1인 1음료만 주문하면 다양한 체험을 즐길 수 있다. 야자수가 어우러진 정원은 포토존으로 가득하고, 여유로운 분위기의 야외테이블에서 음료를 즐길 수도 있다. 겨울 제주의 최고 인기 체험인 귤 따기는 비용을 받는데, 귤밭에서 딴 만큼 마음껏 먹을 수 있어 부담이 적다. 친환경 재배 방식이라 안심할 수 있다. 포니, 양, 타조, 거위, 알파카 등 순한 동물들은 좁은 우리에 갇혀있지 않고 정원 곳곳에 자연스럽게 살고 있다. 먹이 주기 체험을 하다가 어린이용 경운기도 운전할 수 있어 아이들은 쉴 틈 없이 신난다. 카페 공간은 크지 않고 체험 시설은 모두 야외에 있으니 궂은 날은 피하도록 하자.

ONE MORE

커피를 사랑한다면 이곳도 포기하지 말자

☕ **와토커피**

모슬포에 갔다면 잊지 말고 와토 커피를 찾아보자. 모든 커피 맛이 훌륭하지만, 시그니처 메뉴인 와토 알프스는 무척 특별하다. 크림을 싫어하는 사람도 사르르 녹아버리는 그런 맛이다.

📍 서귀포시 대정읍 동일하모로 238
📞 010-8324-1455

☕ **소소희**

영어교육도시에서 가장 유명한 빵집. 건강한 빵과 드립커피, 수제 생강청과 레몬청으로 티를 우린다. 수~토에만 문을 연다. 공간이 널찍해 앉았다 가기 좋다.

📍 서귀포시 대정읍 영어도시로 27-2
📞 064-792-1407

☕ **코데인커피로스터스**

커피를 제대로 하는 집이다. 산방산이 한눈에 보이는 안덕면 사계리에 있다. 실내 분위기는 차분하고 조용하다. 야외 공간과 루프톱도 있다. 루프톱에 오르면 산방산이 손에 잡힐 듯 가까이 있다.

📍 서귀포시 안덕면 사계북로 76
📞 010-9344-2127

 SHOP

제주시점

📍 서귀포시 안덕면 사계북로 95
🕐 11:00~18:00 (매주 화요일 휴무)
🌐 인스타그램 jeju_sijeom

제주에서 직접 찍은 사진으로 만든 감성 굿즈

제주를 상징하는 캐릭터가 아니라 아름다운 제주 사진을 담은 굿즈를 찾는다면 이곳이 좋겠다. 직접 찍은 제주의 사계절과 바다, 오름, 들판 사진을 일상에서 자주 쓰는 생활용품에 담았다. 마우스패드, 액자, 엽서는 물론, 반짝이는 윤슬이 선명하게 빛나는 듯한 마스킹 테이프와 휴대용 이어폰 케이스도 눈에 띈다. 주인장이 직접 촬영한 사진을 이용하기에 그만의 감성이 담겨 있어 더욱 특별하다. 산방산을 마주한 2차선 한적한 도로변에 있으며, 주차는 매장 앞 갓길에 하면 된다.

SHOP

아트살롱 제주

📍 서귀포시 대정읍 추사로38번길 150
📞 064-772-5524
🕐 11:00~18:00
🌐 인스타그램 artsalon_jeju

힙한 디자인 상품으로 가득한 쇼룸

대정읍 작은 골목길 안으로 들어가면 귤 농장 사이로 노란색 창고 건물이 눈에 띈다. 매장에 들어서면 성수동 창고형 매장에 온 듯한 느낌이 든다. 아트살롱 제주는 시각, 그래픽, 패션 분야 출신 구성원이 모여 10년 넘게 트렌드를 선도하는 디자인을 선보이는 쇼룸이다. 자체 디자인 상품은 물론 SNS에서 유행하는 최신 잇템도 만나볼 수 있다. 가장 인기 있는 제품은 빠샬FFACHAL 에코백이다. 의류와 워시 용품 등을 판매하며, 할인 판매도 종종 한다. 바로 옆 돌 창고 건물은 크래커스 카페 대정점이다. 함께 들르기 좋다.

 SHOP

안덕농협 로컬푸드 직매장

📍 서귀포시 안덕면 화순로 122
📞 064-794-0925
🕐 08:00~21:00

신선하고 안전한 제주 먹거리

안덕농협 하나로마트에 있는 제주의 첫 번째 로컬푸드 직매장이다. 마트에 들어서면 우측은 로컬푸드 직매장이고 좌측은 일반 매장이다. 이곳에선 인근 지역에서 나는 신선한 농산물을 복잡한 유통과정 없이 바로 만나볼 수 있다. 신선하고 안전하며, 저렴하다. 채소는 물론 제주 특산물인 만감류와 과일도 있으며, 인근 목장에서 직송한 유제품도 만나볼 수 있다. 제주에서 난 꿀, 건나물, 두유 등 집으로 가져갈 수 있는 포장 제품들도 많아 기념품 구매하기에도 좋다.

 SHOP

무릉외갓집

📍 서귀포시 대정읍 중산간서로 2852
📞 064-792-7977
🕐 09:30~17:30(매주 일요일, 공휴일 휴무)
🌐 인스타그램 jeju_murung_farm

제주 농산물 꾸러미

대정읍 중산간 무릉리에 있다. 무릉외갓집은 회원들에게 제주 농산물을 모아 꾸러미 형태로 매달 발송하는 서비스를 하는데, 이 농산물을 매장에서도 만날 수 있다. 제철 과일과 채소는 물론, 제주산 재료로 만든 스낵과 조미료 등 다채로운 상품을 전시하고 판매한다. 무릉리 농부와 소비자가 직접 만나는 교류의 장이 되기도 하고, 종종 전시도 펼쳐진다. 올레 11코스와 12코스가 만나는 지점이어서 올레꾼들이 쉬었다 가는 카페가 되기도 한다. 종종 생과일 찹쌀떡 만들기, 아이스크림 만들기 같은 체험 프로그램도 운영한다.

PART 9

서귀포시 동부권

성산읍·남원읍·표선면

▼▼▼▼

여행 지도 | 버킷리스트 | 핫스폿
맛집 | 카페 & 베이커리 | 숍

서귀포시 동부권 여행지도

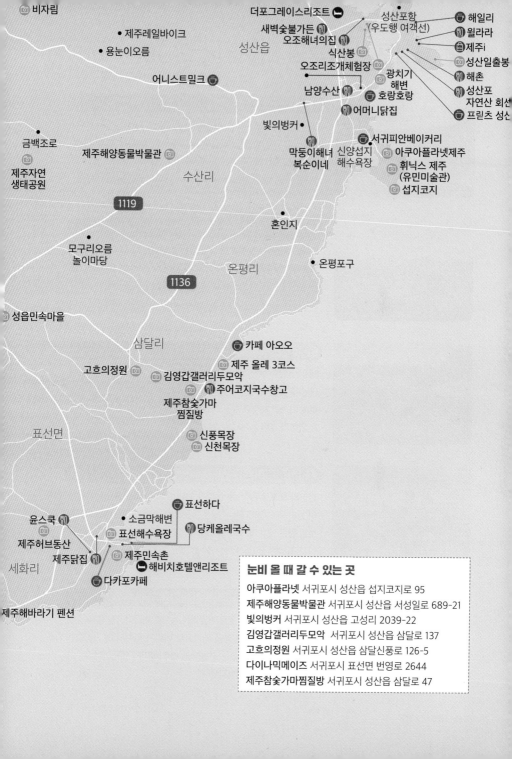

눈비 올 때 갈 수 있는 곳

아쿠아플라넷 서귀포시 성산읍 섭지코지로 95
제주해양동물박물관 서귀포시 성산읍 서성일로 689-21
빛의벙커 서귀포시 성산읍 고성리 2039-22
김영갑갤러리두모악 서귀포시 성산읍 삼달로 137
고흐의정원 서귀포시 성산읍 삼달신풍로 126-5
다이나믹메이즈 서귀포시 표선면 번영로 2644
제주참숯가마찜질방 서귀포시 성산읍 삼달로 47

서귀포시 동부권 버킷리스트 10

❶ 붉은오름자연휴양림, 숲의 향기에 취해보자

아이가 있는 가족이라면 추천이다. 붉은오름자연휴양림P350에는 어린이를 위한 숲 체험 시설이 있고, 평상에 누워 하늘을 바라볼 수도 있다. 잔디밭 광장엔 놀이터가, 목재문화체험장과 아로마 휴식 공간까지 있다. 많이 알려지지 않아 늘 한산하니 얼마나 좋은가.

❷ 자연 속에서 목장 체험하기

보롬왓P353에선 사계절 천상의 화원이 펼쳐진다. 그 사이를 맘껏 뛰놀다가 알록달록 깡통열차를 타고 들판을 신나게 달려보자. 숲 속 깊은 곳에 자리한 토종흑염소목장P354은 편백숲 트리아이로프 체험장과 ATV까지 갖추고 있는 키즈 프렌들리 목장이다.

❸ 제주민속촌에서 옛날 제주 만나기

제주민속촌P358은 100여 채의 제주의 전통 가옥과 민속 문화를 만날 수 있는 곳이다. 옛날 제주도 사람들은 어떻게 살았는지 체험하며 과거의 제주로 시간 여행을 떠나자. 표선 바다와 해비치리조트 옆이라 주변 놀거리도 많다.

❹ 아이도 어른도 신나는 조개잡이 체험

성산의 오조포구P363는 물때가 되면 호미와 바스켓을 든 사람들이 몰려든다. 철벅대는 갯벌은 파도 파도 조개가 나오는 그야말로 보물 같은 곳이다. 아이와 잡은 싱싱한 조개로 맛있는 요리를 해먹자. 특별한 즐거움을 선사할 것이다.

❺ 섭지코지, 이국적인 아름다움

드넓은 평원과 우뚝 솟은 기암괴석 등으로 아름다움을 뽐내는 섭지코지P361. 성산일출봉을 배경으로 바다가 펼쳐지고, 거침없는 파도와 바람이 불어오는 전형적인 제주 바다의 언덕이다. 자, 그럼, 저기 보이는 등대까지 출발!

⑥ 남국의 원더랜드, 코코몽에코파크

답답한 도시에 갇혀 있던 아이에게 코코몽에코파크P345는 특별한 선물이 될 것이다. 친숙한 캐릭터를 테마로 한 야외 놀이공간은 동화 속 원더랜드의 현실판. 막힘없는 오션뷰에 야자수가 있는 레스토랑까지, 이국적인 남국의 정취를 완벽하게 품고 있다.

⑦ 유채꽃 축제와 환상 벚꽃길 드라이브

봄이라면 조랑말체험공원P351으로 차를 몰자. 4월 초 유채꽃축제가 열리는데, 축구장 14배의 유채밭이 환상적으로 펼쳐진다. 축제장으로 가는 내내 녹산로의 벚꽃과 유채꽃이 화려하게 환영해준다. 4월의 녹산로는 단언컨대 대한민국 최고의 드라이브 코스이다.

⑧ 겨울엔 동백 꽃길을 걸어요

제주의 겨울이 아름다운 건 반이 동백 때문이라 해도 과언이 아니다. 위미마을P346과 동백포레스트P348에는 화려하게 피어난 동백이 군락을 이루고 있다. 동백은 꽃이 다 진 뒤에도 아름답다. 꽃송이가 뚝뚝 떨어진 붉은 카펫 길에선 자꾸만 걸음을 멈추게 된다.

⑨ 아쿠아플라넷에서 바닷속 구경하기

아쿠아플라넷P362은 동양 최대 규모의 해양수족관이다. 제주는 물론 세계의 진귀한 해양 동물을 만나볼 수 있고, 체험과 관람 시설도 풍족하다. 성산일출봉을 한눈에 바라볼 수 있는 야외 정원도 놓치지 말자.

⑩ 예스키즈존 카페와 낭만적인 오션 뷰 카페

표선의 다카포P375는 수영장과 놀이시설을 갖춘 예스키즈존 카페이다. 아이들에겐 천국 같은 곳이고, 부모는 아이에게 잠시 해방될 수 있다. 오션 뷰 카페에서 인생 사진을 얻고 싶다면 광치기해변의 호랑호랑P378으로가자. 바다와 일출봉이 멋진 배경이 되어준다.

서귀포시 동부권 명소
SIGHTSEEING

성산일출봉과 오름은 제주도 자연의 절정을 보여준다.
남원읍의 동백 명소들, 천상의 화원 보롬왓과 편백숲 흑염소목장,
벚꽃과 유채꽃이 환상적인 녹산로와 조랑말체험공원……
서귀포시 동부의 매력은 끝이 없다.

SIGHTSEEING
▼▼▼▼▼▼

코코몽에코파크&다이노대발이파크

👤 **추천 나이** 3세부터 📍 서귀포시 남원읍 태위로 536 📞 1661-4284

🕐 10:00~18:00(11~2월은 17:00까지, 매주 화요일 휴장) ₩ 아동 25,000원(24개월 미만 무료), 중학생~성인 15,000원, 6,000원 ⓘ **편의시설** 주차장, 유모차 운행 가능(대여 가능), 수유실, 기저귀갈이대, 실내놀이방

🚌 버스 201, 231, 232, 510, 741-1, 742-1, 742-2, 131, 132 🌐 **인스타그램** cocomongecopark_official

코코몽과 함께하는 제주 원더랜드

인기 캐릭터 코코몽과 친구들이 기다리는 친환경 테마파크이다. 동화 같은 숲속 놀이터에서 맘껏 놀 수 있다. 코코몽 기차와 카레이싱이 아이들을 기다린다. 그물 다리를 건너 숲의 작은 집들을 옮겨 다니며 숨바꼭질도 할 수 있다. 슬라이드는 여름이 되면 시원한 물놀이 시설로 변신한다. 모래 놀이장을 비롯하여 즐길 거리가 많다. 어린아이들을 위한 실내 놀이 공간도 있다. 탁구와 놀이 그물망이 있는 실내 놀이터에서도 시간 가는 줄 모르고 놀 수 있다. 빼놓지 말고 들를 곳은 레스토랑이다. 올레길이 지나는 뻥 뚫린 바닷길 앞에 있어 뷰 맛집이라 해도 손색없다. 돈가스와 볶음밥, 떡볶이는 바다를 앞에 두고 먹으니 더욱 맛있게 느껴진다. 겨울철에는 휴장 기간이 있으니, 전화로 미리 확인하고 방문하길 바란다.

▶ **ONE MORE**

한없이 바라보고 싶은
큰엉해안경승지

커다란 용암 덩어리가 파도를 집어삼킬 듯 입을 벌린 언덕이다. 큰엉은 '큰 언덕'이라는 뜻이다. 20m의 기암 절벽이 성처럼 펼쳐져 있고, 곳곳에 해안동굴이 있다. 절벽 위로 1.5km 산책로를 냈다. 올레 5코스 중 일부다. '한반도' 포토존도 멋지게 카메라에 담아보자. 길이 평평해 유모차도 갈 수 있다. 금호리조트 잔디 정원에서 바로 이어지므로, 이곳에 주차하면 내부 편의시설도 이용할 수 있어 편하다.

👤 **추천 나이** 1세부터
📍 서귀포시 남원읍 태위로 522-17 ⓟ 금호리조트에 주차

SIGHTSEEING
▼▼▼▼▼▼▼
이승이오름

🧍 추천 나이 4세부터
📍 서귀포시 남원읍 신례리 산7
ℹ️ 편의시설 주차 가능, 유모차 운행 가능(벚꽃 가로수길)

초원 벚꽃길과 삼나무 숲길

정상보다는 진입로의 목장과 삼나무 숲, 오름 둘레길, 한라산 둘레길 등 보석 같은 곳이 많아 아이들과 찾기에도 좋다. 탐방로로 진입하려고 들어선 작은 길목은 곧 넓은 초원으로 이어진다. 웅장한 한라산이 평화로운 초원을 뒤에서 든든히 지켜준다. 목초지에서 한가로이 풀을 뜯는 소들에게서 평온을 느낀다. 봄이 되면 2km 남짓한 진입로가 벚꽃 터널로 바뀐다. 목장을 따라 톡톡 팝콘처럼 피어나는 화사한 벚꽃이 상춘객 마음을 들뜨게 한다. 목장을 지나 오름 입구까지는 얕은 오르막이지만 푹신하고 안전한 인도도 있어 걷기 좋다. 안내 지도와 정자, 운동기구가 있는 곳이 차도 끝이다. 여기에 주차하고 본격적으로 이승이오름 둘레길을 탐방하면 된다. 아이와 함께라면 정상 말고 삼나무 숲길로 가보자. '수악길 23번' 표지판 앞에서 오른쪽을 택하면 최근 떠오르는 SNS의 삼나무 숲길 포토 스폿을 만난다. 다시 돌아와 왼쪽 길을 택해도 신비로운 숲이 있는 둘레길이다. 둘레길만 걸으면 어른 걸음으로 약 1시간 정도 걸린다.

SIGHTSEEING
▼▼▼▼▼▼▼
제주동백수목원과
제주동백마을

👤 **추천 나이** 2세부터
제주동백수목원 📍 서귀포시 남원읍 위미리 931-1
📞 064-764-4473 🕐 09:30~17:00(11월 중순~2월 말)
💰 입장료 3,000원~4,000원 ⓘ **편의시설** 주차장
🚌 버스 201, 231, 232, 510(도보 7분)
제주동백마을 📍 서귀포시 남원읍 한신로531번길 22-1
📞 064-764-8756 ⓘ **편의시설** 주차장, 유모차 운행 가능
🚌 버스 295, 741-1, 742-2, 744(도보 5분)

흐드러지게 피어나는 남국의 겨울꽃

제주의 겨울은 동백이다. 11월 말부터 개화해 2월 전후에 활짝 핀다. 제주동백수목원에 들어서면 5m가 넘는 1백여 그루 동백나무가 마음을 빼앗는다. 푸른 잎 사이에서 피어나는 붉은 꽃잎이 황홀하다. 100년 전 현맹춘 할머니가 방풍림으로 심은 위미동백군락지남원읍 위미리 904-1도 살펴보자. 키 큰 동백나무가 우람하게 서 있다. 제주동백수목원과 동백군락지는 주차장 들어가는 길부터 차가 막힌다. 편하게 쉬면서 동백의 정취를 느끼고 싶다면 근처 동박낭 카페서귀포시 남원읍 태위로 275-2로 가자. 넓은 정원에 동백나무 포토존이 많다. 남원읍 신흥리 동백마을에는 제주도가 기념물로 지정한 동백군락지가 있다. 3~400년 된 토종 동백나무 난대림을 이루고 있다. 숲 안쪽까지 들어갈 수 있다. 다른 나무와 같이 자라는 까닭에 숨바꼭질하듯 꽃을 찾아야 한다. 2월부터 피기 시작해 3~4월이면 꽃을 떨군다. '수망리 51' 일대서귀포시 남원읍 수망리 51 사유지 농로에도 동백꽃 터널이 장관을 이룬다. 12월에 절정을 이룬다.

© 이마나(jeju bloom)

동백포레스트

⊠ 추천 나이 2세부터
📍 서귀포시 남원읍 생기악로 53-38 📞 010-5481-2102
🕘 09:00~17:00(11~2월 동백 개화 시기에만 오픈)
₩ 입장료 4,000원~6,000원 ⓘ 편의시설 주차장
🌐 인스타그램 camelia.forest

동백으로 핫한 남원읍 신례리

예쁘다는 말과 셔터 누르는 소리로 가득하다. 남원의 조용한 마을 신례리가 겨울이면 뜨거워진다. 동글동글한 애기동백나무가 끝없이 늘어서서 진분홍빛 물결을 이룬다. 보기만 해도 따뜻해지는 겨울 풍경이다. 11월 중순부터 2월 말까지 운영하며, 카페는 연중 오픈한다. 동백포레스트는 겨우내 핫플이란 어떤 곳인지 정확하게 보여준다. 만개 시점은 매년 다르지만, 12월 말에서 1월 사이이다. 네모난 창으로 동백나무가 들어오는 포토존은 보통 한 시간 이상 기다려야 한다. 꼭 포토존에서 사진을 찍지 않아도 예쁜 배경은 충분하니 걱정하지 말자. 부지가 무척 넓어 찾는 사람이 많아도 크게 치이지 않는다. 화려하게 피어난 동백꽃과 군락지를 둘러싼 돌담, 그리고 나무 주변에 의자가 배치돼 있어 어디서든 사진찍기 좋다. 주차장도 꽤 넓은 편이지만, 성수기에는 워낙 차가 많으니 운전에 주의하자. 아이와 둘러볼 만한 곳으로 차로 4분 거리에 자연생활 체험공원 휴애리서귀포시 남원읍 신례동로 256가 있다.

SIGHTSEEING
자배봉 유아 숲체원

👤 추천 나이 4세부터
📍 서귀포시 남원읍 위미리 산 143-8
ⓘ 편의시설 주차장
🚌 버스 295, 743, 744(입구까지 도보 5분)

유아 숲체원이 있는 일출 명소

자배봉은 동백포레스트에서 동쪽으로 도보 13분 거리에 있는 작은 오름이다. 해발 200m의 마을 뒷동산 같은 곳이지만, 바다도 보이고 한라산도 보인다. 구실잣밤나무가 많으며 산책로가 잘 정비돼 있다. 해맞이 명소이기도 하고, 봄에는 벚꽃 터널도 멋지다. 무엇보다 최근 입구에 유아 숲체원이 생겼다. 기관 예약이 없을 때는 자유 이용이 가능하니 아이와 함께 찾아보자. 중간지점까지는 유모차를 밀 수 있지만, 이후 길은 매트가 깔려있고 계단을 올라야 한다.

SIGHTSEEING
남원용암해수풀장

👤 추천 나이 5세부터
📍 서귀포시 남원읍 남태해안로 140 📞 064-764-8080
🕙 10:00~18:00 ₩ 이용료 1인 1,000원, 평상 대여 30,000~60,000원, 파라솔 대여 15,000원~30,000원
ⓘ 편의시설 주차장, 놀이터
🚌 버스 201, 231, 232, 510, 741-1, 741-2, 742-1(도보 5분)

용암 해수로 무더위를 날리자

지하 60m에서 끌어올린 용암 해수로 물놀이를 할 수 있는 곳으로, 남원항 옆에 있다. 7~8월 한 달 정도만 잠깐 개장한다. 어른 무릎 정도 깊이의 유아 풀도 있다. 바다를 바라보며 풀장으로 빠져드는 미끄럼틀은 몇 번을 타도 질리지 않는다. 다만 수온이 16~17도 정도로 무척 차다. 타올 등 보온 채비를 단단히 하자. 방 갈로와 파라솔은 예약도 가능하다. 음식을 반입할 수 있고, 매점도 있다. 오션 뷰 놀이터는 사계절 명소이다. 남원 포구에서 동쪽으로는 남태해안로가 뻗어 있다. 남동부에서 손꼽히는 드라이브 코스이다.

SIGHTSEEING
▼▼▼▼▼▼
붉은오름자연휴양림

👤 **추천 나이** 1세부터 📍 서귀포시 표선면 남조로 1487-73 📞 064-760-3481 🕐 08:00~17:00(겨울철 08:30~16:30)
₩ 입장료 600원~1,000원(주차료 1,000원~3,000원) ℹ️ **편의시설** 주차장, 유모차, 기저귀갈이대, 놀이터
🚌 버스 231, 232(입구까지 도보 13분) 🌐 **인스타그램** red_orum

오늘은 숲속 휴양림에서 노는 날

사려니숲길 바로 옆에 있다. 아이 동반 여행자에겐 사려니보다 이곳을 꼭 추천하고 싶다. 삼나무와 해송이
울창한 곳으로 면적이 무려 2백만 평이다. 삼나무 데크 길은 유모차와 휠체어로도 갈 수 있고, 곳곳에 평상
이 있어 드러누워 숲의 기운을 느낄 수 있다. 유아 숲체원도 입이 떡 벌어지게 마련해 놓았다. 잔디광장에
다다르면 놀이터와 나무로 만든 자연 놀이시설이 펼쳐진다. 이제 신나게 뛰놀고 숲과 친해지는 일만 남았
다. 목재문화체험장도 들르자. 상시체험 할 수 있는 목공 프로그램이 있고, 편백 반신욕과 아로마 체험실,
목재 놀이방 등이 있다. 홈페이지에서 예약하면 더욱 다양한 프로그램을 즐길 수 있다. 붉은오름 정상까지
는 20분 정도 올라가면 된다. 광활한 대지와 분화구, 말이 뛰노는 목장과 한라산을 조망할 수 있다. 휴양림
에서 숙박을 하면 숲속 친구들이 들려주는 노래를 들으며 잠드는 것도 좋은 추억이 될 것이다.

© 제주관광공사

SIGHTSEEING
▼▼▼▼▼▼▼▼
조랑말체험공원

👤 **추천 나이** 4세부터 📍 서귀포시 표선면 녹산로 381-15 📞 064-787-0960 🕐 09:00~18:00(겨울철 10:00~17:00) ₩ **이용료** 무료, 승마체험 12,000~100,000원, 만들기 체험 10,000원, 먹이 주기 체험 3,000원 ⓘ **편의시설** 주차장, 수유실, 기저귀갈이대

승마체험과 환상적인 유채 꽃밭

표선면 가시리는 조선 시대부터 목축이 번성한 곳이다. 4월 초엔 녹산로 옆 조랑말체험공원에서 유채꽃축제가 열린다. 축구장 면적 14배에 이르는 유채밭이 환상적으로 펼쳐진다. 풍력 발전기가 더욱 몽환적인 순간을 만들어준다. 유채꽃 축제장으로 가려면 녹산로를 거쳐야 하는데, 핑크빛 벚꽃과 노란 유채꽃의 환상적인 콜라보가 10km 넘게 이어진다. 봄에는 단언컨대 대한민국 최고의 길이다. 가시리는 조선 시대 왕에게 진상하던 최고의 말을 사육했던 갑마장이 있던 곳이다. 공원 안에 있는 조랑말박물관을 둘러보면 제주마에 대한 이해가 더욱 쉬워진다. 3층에 오르면 가시리 풍력발전단지의 웅장한 모습과 넓은 초지에 솟은 오름 등 제주 중산간 풍경을 파노라마로 감상할 수 있다. 초원에서는 승마체험과 조랑말 먹이 주기 체험을 할 수 있고, 카페에서는 말똥 쿠키 만들기, 머그잔 꾸미기 등 만들기 체험도 할 수 있다.

SIGHTSEEING
▼▼▼▼▼
유채꽃프라자

👤 **추천 나이** 1세부터
📍 서귀포시 표선면 녹산로 464-65
📞 064-787-1665
🕐 카페 09:00~17:30
ℹ️ **편의시설** 주차장, 유모차 운행 가능
🌐 **인스타그램** gasirifarm

초원, 유채꽃, 그리고 억새가 있는 풍경

유채꽃프라자는 가시리의 숨어있는 포토 스폿이다. 큰사슴이오름대록산 앞에 있는 복합문화시설로, 카페와 숙소, 세미나실, 식당을 운영한다. 언덕 위의 경치 좋은 곳에 있어 조랑말체험공원의 유채 꽃밭과 풍력 발전기 그리고 멀리 남원 앞바다까지 조망할 수 있다. 봄엔 유채꽃이, 여름엔 푸른 초원이, 9월이 오면 코스모스가, 10월부터는 거대한 억새밭 물결이 장관을 이룬다. 조랑말체험공원 쪽으로 사람이 몰리는 반면, 이곳은 비교적 한적한 편이다. 전망대와 포토존도 잘 꾸며놓아 멋진 사진을 얻을 수 있다. 가시리는 그냥 불러도 예쁜 이름인데 뜻까지 알고 나면 더 매력적이다. 加時里! 시간이 더해지는 마을이라는 시적인 이름을 가졌다. 유채와 벚꽃, 조랑말, 유채꽃프라자의 멋진 전망 그리고 환상적인 녹산로 드라이브. 가시리에선 추억의 시간이 겹겹이 더해진다. 초등학생 이상이라면 쫄븐갑마장길, 큰사슴이오름, 따라비오름도 함께 돌아보며 가시리에서 보석 같은 시간을 보내는 것도 좋겠다.

SIGHTSEEING
▼▼▼▼▼▼▼

보롬왓

⊙ **추천 나이** 2세부터
◎ 서귀포시 표선면 번영로 2350-104
☏ 010-7362-2345 ⓒ 09:00~18:00
₩ **입장료** 4,000원~6,000원(36개월 미만 무료)
ⓘ **편의시설** 주차장, 카페, 정원
⊕ **인스타그램** boromwat_

사계절 꽃이 피는 천상 화원

드라마 <도깨비>를 본 사람이라면 새하얀 꽃이 흔들리던 환상 풍경을 잊을 수 없을 것이다. 메밀꽃 핀 이 멋진 장면을 보롬왓에서 찍었다. 메밀은 봄과 가을 일 년에 두 번 꽃을 피운다. 보롬왓에 가면 눈처럼 소복이 내려앉은 메밀 꽃밭에서 인생 사진을 찍을 수 있다. 보롬왓은 사계절 천상의 화원이다. 봄에는 메밀·유채·보라 유채·청보리·튤립이 앞다투어 매혹적으로 피어나고, 여름에는 수국과 라벤더가 당신을 유혹한다. 가을엔 맨드라미·보랏빛 샐비어·핑크뮬리·메밀이 화원을 이루고, 겨울엔 새하얀 설원으로 변한다. 매월 개화하는 꽃은 인스타그램에서 확인할 수 있다. 염소, 닭, 양, 소 등 동물도 함께 있고, 아이들이 신나게 뛰놀수 있는 잔디 언덕도 넓다. 카페에서 파는 담백한 빵과 라벤더 아이스크림도 이곳에서만 맛볼 수 있는 특별한 간식이다. 아이들에게 인기 최고인 깡통열차는 30분 간격으로 운행하며, 첫차는 오전 10시, 막차는 오후 5시다. 비포장 흙길이 많아 유모차는 어렵다. 신발이 더러워질 수 있음을 미리 알아두자.

SIGHTSEEING

편백포레스트

👤 추천 나이 3세부터
📍 서귀포시 남원읍 자배오름로 74-274 📞 064-805-5099 🕐 09:00~17:00(공연 및 체험 10시부터)
₩ 입장료 3,000~20,000원(36개월 미만 무료입장)
ⓘ 편의시설 주차장, 유모차 가능
🌐 인스타그램 jeju_blackgoat

흑염소가 사는 편백숲에서 신나는 액티비티

체험과 액티비티로 가득한 키즈프렌들리 목장이다. 서귀포 남원읍 한남리의 3만5천 평 고이오름 편백숲과 1만5천 평 목장으로 이루어져 있다. 염소 전시장 지나 만나는 먹이 주기와 아기 염소 우유 주기 체험은 언제나 아이들에게 인기 만점이다. 사계절 즐기기 좋은 곳이지만, 뜨거운 여름날 목장 체험을 하고 싶은 가족에게 추천한다. 편백숲이 시원한 휴식처가 되어주기 때문이다. 이게 끝이 아니다. 트리아이 숲 밧줄 체험장과 에어바운서가 있다. 짚라인, 클라이밍, 로프라인을 비롯 다양한 로프 놀이기구를 편백 나무가 뿜는 피톤치드를 마시며 즐길 수 있다. 숲멍 시간도 갖고, 숲 크닉도 놓치지 말자. 간단한 스낵을 파는 매점이 있으며, 돗자리도 대여해 준다. 주변에 아무것도 없으니 도시락을 미리 준비해도 좋겠다. 정상 전망대에선 남원 앞바다까지 시원하게 조망할 수 있다. 오름 둘레길을 걸어 올라가도 되고, ATV를 타고 갈 수도 있다. 깊은 산속이라 한겨울에는 조금 추울 수 있다.

SIGHTSEEING
▼▼▼▼▼▼
백약이오름

👤 추천 나이 4세부터
📍 서귀포시 표선면 성읍리 1893
ℹ️ 편의시설 주차장(주차요금 2,800~4,900원,
　제주도민·유아 동반 할인)
🚌 버스 211, 212, 721-2

오른 사람만 경험할 수 있는 환상 풍경

구좌읍 송당리에서 성산읍 수산리까지 이어진 금백조로는 제주도 내륙의 최고 드라이브 코스이다. 신비로운 동부의 오름과 초록 카펫처럼 우아한 들판을 약 15km 달리는 내내 눈에 담을 수 있다. 송당마을의 신화에 나오는 신의 이름 '금백조'에서 도로 이름을 따왔다. 이 아름다운 도로의 원래 이름은 '오름사이로'였다. 수많은 오름 사이에 있는 길이라 붙여진 이름이다. 이 멋진 도로의 중간지점에 백약이오름이 있다. 백가지 약초가 자란다고 해서 이런 이름을 얻었다. 절굿대, 잔대, 병풀, 제주 피막이풀, 엉겅퀴 등이 뒤섞여 자란다. 얼핏 보면 들풀 같지만, 사실은 다 약초이다. 백약이오름의 초원을 가르는 나무 계단은 그야말로 핫한 포토존이다. 아이들도 콩콩 오르기 좋다. 분화구 능선 길은 꼭 한번 걸어보자. 한라산부터 신비로운 동부 오름 군락, 성산일출봉과 바다 건너 우도까지 모두 눈에 넣을 수 있다. 이처럼 호사스러운 오름 산책이 또 있을까 싶다. 부드러운 곡선 길이라 편안하고, 주변의 평화로운 풍경에 콧노래가 절로 난다.

ⓒ제주도청

SIGHTSEEING
▼▼▼▼▼▼▼
제주자연생태공원

👤 추천 나이 2세부터
📍 서귀포시 성산읍 금백조로 446 📞 064-787-4711
🕐 10:00~17:00(입장 마감 하절기 16:30, 동절기 16:00)
ⓘ 편의시설 주차장, 유모차 운행 가능
🌐 인스타그램 jeju_naturepark

노루에게 먹이 주고, 곤충도 구경하고

제주자연생태공원은 야생동물의 보금자리다. 제주 자연의 주인인 동물들을 가까이서 관찰하고 만져보며 배울 수 있는 전시관이 있다. 노루 등 포유류, 양서파충류, 어류, 곤충류, 조류를 구경하다 보면 시간 가는 줄 모른다. 가장 인기 있는 체험은 노루 먹이 주기다. 공원 이곳저곳을 자유롭게 둘러볼 수 있으며 해설가 선생님의 상세한 생태해설도 들을 수 있다. 게다가 모든 체험 프로그램이 무료이다. 백약이오름에서 동쪽으로 차로 6분 거리다. 궁대오름 탐방로도 이곳에서 시작한다. 최근 반달곰 가족이 넓은 방사장으로 이사를 와서 인기 만점이다. 만들기 체험장도 잊지 말자.

쉿! 플레이스

쉿! 여긴 정말 숨겨진 곳, 모구리오름 놀이마당

모구리오름은 야트막하고 경사가 완만해 가벼운 산책하는 느낌으로 오를 수 있다. 왕복 30분 정도가 걸린다. 소나무, 삼나무, 편백 등 숲길이 두루 이어져 있다. 편백 숲을 거닐며 청량한 공기를 크게 들이마시기 좋다. 무엇보다 모구리 야영장의 놀이마당에서 캠핑하지 않더라도 이용할 수 있으니, 아이와 함께 가기 참 좋은 곳이다. 야영장에는 놀이터와 인라인스케이트장, 잔디밭 놀이광장 등이 있어 아이가 맘껏 뛰놀기 좋다.

👤 추천 나이 3세부터
📍 서귀포시 성산읍 서성일로 260(모구리야영장)
📞 064-760-3408 ⓘ 편의시설 주차장, 유모차 운행 가능(야영장) 🚌 버스 721-3

SIGHTSEEING

표선해수욕장

👤 추천 나이 2세부터
📍 서귀포시 표선면 표선리 40
ⓘ 편의시설 주차장, 유모차 운행 가능(산책로)
🚌 버스 221, 222, 731-1, 731-2, 732-1, 732-3, 121, 122

해가 비치는 아름다운 표선 바다

이름도 눈부신 표선해비치해수욕장은 아이들 놀기 좋은 넓은 바닷가다. 수심이 얕고 경사가 거의 없으며, 밀물 때엔 마치 호수처럼 물이 들어와 무척 아름답다. 썰물이 되면 둥글고 너른 백사장이 돋보인다. 야영장 주변은 여러 가지 이벤트와 축제의 공간으로 활용된다. 물놀이가 끝나면 주차장으로 가자. 정말 멋진 놀이터가 우릴 기다리고 있다. 커다란 미끄럼틀이 무려 두 개! 해안선 따라 산책로를 잘 조성해놓아 유모차로 돌며 바다를 즐기는 것도 가능하다.

쉿! 플레이스

쉿! 여긴 정말 숨겨진 곳,
올레휴게쉼터와 소금막해변

표선의 올레휴게쉼터는 말 그대로 올레꾼들이 쉬어 가는 공간이다. 주차장도 잘 되어 있어 바로 앞 소금막해변에 갈 때 이용하기 좋다. 소금막해변은 인적 드물고 평화로워 아이가 놀기에도 좋은 바닷가이다. 특히 모래가 얼마나 곱고 부드러운지 한 움큼 손에 쥐면 이내 손가락 사이로 빠져나간다. 소금막해변 바로 아래는 표선해수욕장이다. 해변 용암이 둘 사이를 나누고 있다. 소금막해변 옆으로 표선해수욕장에서 끝나는 올레 3코스가 지나간다.

📍 서귀포시 일주동로5661번길 97

SIGHTSEEING
▼▼▼▼▼
제주민속촌

🧍 **추천 나이** 1세부터 📍 서귀포시 표선면 민속해안로 631-34 📞 064-787-4501 🕐 08:30~18:30(매표 마감 17:30)
₩ **입장료** 성인 15,000원, 청소년 12,000원, 만 4세~초등학생 11,000원 ⓘ **편의시설** 주차장, 유모차 운행 가능(대여 가능),
수유실, 기저귀갈이대 🚌 **버스** 221, 222, 731-1, 731-2, 732-1, 732-3, 121, 122 🌐 **인스타그램** jejufolk

가장 재미있게 만나는 제주 문화

제주민속촌은 100여 채의 제주의 전통 가옥과 독특한 민속 문화를 만날 수 있는 가장 제주다운 곳이다.
아이들이 지루해할 거란 걱정은 접어두자. 재미있는 체험을 하며 100년 전 제주를 누비는 기분을 느낄 수
있다. 제주도 삶의 원형을 마을로 재현해 두어 시간 여행을 하는 기분이다. 동물 먹이 주기 체험과 공예품
만들기, 폭포와 분수 등이 있어 심심할 틈 없다. 흥겨운 민속 공연은 온 가족이 즐기기 좋고, 옛 주막을 닮
은 장터와 식당도 있다. 체험 가옥에는 직접 들어가 옛 제주의 정취를 만끽하며 휴식을 취할 수 있다. 한라
산을 중심으로 형성된 산촌, 중산간촌, 어촌 등 환경에 따라 다른 생활 모습을 구경하는 일도 흥미롭고, 제
주의 꽃과 나무도 만나볼 수 있어 더 좋다. 기차를 닮은 순환버스도 무료로 운영한다. 민속촌 안 호끌락 동
물원에선 전동카도 탈 수 있다. 해비치리조트와 표선해수욕장이 바로 옆이다.

© flickr_ROK
© YHBae Pixabay

SIGHTSEEING

성산일출봉

👤 **추천 나이** 1세부터 📍 서귀포시 성산읍 성산리 1 📞 064-783-0959 🕐 07:00~20:00(10~2월 19:00까지 매표 마감
은 폐장 1시간 전, 첫째 월요일 휴관) ₩ 입장료 2,500원~5,000원 ℹ️ **편의시설** 주차장, 유모차 입구 산책로까지 가능, 수유
실, 기저귀갈이대 🚌 **버스** 201, 211, 212, 295, 721-2, 721-3, 722-1, 722-2, 111, 112(입구까지 도보 6분)

압도적인 아름다움!

제주 하면 가장 먼저 떠오르는 풍경은, 성산일출봉이다. 2007년 유네스코 세계자연유산에 등재되었다.
성산일출봉은 오름이지만, 제주의 다른 오름과 다르게 물속에서 마그마가 분출해 만들어진 수성화산체다.
정상에 오르면 8만 평, 축구장 30개 넓이의 분화구가 나타나는데, 실제로 눈앞에 마주하면 그 웅장함에
압도된다. 분화구 둘레로 99개 암석 봉우리가 둘러싸고 있어 마치 거대한 성 같다. 그래서 분화구를 성산
城山이라 불렀다. 이것만으론 분화구를 온전히 표현하기에 부족하다고 느꼈을까? 정상에서 바라보는 일출
은 가슴 벅찰 정도로 장엄하다. 영주십경 중에서도 성산일출을 으뜸으로 꼽은 까닭이다. 이에 '성산' 뒤에
'일출봉'日出峰을 더해 분화구 이름을 완성했다. 압도적인 분화구와 그 뒤로 펼쳐지는 푸른 바다, 그리고 아
침마다 떠오르는 해돋이 광경까지, 성산일출봉의 특별함은 독보적이다. 정상까지는 25분 정도 걸리며, 등
산로는 매우 가파르다. 입구 산책로만 돌아보아도 멋지다. 매년 12월 31일에 성산일출제가 열린다.

© 제주도청

SIGHTSEEING
▼▼▼▼▼▼▼
광치기해변

👤 추천 나이 3세부터
📍 서귀포시 성산읍 고성리 224-33
ⓘ 편의시설 주차장(성산포JC공원)
🚌 버스 201, 211, 212, 295, 721-2, 721-3, 722-1, 722-2

펄펄 끓던 용암이 남긴 아름다움

올레 1코스의 종점이자 2코스 시작점이다. 약 90만 년 전, 화산이 바닷속에서 폭발할 때 솟구친 용암이 만들어 낸 특유의 화산 지형을 만날 수 있다. 펄펄 끓던 마그마가 바다와 만나 급히 굳어 형성된 용암 지질구조는 그 어디서도 찾아볼 수 없는 비경을 만들어 낸다. 굳은 용암이 불규칙한 크기로 평평하게 누워 있는데 마치 일부러 바위를 옮겨다 놓은 것 같다. 화산과 바다가 공동 창작한 거대한 대지 예술이다. 특히 썰물 때 바닷물에 가려 있던 초록빛 바닥이 드러나 신비로운 풍경을 연출한다. 이곳은 일출봉 뒤로 솟는 해를 볼 수 있는 촬영 명소이기도 하다. 떠오르는 태양과 붉은 하늘, 그 아래 일출봉을 한 프레임에 넣으면 태초 풍경처럼 신비롭게 아름답다. 인근 공원엔 이른 봄부터 유채꽃이 흐드러지게 핀다. 조랑말을 타고 해안을 돌아보는 투어졸띠체험승마: 성산읍 고성리 296-7, 010-5846-2358도 할 수 있다. 성산포JC공원 또는 백기해녀의집 또는 건너편 유채꽃 재배단지에 주차하면 해변으로 바로 갈 수 있다.

©제주도정

SIGHTSEEING
▼▼▼▼▼▼▼
섭지코지

👤 **추천 나이** 1세부터 📍 서귀포시 성산읍 섭지코지로 107
📞 064-782-2810 ₩ 입장료 무료
ℹ️ **편의시설** 주차장(1,000원~6,000원), 유모차 운행 가능
(등대는 계단)

가장 제주적인 아름다움

섭지코지는 넓은 평원과 우뚝 솟은 기암괴석 등 전형적인 제주의 아름다움을 뽐낸다. 드라마 <올인> 촬영지로 유명한데, 바람이 매서운 겨울만 아니라면 언제 찾아도 좋다. 특히 봄이면 유채꽃으로 노란 물결이 인다. 멀리 바다 건너에선 성산일출봉이 멋진 배경이 되어준다. 섭지코지 중간에 계단과 언덕이 몇 곳 있지만, 유모차도 어렵지 않게 갈 수 있다. 다만, 끝자락에 있는 등대까지 오르는 길은 계단이다. 수유실과 기저귀갈이대를 찾는다면 근처 아쿠아플라넷으로 가면 된다. 섭지코지의 등대 앞 갈림길에서 왼쪽 언덕 위로 세계적인 건축가 안도 다다오의 건축물을 만나볼 수 있다. 그는 전망대와 카페가 들어선 글라스하우스와 아르누보 유리공예 작품을 만날 수 있는 지니어스로사이유민 미술관을 설계했다. 휘닉스제주 섭지코지의 부대시설인 민트 레스토랑은 사방이 바다인 통창 레스토랑이다. 1인 5~10만원에 파인다이닝과 뷰를 즐길 수 있으며, 이용 시 리조트에서 셔틀버스를 제공해준다예약 필수 064-731-7773.

SIGHTSEEING

아쿠아플라넷

🧍 **추천 나이** 1세부터
📍 서귀포시 성산읍 섭지코지로 95
📞 1833-7001 🕘 09:30~18:00(매표 마감 17:00)
ⓘ **편의시설** 주차장, 수유실, 기저귀갈이대, 아기 의자, 정원,
유모차 운행가능 🚌 버스 295, 721-2, 721-3(도보 10분)
🌐 **인스타그램** aquaplanetin_jeju

동양 최대 해양 수족관

아쿠아플라넷 제주는 섭지코지 옆에 있는 대형 아쿠아리움이다. 동양 최대 규모의 해양 수족관으로, 눈부신 바다를 그대로 재현한 수중 터널과 대형 수족관이 압권이다. 특히 직접 해양 동물을 만져보거나 먹이를 줄 수도 있고, 실내 미끄럼틀도 있어 아이들이 더 즐거워한다. 메인 수조 동물 먹이 주기 시연, 해녀 물질 시연 등 각종 프로그램을 시간대별로 운영하고 있다. 오션 아레나에서는 수중 공연을 관람할 수 있다. 푸드코트, 편의점, 카페 등 편의시설이 잘 되어 있고, 건물 뒤편으로 나오면 성산일출봉이 보이는 멋진 바닷가 정원이 이어진다.

쉿! 플레이스

쉿! 여긴 정말 숨겨진 곳, 제주해양동물박물관

제주만의 특별한 교육 체험 박물관이다. 바다에 사는 다양한 어종들, 이미 사라진 어종들을 만나볼 수 있으며, 다양한 체험을 통해 해양 동물에 관해 즐겁게 배울 수 있다. 놀라운 점은 전시된 표본 모두 실제 해양 동물을 보존 처리했다는 것이다. 고래상어, 개복치, 불가사리 등 해양 동물의 생생함과 다양한 물고기 이야기 그리고 한반도에서 사라진 철갑상어 등 다양한 어종도 만나볼 수 있다.

🧍 **추천 나이** 4세부터
📍 서귀포시 성산읍 서성일로 689-21
📞 064-782-3711 🕘 09:00~18:00(매주 수요일 휴관)
₩ 입장료 8,000원~10,000원(4인 가족권 32,000원)
ⓘ **편의시설** 주차장, 수유실, 기저귀갈이대, 정원, 유모차 운행 가능
🚌 버스 721-3(도보 5분) 🌐 **인스타그램** jejumarineam

오조리조개체험장

  👤 **추천 나이** 4세부터
  📍 서귀포시 성산읍 오조리 2-4(오조해녀의집 입구)
  ⓘ **편의시설** 주차장
  🚌 **버스** 201, 721-2, 721-3, 722-1, 722-2

물 때만 기다렸다

성산의 오조포구 일대는 물이 빠지고 갯벌이 드러나면 호미와 바스켓을 든 사람들이 몰려든다. 철벅대는 갯벌은 파도 파도 조개가 나오는 그야말로 보물 같은 곳. 구멍이 뽕뽕 뚫린 갯벌을 용감하게 걷고, 힘차게 조개를 캐보자. 시커먼 진흙이 처음에는 두렵지만, 한번 손맛을 보면 어른 아이 할 것 없이 시간 가는 줄 모르고 즐길 수 있다. 이처럼 살아 숨 쉬는 생태 체험이 또 있을까 싶다. 장화가 있으면 좋겠지만, 없어도 상관없다. 주차장 화장실에 물이 나오는 호스가 있으니 닦고 갈 수 있다. 주변 상점에서 조개잡이 도구를 판매한다. 아이와 잡은 싱싱한 조개로 맛있는 요리를 해 먹자. 봄, 가을이 조개 캐는 계절이다.

ONE MORE

포구 마을이 품은 보물

식산봉

👤 **추천 나이** 3세부터
📍 서귀포시 성산읍 오조리 313
Ⓟ **주차** 오조마을회관 또는 오조리조개체험장 건너편
ⓘ **편의시설** 주차장, 유모차 운행 가능(식산봉 입구까지)

식산봉은 성산 10경 중 하나이다. 올레 2코스이자 성산·오조지질트레일과 맞닿아 있는 곳이다. 10분이면 오르는 고도 60m의 아담한 오름이지만, 정상 전망대에 서면 성산일출봉과 일대 평화로운 바닷가 마을을 조망할 수 있다. 포구가 둘러싸고 있어 마치 섬 같다. 이렇게 멋진 곳인데, 관광객에겐 잘 알려지지 않아 한적하다. 길이 잘 정비돼 있어 유모차나 킥보드 탄 아이와 함께 여유롭게 산책하기 좋다. 옛 포구 마을 풍경을 잘 간직한 오조리를 걷는 재미도 남다르다. 물 위에 햇살이 반짝이는 윤슬은 오조리가 주는 또 다른 선물이다. 드라마 <웰컴투 삼달리>, <우리들의 블루스>, <공항 가는 길> 촬영지로 유명세를 치르며 찾는 이들이 늘었다. 이른 시간에 찾으면 더욱 한적하다.

서귀포시 동부권 맛집·카페·숍

RESTAURANT
CAFE&BAKERY·SHOP

 RESTAURANT

연수네가든

⊙ 서귀포시 남원읍 신례동로 60 📞 064-767-3989
🕐 11:00~21:00(브레이크타임 14:00~17:00, 일요일 휴무)
ⓘ 편의시설 주차장, 아기 의자, 좌식테이블(단독 룸 있음)
🌐 인스타그램 yechonyeonsoone

코스로 즐기는 제주 닭 요리

제주 토종닭을 코스로 즐길 수 있다. 직접 운영하는 양계장에서 매일 닭과 달걀을 공수해온다. 샤부샤부용 닭고기는 얇게 포를 떠서 내온다. 황칠닭샤부샤부는 한 상에 6만 원으로, 4인이 함께 즐길 수 있다. 고기는 부족하면 추가 주문도 가능하다. 샤부샤부를 거의 다 먹어갈 때쯤 겉은 바삭하고 속은 촉촉한 구이 닭백숙이 나온다. 여기에 육수를 진하게 우려낸 샤부샤부 국물을 곁들이면 환상 궁합이다. 쫄깃한 떡 사리를 추가하면 아이들도 잘 먹는다. 죽으로 마무리하면 더욱 든든하다. 매장이 넓고, 단독 룸이 있어 아이와 가기 편하다. 신례리 동백포레스트와 휴애리자연생활공원에서 3분 거리다.

공천포식당

📍 서귀포시 남원읍 공천포로 89
📞 064-767-2425
🕐 10:00~19:30(매주 목요일 휴무)
ⓘ 편의시설 주차장, 좌식테이블, 포장 가능

공천포 앞바다에서 먹는 제주식 물회

여름이 오면 제주 사람들은 너나 할 것 없이 물회를 먹으러 간다. 공천포식당은 깻잎과 김 가루, 된장과 고 춧가루를 넣어 맛을 낸 제주식 물회를 바다를 바라보며 먹을 수 있는 곳이다. 뜨거운 볕이 작렬하는 점심 시간에 가장 북적인다. 해삼, 전복, 소라, 자리, 한치 중 원하는 재료를 넣고 먹으면 된다. 물회를 시키면 공 깃밥도 함께 주는데 차가운 국물에 따뜻한 밥을 말아 먹으면 잘 어울린다. 아이들 먹기 좋은 건강식인 전 복죽도 고소하고 진하다. 식사 후엔 공천포의 몽돌 해변을 산책해도 좋겠다. 해변을 걷노라면 사그락사그 락 파도가 다가와 몽돌에게 말을 건다.

뙤미

📍 서귀포시 남원읍 태위로 86 📞 064-764-4588
🕐 09:00~13:30(휴무 일요일)
ⓘ 편의시설 주차장, 아기 의자, 포장 가능
🌐 인스타그램 ttoemi_jeju

제주산 재료로 만든 따뜻한 한 끼

제주산 고사리에 유채, 당근, 콩나물, 애호박을 넣고 달걀 두 개를 올린 비빔밥, 보말을 넣은 미역국, 돼지 사골 육수에 제주산 찹쌀 순대와 고소한 내장이 들어간 국밥, 제주산 서리태 콩에 말아 먹는 시원한 국수. 뙤미 는 도민과 여행객 모두 만족하는 정갈한 식당이다. 아침과 점심 동안만 영업하며, 그날 사용할 재료가 떨어지 면 마감한다. 핑크빛 페인트로 칠한 단층 건물도 인상적이고, 아기자기한 인테리어도 눈길을 끈다. 식사를 마 치고 나와 소소하게 마을 구경해도 좋고, 바로 앞에 위미초등학교에서 놀다 가도 좋겠다. 일찍 문을 닫는 편 이다. 근처 다른 식당을 찾는다면 고기국수와 돔베고기 세트를 파는 동선제면가남원읍 태위로 3로 가보자.

 RESTAURANT
타모라돈까스

📍 서귀포시 남원읍 일주동로 7133 📞 064-764-8588
🕐 11:00~21:00(브레이크타임 15:00~17:00,
   주문 마감 20:00, 일요일 영업 여부는 전화로 확인)
ⓘ **편의시설** 주차 가능(가게 앞, 뒷골목), 좌식테이블, 포장
   가능

무항생제 흑돼지와 한살림 채소로 만든다

돈가스처럼 아이와 먹기 좋은 음식이 또 있을까. 두툼한 고기에 과자처럼 바삭한 튀김옷, 밥과 샐러드에
국물도 함께 나와 영양 만점이다. 제주 돼지고기의 품질이 워낙 좋으니 돈가스 식당은 대부분 맛이 좋다.
타모라돈까스는 코코몽에코파크 오가는 길에 들르기 좋다. 제주 흑돼지와 한살림 유기농 채소로 음식을
만드는데, 정직하고 담백한 맛으로 손꼽힌다. 정성 들여 꾸민 티가 나는 포근한 내부에는 편안한 의자와
좌식테이블이 있다. 음식을 준비하는 동안 시간을 보낼 수 있도록 동화책은 물론 종이와 색연필까지 비치
해 두었다. 이곳은 특이하게 우동이 없고, 소바가 메뉴에 올라가 있다. 온면 소바도 있다. 소바를 시키면 작
은 돈가스를 함께 튀겨준다. 돈가스는 담백하고 고소하며 부드럽다. 기본에 충실한 샐러드와 밥, 그리고
미소된장국이 곁들여진다. 더블로 시키면 돈가스 양은 두 배가 되니 아이와 나눠 먹기 좋다.

 RESTAURANT
가시식당

⊙ 서귀포시 표선면 가시로565번길 24   📞 064-787-1035
🕐 08:30~20:00(브레이크타임 15:00~17:00, 주문 마감
18:30, 2·4주 일요일과 신정·설·추석 연휴 휴무)
ⓘ 편의시설 주차 가능(도로변, 가시리사무소), 좌식테이블,
포장 가능

두루치기와 몸국이 맛있는 토속음식점

가시식당은 표선면 중산간의 조용한 마을 가시리의 마을 명물이다. 메뉴는 두루치기, 수육, 순대, 고기국수, 몸국 등이며, 가장 인기 있는 건 제주식 두루치기다. 빨갛게 양념한 돼지고기에 콩나물과 파무침, 무생채 등을 함께 올려놓고 자작하게 볶는다. 볶은 돼지고기에 멜젓과 마늘을 올려 쌈을 싸서 먹는다. 1인분에 7천 원인 두루치기를 시키면 몸국이 기본으로 나온다. 몸국은 돼지고기 육수에 모자반이라는 해초와 메밀가루를 풀어 걸쭉하게 끓인 음식이다. 제주 사람들의 소울푸드이다. 가시리까지 가기 힘들다면, 2호점제주시 구남로4길 6으로 가자. 바로 앞에는 놀이터도 있다.

 RESTAURANT
당케올레국수

⊙ 서귀포시 표선면 표선당포로 4
📞 064-787-4551
🕐 08:00~17:00(목요일 휴무, 마지막 주문 16:30)
ⓘ 편의시설 주차 가능, 포장 가능

표선에서 으뜸가는 보말칼국수

제주에서 보말칼국수 잘하는 집이 몇 군데 있는데, 표선에선 이곳이다. 먼 곳에서 일부러 찾아와 먹는 단골도 많다. '당케'는 표선해비치해변에 있는 포구 이름으로, 제주의 창조신인 '설문대할망'에게 넋을 기리는 곳이다. 특이하게도 이곳 보말칼국수엔 밥이 들어간다. 진하고 걸쭉한 국물에 국수와 죽이 동시에 들어가 있는 느낌이다. 기본 메뉴엔 청양고추가 들어가 칼칼하니, 원하지 않으면 미리 빼달라고 요청하자. 반찬은 직접 만들어 손맛이 느껴진다. 매콤하고 달콤한 자리회와 한치회 무침은 제주 막걸리와 찰떡궁합이다. 손님이 많지만 친절해 더 좋은 곳이다.

(ﾞ) RESTAURANT
광어다

⊙ 서귀포시 표선면 민속해안로 73 광해수산 2층
☎ 064-787-8838
⏱ 10:30~20:00(마지막 주문 19:00, 목요일 휴무)
ⓘ 편의시설 주차장, 아기 의자, 정원
⊕ 인스타그램 flatfish_jeju

신선한 광어요리 전문점

양식장에서 기른 광어로 만든 요리를 합리적인 가격에 만날 수 있는 식당이다. 바로 옆 3천 평 규모의 양식장에서 매일 공수하는 최상급 품질의 광어를 즐길 수 있다. 바닷가 바로 앞 건물 2층의 널찍한 내부에 탁 트인 바다 전망까지 갖추고 있어 눈도 입도 더불어 즐겁다. 국수, 덮밥, 물회, 탕수어, 미역국 등 다양한 조리법으로 제주 광어를 맛볼 수 있다. 표선해수욕장에서 차로 7분 거리인 한적한 해안도로에 있다.

(ﾞ) RESTAURANT
성산해촌

⊙ 서귀포시 성산읍 일출로 220
☎ 064-784-8001 ⏱ 07:00~22:00
ⓘ 편의시설 주차장, 아기 의자, 좌식테이블, 포장 가능
⊕ 인스타그램 haechon_jeju

성산일출봉 감상하며 회 정식을

성산일출봉과 바다를 바라보며 회를 먹고 싶다면 해촌이 좋다. 성산에서 오래도록 한자리를 지키고 있는 집이다. 홀이 무척 넓고, 좌식 룸도 있다. 가장 인기 있는 자리는 단연 바다 쪽으로 난 창가다. 이곳에 성산일출봉이 커다란 그림처럼 눈앞에 다가와 있다. 도심에서 느껴보지 못한 맛과 뷰를 즐길 수 있다. 아침 일찍부터 밤늦게까지 영업하니 언제든 찾아도 좋다. 단품 메뉴도 충실하지만, 회 정식이 단연 으뜸이다. 고등어회, 갈치회, 전복회 등 제철 회와 구이와 뚝배기까지 나온다. 눈도 호강, 입도 호강은 이런 곳을 두고 하는 말이 아닐까 싶다. 인근에서 전화로 요청하면 픽업 서비스도 해준다.

🍴 RESTAURANT

주어코지 국수창고

📍 서귀포시 삼달하동로 18번길 9-5
📞 064-784-3778
🕐 11:00~18:00(수요일 휴무)
ⓘ 편의시설 가능, 포장 가능, 야외테이블
🌐 인스타그램 jusekoji_noodlestorage

개운한 국수와 별미 보말김밥

올레 3코스를 걷는 사람들에게 든든한 국숫집인데 맛이 끝내준다. 조미료를 넣지 않고 천연재료만을 써서 시원, 깔끔, 개운한 맛이 일품이다. 대표 메뉴는 보말김밥과 해산물 비빔국수인데 다른 메뉴도 다 맛있다. 고기국수, 잔치국수, 문어죽, 국밥을 먹을 수 있다. 수육과 해산물 무침 등 안주류도 있다. 이 모든 걸 진두지휘하는 요리사는 한 명뿐이라 붐빌 땐 시간이 좀 걸린다. 여름엔 시원한 콩국수와 한치회비빔국수도 한다. 무얼 골라야 할지 고민이라면 국수에 보말김밥 반줄이 나오는 세트를 시키면 된다. 벽면에 낙서도 할 수 있고, 밖으로 나오면 올레길 풍광이 펼쳐져 지루하지 않다.

🍴 RESTAURANT

막둥이해녀 복순이네

📍 서귀포시 성산읍 서성일로 1129
📞 064-783-2300
🕐 10:30~17:00 (매월 1, 3주 수요일 휴무)
ⓘ 편의시설 좌식테이블, 마당, 포장 가능, 도로변 주차

해녀가 잡은 싱싱한 해산물과 물회

해녀가 잡은 싱싱한 재료를 넣은 물회로 주민들에게 인기가 많은 집이다. 허영만의 <백반 기행>과 유재석의 <유 퀴즈 온 더 블럭>에 소개되면서 여행자에게도 유명해졌다. 하지만 식사 시간을 피해 가면 비교적 여유 있게 먹을 수 있다. 소라, 전복, 성게, 해삼. 물회엔 제주 바다가 가득하다. 물회에 밥을 말아 먹는다. 2인분부터 주문할 수 있다. 해산물 모듬은 안주하기 좋고, 성게칼국수와 전복죽은 아이와 함께 먹기 좋다. 영업시간이 정해져 있으나 상황에 따라 휴무일 때도 있다. 방문 전 전화 필수!

(♥♥) RESTAURANT
새벽숯불가든

📍 서귀포시 성산읍 일주동로 4036
📞 064-783-9589
🕐 11:30~21:00(브레이크타임 14:00~17:00, 일요일은 17:30부터, 목요일 휴무)
ℹ️ 편의시설 주차장, 아기 의자, 좌식테이블

비주얼도 좋은 신선한 돼지고기

육지에도 지점이 여러 개 있는 고깃집 본점이다. 흑돼지만 취급한다. 메뉴는 오겹살, 목살, 참기름 양념을 한 주물럭 등이 있다. 오겹살이나 목살을 2인분 이상 시키면 커다란 통고기를 올려준다. 특이하게도 고기를 올리자마자 잘라준다. 익히고 나서 자르고 싶다면 미리 얘기해야 한다. 된장찌개와 껍데기는 기본으로 나오고, 아이와 가면 봉지 김도 준다. 최근 리모델링 해서 가게도 깔끔한 편이고 서비스도 친절하다. 성산 일출봉에서 벗어난 일주동로 옆에 있다.

(♥♥) RESTAURANT
한아름식당

📍 서귀포시 표선면 세성로 265
📞 064-787-5403
🕐 11:00~20:00(브레이크타임 14:00~17:00, 주문 마감 18:50)
ℹ️ 편의시설 주차장, 좌식테이블

진정한 로컬맛집의 돼지고기 생구이

많은 돼지고기 구이집 중에서 진짜 로컬맛집을 찾는다면 바로 이곳이다. 이런 데 고깃집이 있을까 싶은 시골 마을, 표선면 세화리에 있다. 허름한 간판과 건물은 오래된 맛집 포스를 뿜어낸다. 한눈에 봐도 질 좋은 제주산 돼지고기가 200g에 만원이다. 솥뚜껑에서 자글자글 익은 고기를 고추와 마늘 쫑쫑 썰어 넣은 멜젓에 찍어 김치에 곁들이면 끝내주는 맛이다. 공깃밥을 시키면 윤기 흐르는 흑미에 맵지 않은 시골 된장국이 곁들여 나와 아이도 잘 먹는다. 제주 사람들은 이런 시골을 촌집이라 부른다. 잊을 수 없는 고기 맛집이다.

포장해서 먹기 좋은 맛집을 소개합니다

🍴 제주닭집
이른 아침부터 밤늦게까지 문을 여는 35년 전통의 옛날 통닭집으로, 직접 담근 무김치도 제공한다.
📍 서귀포시 표선면 표선중앙로 77 📞 064-787-3366

🍴 윤스쿡
매일 달라지는 정식 메뉴로 진심을 담은 1인 밥상을 선보인다. 단품 및 안주류도 다양하다. 배달 어플로 주문 가능.
📍 서귀포시 표선면 표선동서로 210 📞 064-787-2003

🍴 어머니닭집
옛날 통닭집 모습 그대로라 SNS에 자주 등장한다. 갓 튀긴 시장 통닭 맛 그대로이다. 양이 푸짐하다. 오래 걸리므로 미리 주문하고 찾아가길 추천한다.
📍 서귀포시 성산읍 고성오조로 13 📞 064-782-4832

🍴 성산포 자연산 회센타
자연산 활어회를 저렴한 가격으로 만날 수 있는 친절한 식당. 물회, 해산물 등 제철 메뉴도 가득.
📍 서귀포시 성산읍 성산중앙로25번길 12
📞 064-782-1572

🍴 오조해녀의집
진한 전복죽으로 유명한 집이다. 포장해서 아이와 나눠 먹기 좋다. 새벽부터 문을 연다.
📍 서귀포시 성산읍 한도로 141-13 📞 064-784-0893

🍴 남양수산
개업한 지 30년이 넘은 현지인 맛집이다. 싱싱한 제철 회를 가성비 좋게 만날 수 있다. 곁들이 음식쓰키다시은 없고 오로지 회에 집중한다.
📍 서귀포시 성산읍 고성동서로56번길 11
📞 064-782-6618

🍴 윌라라
피시앤칩스 전문점이다. 영국에서 피시앤칩스 자격증을 취득한 주인이 현지의 노하우를 살려 만든다. 달고기, 상어 튀김을 따끈한 감자튀김과 곁들여 먹으면 꿀맛이다. 인기가 많아 미리 전화하고 시간 맞춰 찾으러 가자. 10시부터 당일 포장 예약 가능.
📍 서귀포시 성산읍 성산중앙로33 📞 010-8392-5120

 그곳이 알고 싶대! 놀이방 완비 식당

동뜬식당

☕ CAFE & BAKERY
프릳츠 제주성산점

📍 서귀포시 성산읍 일출로 222
📞 0507-1468-2045
🕐 08:00~20:00
ⓘ 편의시설 주차장, 유모차 가능,
　 아기 의자, 소파 좌석, 산책로
🌐 인스타그램 fritzcoffeecompany

성산일출봉과 프릳츠의 절묘한 만남

커피의 맛은 물론 특유의 감성으로 유명한 프릳츠가 드디어 제주에 상륙했다. 위치 또한 기가 막히다. 성산
일출봉과 바다가 컴퓨터 바탕화면처럼 펼쳐지는 해안가 산책로 앞이다. 아기 의자도 구비하고 있고, 루프
톱 야외석이나 바로 앞 바닷가 산책로를 거닐며 카페도 즐길 수 있다. 달콤하고 폭신한 프릳츠 '도나스'는
언제나 인기 만점이다. 제주말차크림 맛도 있으며, 4개를 구매하면 상자에 담아준다. 커피와 잘 어울리는
다양한 빵도 먹음직스럽다. 맥주와 우유, 티 종류도 있으며 프릳츠의 감성을 듬뿍 담은 굿즈 섹션도 볼거리
가 많다. 매장 앞 주차장이 붐비면 건너편 2 주차장을 이용하도록 하자.

CAFE & BAKERY
모카다방

📍 서귀포시 남원읍 태신해안로 125
📞 064-764-8885
🕐 10:00~19:00(주문 마감 18:30, 휴무 인스타그램 공지)
ⓘ **편의시설** 주차 가능(갓길 및 공터), 야외테이블
🌐 **인스타그램** mochadabang

광고에 나온 바로 그 카페

모카다방은 남원읍 태흥리에 있는 해안도로 앞 카페다. 차가 많이 다니지 않는 조용한 바닷가라서 여독을
풀며 쉬기 좋다. 노랑과 민트색이 조화로운 세모 지붕 건물을 보자마자 떠오르는 장면이 있다. 김우빈과
안성기가 나오는 맥심 커피 광고를 바로 여기서 촬영했다. 카페 내부는 레트로 감성으로 가득하다. 작은
소품 하나하나가 옛 추억을 불러일으킨다. 모카다방에 가면 '마음이 시키는 일만 하기로 했다'라는 벽에
걸린 문장이 눈에 띈다. 푸근한 곰 아저씨 같은 주인이 쓴 책 제목이다. 카페 옆 건물 2층은 독립서점 '푸
근한 곰아저씨'다. 바다를 바라보며, 시원한 바람을 맞으며 커피와 디저트, 그리고 여유를 즐겨보자. 몽돌
로 장식한 돌담에 커피잔을 올려놓고 멍하니 바다만 바라보아도 힐링이 된다. 유기농 밀가루와 설탕, 발
로나 초콜릿과 스페셜티커피를 사용하여 음료와 커피를 만든다. 맛도 수준급이라 절로 입이 즐거워진다.
실내는 좁은 편이라 맑은 날엔 야외가 좋다.

☕ CAFE & BAKERY
그리울땐제주

📍 서귀포시 남원읍 태신해안로 271 📞 010-2492-7408
🕐 10:00~18:00(주문 마감 17:30, 휴무일 인스타그램 공지)
ⓘ 편의시설 주차장, 유모차, 야외테이블
🌐 인스타그램 miss.jeju

한적한 바다 앞에서 즐기는 여유

한적한 해안도로에 있는 카페다. 날씨가 좋을 때면 폴딩도어를 시원하게 열고 파라솔 아래 의자에 누워 하늘 한번, 바다 한번 바라보면 마음이 말끔해지는 기분이 든다. 귀여운 강아지 두 마리가 손님을 반긴다. 야외 쪽은 아이들이 편안히 돌아다니며 놀기 좋다. 남쪽 바다가 바로 앞에 있어 낮에는 눈이 부시고 해 질 무렵에는 황홀하다. 별채에는 잔디 정원이 있어 가족 단위로 찾기 좋다. 스무디와 크로플, 당근케이크도 맛있다.

☕ CAFE & BAKERY
표선하다

📍 서귀포시 표선면 표선당포로 21-3
📞 0507-1352-7640 🕐 09:00~20:00
ⓘ 편의시설 주차장, 유모차, 아기 의자, 야외테이블, 정원, 전용 해변
🌐 인스타그램 cafe_pyoseon_hada

전용 해변이 있는 카페

전망과 분위기가 압권이다. 프라이빗 비치가 있어 파도가 밀려오는 모래사장을 밟으며 바다를 맘껏 즐기기 좋다. 뜰에 있는 키 큰 야자수가 이국적인 분위기를 자아낸다. 낭만적이고 아름다운 한때를 보내기 좋은 공간이다. 이곳에서는 커피와 음료뿐만 아니라, 제철 과일을 듬뿍 넣은 생크림쌀케이크와 제주 세트 디저트, 젤라토도 선보인다. 차만 마시고 가기 아쉽다면 가볍게 식사하며 오래도록 시간을 보내도 좋겠다. 마당에는 잔디와 모래밭이 함께 있고, 바다로 가는 계단 앞에는 수도가 있어 몸에 묻은 모래를 씻을 수 있다.

☕ CAFE & BAKERY
다카포카페

📍 서귀포시 표선면 표선백사로110번길 6
📞 064-787-1600
🕐 11:00~22:00(식사 주문 마감 19:30, 월요일 휴무)
ℹ️ 편의시설 주차장, 유모차, 야외테이블, 놀이터, 아기 의자
🌐 인스타그램 jeju_dacapo

생태 놀이시설을 갖춘 웰컴키즈존 카페

아이들에게 천국 같은 곳이다. 정원에는 멋진 수영장과 생태 놀이터가 있다. 텔레토비 동산을 닮은 잔디 언덕 아래로 터널이 뚫려 있고, 맘껏 모래 놀이도 할 수 있다. 통나무로 만든 평균대는 아이들의 도전 정신을 불러일으킨다. 야외 키즈 카페라 해도 믿을 수 있을 정도이다. 자, 아이들은 밖에서 신나게 놀고 엄마 아빠는 힐링할 시간이다. 커피, 디저트, 식사, 술 등 없는 게 없다. 게다가 밤늦게까지 문을 연다. 대형 에어풀장과 물놀이 에어바운스를 이용한 뒤 가볍게 씻을 수 있는 수도가 있으니 수건을 꼭 챙겨가자. 샤워장과 탈의실은 별도로 없다.

☕ CAFE & BAKERY
목장카페 밭디

📍 서귀포시 표선면 번영로 2486 📞 010-6312-6018
🕐 09:00~18:00(주문 마감 17:30, 수요일 휴무)
ℹ️ 편의시설 주차장, 야외 놀이터, 야외테이블, 유모차 운행 가능
🌐 인스타그램 batti_jeju

승마부터 이색 자전거까지 즐겨요

승마체험장이 손꼽히는 이색 카페로 변신했다. 유럽풍의 목가적인 조경과 인테리어를 살린 분위기가 돋보인다. 조랑말타운승마장에서 운영하는 이곳에선 이른 아침부터 저녁까지08:40~19:00 이색 자전거를 탈 수 있다. 마구간에서 당근 먹이 주기 체험도 즐기고, 화산송이 산책길도 걸어 보자. 전망대에 올라서면 시원한 바람과 멋진 전망이 기다린다. 승마17:30 마감와 이색 자전거를 함께 이용하면 할인받을 수 있다. 더운 여름에는 야외의 볕이 뜨거워 힘들 수 있으니 모자와 선크림 등을 준비하자. 성읍민속마을과 보롬왓에서 가깝다.

☕ CAFE & BAKERY
어니스트밀크 본점

📍 서귀포시 성산읍 중산간동로 3147-7
📞 070-7722-1886 🕐 10:00~18:00
ⓘ 편의시설 주차장, 아기 의자, 야외테이블(발코니)
🌐 인스타그램 honest_milk

세 자매가 만드는 목장 아이스크림

어니스트밀크의 주인은 세 자매다. 자매가 힘을 합쳐 성산에서 한아름목장을 운영한다. 육지에서 목장을 운영하는 부모님으로부터 노하우를 물려받았다. 이른 새벽부터 젖소를 돌보고, 우유를 짜서 직접 아이스크림과 요구르트, 치즈를 만든다. 대단한 자매들이다. 소는 사계절 내내 하루 14시간 이상 방목하여 키운다. 좋은 환경에서 자란 젖소에게서 얻은 우유 덕에 정직한 맛을 느낄 수 있다. 카페 건물은 우유갑 모양을 닮아 귀엽고, 매장이 있는 2층에 올라서면 성산 중산간 일대의 풍경과 함께 우도까지 전망할 수 있다. 테라스 자리도 있어 야외에서 음료와 디저트를 즐길 수 있다. 목장은 개방하지 않지만, 본점 앞 풀밭에서는 송아지를 만날 수 있다. 오전 11시, 오후 2시, 4시에 우유를 주는데, 원하면 체험도 가능하다. 그릭요거트와 고소한 치즈는 온라인으로 주문받아 전국으로 택배 배송도 한다. 서귀포 서쪽 사계초등학교 옆에 목장 우유로 직접 만든 리코타치즈 전문점 폭POC, 서귀포시 안덕면 산방로 352을 오픈했다.

서귀피안베이커리

◎ 서귀포시 성산읍 신양로122번길 17 2F
📞 064-783-7884
🕐 08:00~20:00(주문 마감 19:15)
ⓘ 편의시설 주차장, 유모차, 아기 의자, 정원, 야외테이블,
　수유실, 기저귀갈이대
🌐 인스타그램 seogwipean_bakery

파노라마 오션 뷰에 수유실까지 갖춘 카페

좋은 게 참 많은 신상 오션 뷰 카페다. 무엇보다 아기 의자를 넉넉하게 비치했고, 수유실과 기저귀갈이대까지 갖추었다. 베이커리 종류도 무척 다양하다. 유기농 재료를 사용하여 만들며, 케이크는 치즈케이크팩토리에서 들여온다. 아침 8시 30분부터 밤까지 문을 연다. 프로방스풍 인테리어에 모든 자리에서 바다를 전망할 수 있다. 어디에서든 화보가 되는 곳에서 휴식을 즐겨보자. 45m나 되는 파노라마 오션 뷰가 2층과 3층에 걸쳐 있다. 엘리베이터가 있어 이동하기에도 편리하다. 바다를 바라보다가 자연스럽게 산책로를 걷거나 바로 앞 모래사장으로 나갈 수도 있다. 고운 모래가 있고 인적이 붐비지 않는 신양섭지해수욕장이 눈부시게 빛나고 있다.

CAFE & BAKERY

해일리

⊙ 서귀포시 성산읍 한도로 269-37
📞 064-784-0099 ⏱ 09:00~20:00
ⓘ 편의시설 주차장, 유모차 운행 가능, 야외테이블, 마당
🌐 인스타그램 haeilri_coffee

우도와 일출봉을 품다

맛있는 커피, 달콤한 디저트와 피자, 눈 앞에 펼쳐진 푸른 바다, 남국의 휴양지에 온 듯한 분위기. 누구나 한 번쯤 이런 카페를 꿈꾸었을 것이다. 이런 곳이 제주에 있다. 성산포 옆에 자리를 튼 해일리이다. 해일리는 푸른 바다를 배경으로 서 있는 천국의 계단으로 유명한 일출봉 옆 휴양카페다. 성산일출봉 바로 곁에 있어 전망이 환상적이다. 평소에 보기 힘든 오밀조밀한 일출봉의 뒷모습을 감상할 수 있다. 그뿐이 아니다. 우도를 품은 바다를 한눈에 조망할 수 있다. 그늘막을 갖춘 의자와 편안하게 누워서 쉴 수 있는 등받이 쿠션을 갖춘 평상형 좌석도 갖추고 있다. 실내보다 야외의 인기가 더 높다. 커피와 디저트를 시켜놓고 오래 머물고 싶은 곳이다. 디저트는 매일 아침에 만든다. 수영장처럼 꾸며진 포토존도 있다.

 CAFE & BAKERY

호랑호랑

⊙ 서귀포시 성산읍 일출로 86
☎ 064-783-9799 ⏱ 08:00~22:00(미지막 주문 21:30)
ⓘ 편의시설 주차장, 유모차, 야외테이블, 정원, 전용 해변
⊕ 인스타그램 horanghorangcafe

광치기해변에서 이어지는 비치 카페

푸른 바다는 물론 성산일출봉까지 감상하며 커피를 즐길 수 있다. 광치기해변에서 섭지코지로 이어지는 긴 모래사장이 카페의 앞마당이다. 해변에 조형 작품처럼 설치해놓은 하얀 배는 카메라 셔터를 계속 누르게 되는 포토존이다. 한 폭의 그림 속에 들어가 있는 것 같은 멋진 분위기를 연출할 수 있다. 널찍한 야외 데크 위에는 그늘막이 있고 아이들이 누울 수 있는 라탄 소파도 놓여 있다. 아침 8시부터 밤 11시까지 문을 연다. 성산일출봉을 보며 마시는 모닝커피는 특별히 낭만적이다. 포근한 햇살이 노니는 오후에도, 은은한 조명과 야경이 아름다운 밤에도 낭만이 흐른다.

⊙ CAFE & BAKERY

카페 아오오

⊙ 서귀포시 성산읍 환해장성로 75
☎ 064-782-0007 ⏱ 09:00~19:20(주문 마감 19:00)
ⓘ 편의시설 주차장, 정원, 야외테이블
⊕ 인스타그램 cafe.ooo

눈부신 바다 앞에서 눈부신 휴식을

성산과 표선 사이를 잇는 신산신양해안도로 옆에 있다. 건축문화내상 득신을 수상한 건축이 아름답고 독특하다. 실내와 야외를 잇는 나선형 계단과 바다로 난 전망 발코니가 멋지다. 야자수가 있는 야외 정원도 있다. 잠봉뵈르 등 베이커리도 충실하다. 아이와 함께라면 야외 공간이 특히 매력적이다. 1, 2층 모두에서 야외 공간을 자유롭게 즐길 수 있으며, 넓은 계단은 가볍게 놀기 좋다.

SHOP
여행가게, 연필가게

📍 서귀포시 남원읍 태위로 929
📞 010-6496-4929 / 010-2069-9298
🕐 11:00~18:00(매주 일·월요일 휴무)
🌐 인스타그램 여행가게 travelshop_jeju
　　연필가게 pencilshop_jeju

여행과 문구를 탐험하는 곳

여행가게와 연필가게가 한 공간에 있다. 문을 열고 들어서는 순간 시간은 느려지고 잠자고 있던 감각이 눈을 뜬다. 여행가게에선 주인 부부가 세계여행을 하며 사 온 150여 가지 차를 구비하고 있다. 여러 차 중에서 자신과 맞는 차를 골라 마실 수 있다. 밀크티와 카카오 티는 주문과 동시에 바로 끓여낸다. 오래된 찻잔과 여행책, 손편지도 전시하고 있다. 하나하나 둘러보면 각자 떠났던 세계여행의 추억이 저절로 떠오른다. 찻잎을 사거나 여행책을 구매한다면 여행지의 추억을 더 오래 되새길 수 있으리라. 연필가게는 여행가게와 벽 하나 사이에 두고 있다. 이곳에선 세상의 모든 연필이 주인을 기다리고 있다. 색은 알록달록 귀엽고, 모양과 기능은 제각각이다. 연필로 사각사각 그림을 그려보는 건 어떨까. 아이와 함께 소확행을 누려보자. 빠트릴 수 없는 짝꿍인 지우개와 연필깎이도 있다.

 SHOP

제주i

◎ 서귀포시 성산읍 일출로288번길 8
📞 010-4943-6236
🕐 12:00~18:00(휴일 인스타그램 공지)
ⓘ 편의시설 주차 가능, 야외테이블, 정원
🌐 인스타그램 jejui_cafe

한라봉 아이스크림과 소품 가게

성산일출봉에서 도보 3분 거리에 있는 소품 가게 겸 카페이다. 작은 숲에 둘러싸여 있어 비밀스러운 공간에 들어선 것 같다. 제주를 테마로 한 제품을 만나볼 수 있으며, 셀렉 숍에는 눈길을 사로잡는 디자인 의류와 액세서리, 리빙 제품이 있다. 창밖으로 손에 잡힐 듯 보이는 우도를 바라보며 달콤한 한라봉 아이스크림도 즐겨 보자. 야외 나무 데크에도 테이블이 마련돼 있으니 자유로운 분위기 속에서 아이와 함께 카페 놀이와 소소한 쇼핑을 만끽해 보자.

 SHOP

북타임

◎ 서귀포시 남원읍 위미중앙로 160
📞 064-763-5511
🕐 10:00~19:00(월요일 휴무)
🌐 인스타그램 booktime_jeju

책, 사람, 문화가 있는 돌집 서점

오랫동안 서귀포 원도심을 지키다 한적한 마을 위미리 돌집으로 옮겼다. 제주의 가옥 구조를 그대로 살렸다. 안채와 바깥채 등 3개 건물과 안뜰을 둘러보는 재미가 크다. 한편엔 커피와 차를 즐길 공간을 마련해두었다. 얼마든지 앉아서 읽다 갈 수 있다. 최신 트렌드를 잘 반영한 서점 주인의 센스가 남다르다. 어린이 도서와 교구도 만나볼 수 있다. 제주의 이야기를 담은 제주 작가의 책도 있다. 봄이 오면 마을 전체에 퍼지는 귤꽃향을 맡으며 환상적인 독서 타임을 가질 수 있다. 가까운 위미초등학교에는 기적의 놀이터가 있어 놀기 좋다.

PART 10
섬 속의 섬

우도 | 가파도 | 마라도 | 비양도

우도

방수지맨드라미
우도몬딱
스테이인우도
블랑로쉐
스테이소도
하고수동해수욕장
비양도
하우목동항
돌담길민박 놀이터
해와 달 그리고 섬
우도 올레
우도면사무소 (하나로마트)
산호해수욕장
소섬전복
검멀레해변
유채꽃마을
우도봉
천진항
비와사 폭포

지중해를 닮은 그 섬에 가고 싶다

우도는 소가 누워있는 모양이라 해서 일찍이 소 섬으로 불렸다. 완만한 경사와 비옥한 토지, 풍부한 어장 등 천혜의 자연을 갖춘 제주의 대표적인 부속 섬이다. 초록과 파랑이 가득한 우도를 마주하면 본섬과는 또 다른 아름다움에 매료된다. 섬 둘레는 17km이다. 여유 있게 둘러보려면 아침 배를 타고 들어가 오후 배를 타고 나오는 일정이 좋다. 여행 일정에 여유가 있다면 우도에 숙소를 잡고 여행자들이 떠난 해변을 프라이빗 비치처럼 즐기며 우도 본연의 정취를 만끽하는 것도 좋다. 한라산과 성산일출봉 뒤로 넘어가는 노을과 여름밤 한치잡이 배가 바다에 환히 불을 밝히는 '어화'의 장관도 숙박해야 즐길 수 있다. 우도 여행에서 가장 중요한 건 날씨다. 날이 굳거나 바람이 강할 때는 어른도 다니기 힘들다. 바람이 심하면 배도 뜨지 않는다.

Travel Tip ❶ 우도 가는 방법

우도에 가려면 성산포와 구좌읍의 종달항에서 배를 타야 한다. 성산포에서는 10~30분 간격으로, 종달항에서는 하루 4~7편 운행한다. 여객선은 섬 남쪽의 천진항 또는 서쪽의 하우목동항에 여행자를 내려준다. 내리는
곳에서 여행이 시작된다. 우도행 배에 타기 위해서는 승선신고서를 2부 작성하고, 신분증을 꼭 보여주어야 한다. 유아외 학생은 주민등록등본과 초본, 가족관계증명서, 학생증으로 대신할 수 있다.

성산포 종합여객터미널
◎ 서귀포시 성산읍 성산등용로 112-7
☎ 064-782-5670, 5671
◷ 08:00~18:00(겨울철 17:00, 여름철 18:30까지)
↻ 10~20분(편도 15분 소요)
₩ 왕복 요금 10,500원, 청소년 10,100원, 초등학생 3,800원, 3~7세 3,000원
⊕ 홈페이지 http://udoship.com

종달항
◎ 제주시 구좌읍 해맞이해안로 2274
☎ 064-782-5670, 5671
◷ 4~9월 09:00부터 17:00까지 하루 7회, 10월~3월 09:30부터 15:30까지 하루 4회(편도 15분 소요)
₩ 왕복 요금 10,500원, 청소년 10,100원, 초등학생 3,800원, 3~7세 3,000원
⊕ 홈페이지 http://udoship.com

Travel Tip ❷ 우도 현지 교통 정보

렌터카 반입 불가

자연 훼손을 막기 위해 원칙적으로 렌터카 반입은 불가하다. 다만 1~3급 장애인, 65살 이상 노약자, 임산부, 만 6세 미만의 영유아를 동반하는 경우, 우도에 숙박하는 관광객만 렌터카를 반입할 수 있다.

현지 교통편

우도순환버스 선착장 앞 매표소에서 탈 수 있다. 짝수일은 시계방향, 홀수일은 시계 반대 방향으로 운행한다. 20분 간격으로 우도 핵심 정류장을 순환한다. 통합권을 사면 마음 내키는 곳에 내려 구경하다가 어디서든 다시 탈 수 있다. 1회권도 있다. 사람이 많으면 입석해야 한다.(064-782-6000, 통합권 5,000~8,000원, 1회권 1,000원)

교통수단 대여 선착장에 내리면 전동차·스쿠터·사이드카·자전거 대여소가 많다. 예산이나 취향에 맞게 하나를 선택하면 된다. 아이를 태우려면 창문 달린 전동차 혹은 전기자동차가 좋다. 전동차는 한 대에 아이 포함 2명까지 탈 수 있다. 대여비는 2시간 기준 2만 원, 하루 기준 3만 원 선이다.

Travel Tip ❸ 우도 현지 숙박 정보

숙박은 에어비앤비(airbnb.co.kr)를 통하면 원하는 조건에 맞춰 고를 수 있다. 섬이 크지 않아 위치는 어느 곳에 잡아도 무난하다. 편의점도 많은
편이고, 하나로마트에 웬만한 식품과 공산품을 갖추고 있어 따로 장을 보고 가지 않아도 된다. 가성비 좋은 깔끔한 펜션으로 우영팟민박과 우도모닝을 추천한다. 고급 독채로는 스테이소도, 스테이인우도가 있다. 최근 훈데르트바서파크에 가족 리조트가 새롭게 들어섰다.

우도봉

👤 추천 나이 1세부터
📍 제주시 우도면 연평리 산18-2
ⓘ 편의시설 주차장, 유모차(중턱까지)

우도 최고 전망 명소

소머리오름^{우도봉}은 그 자체가 전망대이다. 정상을 향해 걸음을 옮길 때마다 풍경이 아름다워 감탄을 연발하게 된다. 처음부터 끝까지 절경이 이어진다. 맑은 날이라면 우도 일대는 물론 건너편 성산일출봉과 동부의 오름 능선, 그리고 한라산까지 조망할 수 있다. 우도봉 일대를 말을 타고 돌아보는 승마체험도 특별한 경험이 될 것이다. 우도봉 입구 승마장에서 왼쪽으로 가면 우도등대공원이다. 6월 말이 되면 키 큰 수국이 등대 공원 입구를 파스텔톤 들판으로 바꾸어 놓는다. 우도봉 중턱까지는 경사도 완만하다. 전망대와 벤치가 있는 곳까지는 나무 데크라 유모차도 갈 수 있다. 정상까지는 6세는 되어야 오를 수 있다.

▼▼▼▼▼▼

훈데르트바서파크

👤 추천 나이 2세부터
📍 제주시 우도면 우도해안길 32-12 📞 064-766-6077
🕐 09:30~18:00(입장 마감 17:00)
₩ 입장료 7,500원~15,000원(미취학 아동 무료)
🌐 인스타그램 hundertwasserpark

이국적인 건축과 매혹적인 색채미

오스트리아 3대 화가이자 건축 치료사 훈데르트바서의 예술과 건축 철학을 오롯이 담은 테마파크로 2022년에 문을 열었다. 독특한 건축 양식은 우도의 자연 이미지와 충돌하지만, 훈데르트바서의 화려한 색채미는 언제나 매력적이다. 이국적인 건축과 매혹적인 색채에 이끌려 남녀노소 즐겁게 사진을 찍는다. 갤러리와 뮤지엄, 카페 등이 있다. 천진항 근처의 숨겨진 해변 톨칸이 옆에 들어선 '카페 톨칸이'우도면 우도해안길 32-24는 입장권을 구매하지 않고 이용할 수 있다.

쉿! 플레이스

쉿! 여긴 정말 숨겨진 곳, 우도 최고 놀이터

우도에 끝내주게 멋진 놀이터가 있다. 원래 학교 터였던 곳을 새롭게 공원으로 단장했는데, 오름 같은 언덕에 설치된 터널 미끄럼틀은 몇 번을 타도 지겹지 않고, 바다 전망도 즐길 수 있다. 돌담에 매달린 그네와 스프링 짱짱한 시소도 있다. 주변은 학교, 우체국, 마트 등 생활편의시설이 밀집된 곳이다. 도로와 건물을 새롭게 정비해 마치 아기자기한 드라마 세트장에 들어온 것 같다.
📍 제주시 우도면 우도로 163

© wikimedia_SohyeonBak

© worney_pixabay

SIGHTSEEING
▼▼▼▼▼▼▼
산호해수욕장

👤 추천 나이 2세부터
📍 제주시 우도면 우도해안길 252
ⓘ 편의시설 주차장

소금을 뿌린 듯 새하얀 산호 해변

우도 서쪽에 있는 해수욕장이다. 우도팔경 중 하나로 예전엔 서빈백사西濱白沙로 불렀다. 서쪽 해변의 흰 모래란 뜻이다. 이 모래는 원래는 해양 홍조류였다. 해안으로 쓸려온 붉은 홍조류 덩어리가 광합성 작용으로 소금처럼 하얀 모래로 변했다. 전문용어로는 홍조단괴라고 하는데 세계적으로 희귀한 해변이다. 천연기념물 제438로 지정해 반출을 금지하고 있다. 산호해수욕장에 서면 바다 건너 본섬이 손에 잡힐 듯 다가온다. 삼각형 모양 멋진 오름 지미봉을 배경 삼아 우도에서의 한때를 사진으로 남기기 좋다. 물이 갑자기 깊어지므로 해수욕하기엔 적합하지 않다.

© kevinYi_pixabay

SIGHTSEEING
▼▼▼▼▼▼▼
검멀레해변

👤 추천 나이 2세부터
📍 제주시 우도면 연평리 318-3
ⓘ 편의시설 주차장

검은 모래 해변과 웅장한 협곡

검멀레는 제주어로 검은 모래라는 뜻이다. 우도봉 절벽 아래에 숨어있다. 검멀레 해변을 둘러싼 절벽이 너무나 웅장하고 압도적이어서 우리나라 풍경처럼 느껴지지 않는다. 해변의 길이는 100m 남짓이다. 삼양해수욕장과 더불어 제주도의 대표적인 검은 모래 해변이다. 계단을 따라 내려가면 해변 산책도 할 수 있다. 고래가 살았다는 전설이 내려오는 동굴도 이곳에 있다. 보트를 타고 검멀레 해변과 동굴을 둘러볼 수 있는 코스도 있다. 우도지미스 상점 건너편에서 표를 판매하며, 속도가 빠르므로 초등학생은 되어야 탈 수 있다. 소요시간 20분, 성인 10,000원, 소인 5,000원

SIGHTSEEING
▼▼▼▼▼▼
하고수동해수욕장

👤 추천 나이 2세부터
📍 제주시 우도면 연평리 1290-5
ⓘ 편의시설 주차장

우도에서 만나는 사이판

우도 동북쪽에 있는 에메랄드빛 해변이다. 해변이 얼마나 아름답고 이국적이면 사람들이 '사이판 해변'이라 부를까? 이곳은 긴 설명이 필요 없다. 우도에 왔다면 하고수동의 아름다움은 무조건 즐겨야 한다. 투명한 물빛과 밀가루 같은 모래, 바닷물이 찰랑거리는 얕은 수심 덕에 아이 동반 가족이 많이 찾는다. 눈이 시릴 정도로 푸른 에메랄드빛 바다가 잔잔한 파도를 데려오고, 모래는 한없이 보드랍다. 아름다운 만큼 주변으로 식당과 카페도 많아 편리하다. 어선들이 먼바다에서 불빛을 별처럼 수놓는 여름밤에는 낭만적인 산책을 즐기기 좋다.

SIGHTSEEING
▼▼▼▼▼▼
비양도

👤 추천 나이 1세부터
📍 제주시 우도면 연평리 8
ⓘ 편의시설 주차장, 유모차

섬 속의 섬, 섬 안의 섬

우도 안에 또 다른 섬이 있다. 서쪽 협재해수욕장 앞의 섬과 이름이 같은 비양도. 순환 버스에서 내리면 비양도 세움간판이 반갑게 인사를 한다. 150m만 걸어가면 비양도이다. 뿔소라구이가 맛있는 해녀의 집, 돌을 쌓아 만든 망대, 정자와 소원 성취 바위, 그리고 동쪽 바다에 조금 떨어져 있는 등대 외엔 전부 푸른 초원이다. 이 아름다운 초원 덕에 비양도는 캠핑족의 성지이다. 백패커들의 버킷리스트 중 하나가 이 섬에서 야영하는 것이다. 개방한 지 얼마 안 된 곳이라 자연 그대로의 모습이 더 특별하게 다가온다. 비양도는 우리나라에서 제일 먼저 해가 뜨는 곳이다.

🍽 RESTAURANT
해와달그리고섬

◎ 제주시 우도면 우도해안길 946
📞 064-784-0941
🕐 10:00~20:30(첫째·셋째 주 수요일 휴무)
ⓘ 편의시설 주차장, 야외 테이블, 좌식테이블, 포장 가능

푸짐한 우도의 자연산 해산물

우도의 동쪽 바다 앞에 있는 집으로, 관광객보다 현지인 손님이 인정하는 우도 맛집이다. 여행자들이 빠져나가는 해 질 무렵 술 한잔하러 삼삼오오 모여드는 손님으로 테이블이 금세 찬다. 조림, 물회, 뚝배기, 해물라면 등 다양한 식사가 준비돼 있으며, 황돔 코스를 시키면 곁들임 음식이 푸짐하게 나온다. 해산물 모둠도 탱글탱글 신선하고 푸짐하다. 모두 우도에서 얻은 재료를 사용한다. 재료가 좋으니 맛은 보장한다. 어린이 메뉴로 돈가스도 있어 좋고, 모든 메뉴는 포장도 가능하다.

🍽 RESTAURANT
소섬전복

◎ 제주시 우도면 연평리 329
📞 064-782-0062 🕐 09:00~20:00(주문 마감 18:30)
ⓘ 편의시설 주차장, 아기 의자, 기저귀갈이대, 루프톱 놀이
공간 🌐 인스타그램 soseomjeonbog

아이와 가기 편하고 전망도 좋은

국내산 전복을 넣어 만든 돌솥밥과 뚝배기, 미역국, 물회, 죽 등을 파는 곳이다. 한마디로 전문점이다. 아낌없이 재료를 넣어 맛이 풍부하고, 가성비 좋은 세트 메뉴가 있어 나눠 먹기 좋다. 기본 반찬으로 게우젓갈과 흑돼지고기산적, 간장게장까지 나오니 입맛이 절로 살아난다. 검멀레 해변가기 직전에 있다. 통유리로 된 단독 건물이라 전망이 무척 좋다. 아기 의자도 많고, 기저귀갈이대도 준비해 놓았다. 루프톱에 오르면 경치 만끽하며 놀 수 있는 놀이공간도 있다. 음식 맛, 멋진 전망, 아이가 놀기 좋은 시설, 우도에서 이 삼박자를 갖춘 특별한 맛집이다.

 CAFE & BAKERY

블랑로쉐

📍 제주시 우도면 우도해안길 783
📞 064-782-9154
🕐 11:00~17:00(7~8월 17:30까지, 11~3월 16:00까지)
ⓘ 편의시설 유모차 운행 가능, 마당, 야외 테이블
🌐 인스타그램 blancrocher_udo

바다에서 가장 가까운 카페

우도에서 가장 유명하고, 전망이 좋은 카페다. 아름다운 하고수동 해변 끄트머리 암석 위에 사뿐 올라앉았다. 멋진 전망 덕에 우도의 여러 카페 중에서 가장 인기가 많다. 바다 가까이에 있어서 에메랄드빛 바다와 바다처럼 푸른 하늘을 시야 가득 품을 수 있다. 보이는 건 오로지 비취 색이다. 날이 맑고 바람이 잔잔한 날엔 야외 카페로 나가자. 하얀 그늘막을 친 야외 카페에 앉으면 바람보다 푸른 바다가 먼저 다가온다. 우도 땅콩으로 만든 라떼와 아이스크림이 인기 메뉴이다. 주차장이 따로 없어 해수욕장 근처에 차를 대고 걸어가야 한다.

 CAFE & BAKERY

우도몬딱

📍 제주시 우도면 우도해안길 794
📞 064-782-6789
🕐 09:30~17:30(여름철 18:30까지)
ⓘ 편의시설 주차 가능(가게 앞), 야외 테이블, 루프톱

땅콩 아이스크림과 바삭한 추로스의 환상 조합

우도 땅콩 아이스크림은 우도에 가면 누구나 먹어보고 싶은 필수 디저트이다. 푸른 우도 바다와 고소한 땅콩 아이스크림은 너무나 잘 어울리는 한 쌍이다. 거의 모든 카페에서 우도 땅콩 아이스크림을 판매하는데, 가게마다 특색이 다르다. 하고수동 바다 앞에 있는 우도몬딱은 아이스크림을 진한 땅콩 크림으로 만들어 색도 진한 갈색이다. 여기에 갓 튀긴 바삭한 추로스를 꽂아주는 땅추는 그야말로 환상 조합이다. 상큼한 한라봉 아이스크림으로 선택할 수도 있다.

가파도

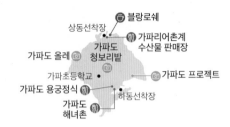

상동선착장
블랑로쉐
가파리어촌계
수산물 판매장
가파도 올레
가파도
청보리밭
가파초등학교
가파도 프로젝트
가파도 용궁정식
하동선착장
가파도
해녀촌

마음마저 출렁이게 하는 청보리 물결

가파도는 아시아에서 가장 낮은 유인도이다. 섬 위쪽의 상동마을과 아래쪽 하동마을에 170여 명이 사는 자그마한 섬이다. 1~2시간이면 걸어서 섬을 다 둘러볼 수 있다. 4월이 되면 섬은 청보리 축제로 술렁인다. 섬 대부분을 뒤덮고 있는 17만 평의 청보리 물결이 바다와 한라산을 배경으로 넘실대는 모습은 감격적일 만큼 장관이다. 가장 낮은 섬에서 보는 제주도 본섬과 한라산은 오래도록 마음에 남을 풍경이다. 보리가 한창 자라는 3~5월이 방문하기 좋은 계절이다. 섬 내부에도 올레길이 있다. 해안가와 마을과 보리밭을 두루 걸을 수 있다. 길이 잘 닦여 있어 유모차, 킥보드, 자전거 모두 편하다. 선착장에 내리면 자전거 대여소가 있다. 섬 중앙부의 가파초등학교는 아이와 놀다 가기 좋은 곳이다.

가파도행 배는 모슬포의 운진항에서 출발한다. 10분이면 도착한다. 신분증이 있어야 하고, 승선신고서도 써야 한다. 유아와 학생은 주민등록등본과 초본, 가족관계증명서, 학생증으로 대신할 수 있다.

운진항

◎ 서귀포시 대정읍 최남단해안로 120

☎ 064-794-5490

🔄 운항 편수 하루 7~9편(노을 투어 포함, 10분 소요, 청보리 축제 기간 증편)

₩ 왕복 요금 7,800~15,500원(24개월 미만 무료)

🌐 **홈페이지** wonderfulis.co.kr(예약 권장)

볼거리 가파도의 볼거리는 단연 청보리밭이다. 3월 중순부터 5월 초순까지 청보리 축제가 이어진다. 보리밭 걷기, 소망 기원 돌탑 쌓기, 청보리 막걸리 마시기 같은 체험을 할 수 있다. 가파도의 여름은 해바라기, 가을엔 코스모스 세상이다. 가파도 올레도 기억하자. 올레길은 해안가를 따라 걷는 둘레길에서 시작해 마을과 보리밭을 가로질러 남쪽 끝자락까지 간다. 바다, 지붕, 돌담, 보리밭이 만드는 수평의 이미지는 걸음을 느리게 하고 생각을 깊게 한다. 가파도엔 바람이 심해 그늘을 만들어주는 키 큰 나무가 없다. 한여름엔 무더위에 대비해야 한다.

먹을거리 가파도 맛집으로는 먼저 용궁정식서귀포시 대정읍 가파로67번길 7, 064-794-7089를 꼽을 수 있다. 자연산 제철 재료로 만든 정식을 상 가득 차려내는 식당이다. 가파도해녀촌서귀포시 대정읍 가파로 76-1, 010-3511-2674에선 바다 내음 가득한 짬뽕과 짜장면을 만날 수 있다. 가파리 어촌계 수산물 판매장여객선터미널 뒤편 가건물에선 전복, 해삼, 뿔소라, 문어 등 해녀가 잡아 올린 싱싱한 해산물을 맛볼 수 있다. 선착장 근처 대형카페 블랑로쉐0507-1381-3370에선 가파도 스타일 디저트와 음료를 맛볼 수 있다.

살거리 가파도 보리로 만든 미숫가루는 무척 구수해 기념품으로 좋다. 청보리 막걸리도 다른 곳에서 잘 팔지 않아 특별하다. 섬 안에 있는 상점 곳곳에서 판매한다. 여객선 터미널 안에 기념품 코너도 있다.

마라도

대한민국의 남쪽 끝

대한민국 최남단 마라도. 해발 39m, 동서 길이 500m이고, 남북 길이 1,250m이다. 면적은 약 10만 평, 섬 둘레는 4.5㎞이다. 해안 길을 따라 걸으며 산책하기 딱 좋은 크기다. '짜장면 시키신 분~' 하고 외치던 CF 덕에 중식당이 여럿인 진풍경이 펼쳐진다. 해산물을 잔뜩 넣은 짜장과 짬뽕이 인기 메뉴이다. 가을에는 높은 하늘과 푸른 바다를 배경으로 억새가 만발하는 장관을 볼 수 있다. 2016년 이후 휴교 상태인 마라분교는 아이와 들르기 좋은 포토존이다. 잔디밭 위 미끄럼틀과 철봉이 마치 바다 위 절벽 위에 있는 듯하다. 마라도의 모든 것엔 '최남단'이란 수식어가 붙는다. 등대, 종교시설, 기념비 등 모두가 최남단이다. 선착장의 계단을 제외하고는 대부분 길이 잘 닦여 있어 유모차 운행도 가능하다. jejumarado.com

© 제주도청

© Sophara in Pixabay

Travel Tip ❶ 마라도 가는 방법

마라도 가는 배는 송악산과 운진항모슬포 두 군데에서 출발한다. 송악산 쪽이 편수가 더 많다. 마라도까지 25분 정도 걸린다. 들어가는 시각에 따라 나오는 배 시간이 정해져 있어, 약 2시간 정도만 돌아볼 수 있다. 신분증이 있어야 하고, 승선신고서도 써야 한다. 유아와 학생은 주민등록등본과 초본, 가족관계증명서, 학생증으로 대신할 수 있다.

송악산 매표소
◎ 서귀포시 대정읍 송악관광로 424
   (송악산 앞 마라도여객선매표소)
📞 064-794-6661
🔁 운행 편수 일 7회 이상 운항
₩ 왕복 요금 청소년·성인 20,000원,
   미취학 아동·초등학생 10,000원
🌐 홈페이지 maradotour.com(예약 필수)

운진항 매표소
◎ 서귀포시 대정읍 최남단해안로 120
📞 064-794-5490
🔁 운행 편수 4회 운항(성수기 증편)
₩ 왕복 요금 성인 21,000원, 청소년 20,800원,
   24개월 아동·초등학생 10,500원
🌐 홈페이지 wonderfulis.co.kr(예약 권장)

Travel Tip ❷ 볼거리와 먹을거리

볼거리 마라도의 핫 플레이스는 마라도 성당이다. 우리나라에서 가장 남쪽에 있는 성당이다. 천천히 걸으면 선착장에서 15분 정도 걸린다. 달팽이를 닮아 깜찍하고 귀엽다. 마라도에 있으면 그것이 무엇이든 운명적으로 대한민국 최남단에 있는 것이다. 등대도 마찬가지다. 등대는 10초에 한 번씩 반짝인다. 마라도 성당에서 산책로를 따라 남쪽으로 3~4분 더 가면 대한민국 최남단비가 나온다. 이 비에서 조금 더 걸어가면 진짜 국토의 끝이다. 국토의 끝에서 망망대해가 시작된다.

먹을거리 짜장면은 마라도의 소울푸드이다. 열 개 남짓이 성업 중이다. 마라도로 짜장면 투어를 오는 사람이 있을 정도이다. 못지않게 해산물을 듬뿍 넣은 짬뽕도 유명하다.

비양도

코끼리를 삼킨 보아뱀을 닮은 섬

비양도는 제주도 서쪽 한림읍 바다에 있다. 협재와 금능해수욕장 건너에 있는 섬이다. 제주의 아름다운 풍경에 자주 등장하는 바로 그곳이다. 섬은 마치 <어린왕자>에 나오는 코끼리를 삼킨 보아뱀처럼 생겼다. 에메랄드빛 바다 위에 떠 있어 묘한 분위기를 자아낸다. 영화나 드라마에도 특별한 장소로 종종 등장했다. <신증동국여지승람>에는 1002년과 1007년에 "산이 바다 한가운데서 솟아 나왔다."는 기록이 있다. 섬의 나이 이제 천 살, 제주도에서 가장 젊은 섬이다. 화산 폭발 때 솟아난 높이 114m의 비양봉이 생겼다. 정상엔 분화구 두 개가 있다. 서쪽 바다를 거닐다 보면 손에 잡힐 듯 가까워 보이는 저 섬에는 무엇이 있을지 궁금해진다. 멀리서 볼 때와 가 볼 때는 확실히 다르다. 섬 둘레는 3.5km로 2~3시간 정도이면 충분히 둘러볼 수 있는 규모다. 아기자기한 섬마을 풍경에 자꾸만 눈이 간다.

Travel Tip ❶ 비양도 가는 방법

비양도 가는 배는 한림항의 도선대합실에서 출발한다. 15분이면 비양도에 도착한다. 하루 4편이 왕복 운행한다. 신분증이 있어야 하고, 승선신고서도 써야 한다. 유아와 학생은 주민등록등본과 초본, 가족관계증명서, 학생증으로 대신할 수 있다. 운행 편수가 많지 않으므로, 주말에는 예약하는 게 좋다.

한림항
📍 제주시 한림읍 한림해안로 192
📞 064-796-3515, 064-769-7522
🔄 09:00~16:00 왕복 8회 운항
₩ 왕복 요금 성인 12,000원, 소인(만2~11세) 6,000원, 편도 15분 소요
🌐 **홈페이지** www.비양도매표소.com(전화 예약 가능)

Travel Tip ❷ 볼거리와 먹을거리

볼거리 비양봉 전망대는 꼭 올라보자. 파이팅 넘치는 4살 정도면 오를 수 있다. 정상의 하얀 등대에 오르면 가슴이 탁 트이는 망망대해가 펼쳐진다. 4~5월엔 연보랏빛 갯무꽃이 정상으로 향하는 코스를 환상적으로 응원한다. 뒤를 돌면 떠나온 해수욕장에 모여든 사람들이 장난감처럼 작게 보이고, 착륙을 위해 선회하는 비행기도 보인다. 해안 길도 멋지다. 기암괴석을 만날 수 있는데, 애기 업은 돌과 코끼리 바위가 대표적이다. 또 뭍에서는 보기 드문 바닷물로 된 염습지 '펄랑못'이 있다. 포장이 잘 되어 있어 아이와 걷거나 유모차로 가기 좋다.

먹을거리 섬을 여행하기 전에 배를 채우는 것도 좋겠다. 인섬스토리2나 호돌이식당에서 시원한 물회와 진한 죽 한 그릇 먹고 섬 한 바퀴 돌고나면 딱 배 시간에 맞출 수 있다. 편의시설로는 작은 슈퍼 하나가 있다. 카페 봄날섬에서는 보말빵을 만날 수 있다. 쉼그대머물다에서는 오션 뷰에서 비양도쑥팬케이크를 먹을 수 있다.

인섬스토리2 📍 제주시 한림읍 비양도길 29 📞 010-7285-3878
호돌이식당 📍 제주시 한림읍 비양도길 284 📞 064-796-8475
봄날섬 📍 제주시 한림읍 비양도길 32-2
쉼그대머물다 📍 제주시 한림읍 비양도길 274-2 🌐 **인스타그램** biyangdo.shim

PART 11

여행 준비
완벽 가이드

항공·여객선 정보 | 기내 준비물
현지 교통 | 병원
준비물 체크리스트

여행 준비 완벽 가이드

01 항공·여객선 정보

항공권 구매 TIP

① 포털 및 여행사 사이트를 통해 최저가 검색 후 해당 항공사 공식 홈페이지에서 예약하면 발권 수수료가 붙지 않는다.

② 성인 1인당 유아(만 24개월 미만) 1인 무료로 동반 탑승할 수 있다. 다만, 안고 타야 한다. 유아 좌석을 구매하고 싶으면 해당 항공사로 전화하여 구매하면 된다.

③ 소아(만2세~만 13세 미만)는 좌석을 구매해야 하며, 성인 요금에서 10~25% 할인된다.

④ 비즈니스석이나 앞 좌석을 원할 땐 별도 요금을 내고 구매하면 된다.

⑤ 수하물이 무료가 아닌 경우도 있으니 꼭 요금 규정을 확인하자.

여객선 정보

비행기 탑승이 어렵거나, 차량을 가지고 갈 땐 선박을 이용해 제주항으로 들어올 수 있다. 지역별 여객선 정보는 다음과 같다.

녹동(고흥) ↔ 제주항	3시간 30분	064-723-9700(제주), 061-842-6111(녹동) http://www.namhaegosok.co.kr/
여수 엑스포 ↔ 제주항	5시간	1688-2100 http://www.hanilexpress.co.kr
완도 ↔ 제주항	1시간 20분 · 2시간 40분 · 4시간	http://www.hanilexpress.co.kr
목포 ↔ 제주항	3시간 50분 · 4시간 30분	1577-3567 http://seaferry.co.kr
삼천포 ↔ 제주항	7시간	1855-3004 http://oceanvista.co.kr

02 숙박 정보

숙소 선택을 위한 TIP

① 여행 동선에서 접근하기 편한 곳이면 시간을 아낄 수 있다. 이동 거리 30분 이내 숙소가 좋다.

② 3박 미만은 한곳에 머무는 게 좋다. 잦은 짐 싸기와 체크인/아웃 절차는 시간 낭비이다.

③ 호텔, 리조트, 펜션, 독채, 게스트하우스 등 원하는 숙소 종류를 먼저 고르자.

④ 영유아 동반 서비스, 수영장, 온수 풀, 키즈클럽, 놀이시설, 조식 포함 여부 등 필요한 편의시설을 고려해 선정한다. 숙소에서 거의 잠만 잘 거라면 가성비와 접근성 좋은 곳을, 관광에 크게 비중을 두지 않는다면 키즈 펜션이나 대형 리조트 호텔, 조용한 곳을 원하면 독채 스타일이 좋다. 키즈 프렌들리 숙소 ☞ PAGE 20

⑤ 실제 이용자의 후기를 충분히 살펴본 뒤 결정한다. 포토샵 사진과 광고성 블로그에 속지 않기!

숙박 검색 사이트

① 다음, 네이버 등 포털 사이트

② 인터파크투어, 하나투어, 호텔스컴바인, 여기어때 등 여행사 및 숙박 예약 전문 사이트

③ 에어비앤비(www.airbnb.co.kr)

포털과 여행사에 없는 다양한 숙박 시설을 보유하고 있다. 원하는 지역과 일정, 가격대로 검색하며, 독채 및 펜션을 원할 때 좋다. 개인 대 개인의 예약이므로 최신 후기를 상세히 살펴본 뒤 결정하자. 예약 전 호스트에게 1:1로 문의할 수 있다.

④ 호텔 및 리조트 공식 홈페이지

호캉스 패키지를 이용하고 싶다면 공식 홈페이지의 프로모션 상품이 가장 다양하고 저렴하다

03 제주 도내 이동 수단

렌터카 이용 정보

① 대표 렌터카 회사 - 롯데렌터카, SK렌터카, 제주 현지 렌터카 공식 홈페이지 이용

② 렌터카 가격 비교 사이트 - 제주패스렌트카, 돌하루팡

③ 보험 들기

관광지 특성상 운전 미숙으로 인한 교통사고가 무척 잦다. 보험은 무조건 가장 높은 단계로 가입하자. '완전 자차'라도 타이어, 휠, 소모품, 단독사고 등은 보장하지 않는다. '프리미엄' 단계, '슈퍼 자차' 보험인지 확인하고 가입하자. 우도에 차를 가지고 갈 예정이라면 우도 내 사고도 보상하는지 꼭 확인하자.

④ 전기차

아이를 동반한 경우라면 추천하지 않는다. 충전에 꽤 오랜 시간이 걸리며, 충전소에 다른 차량이 들어가 있으면 기다리거나 다른 곳으로 가야 하는 불편함이 있다.

⑤ 카시트 설치

렌터카 예약 시 함께 대여하면 미리 설치해준다. 각 렌터카 회사마다 제휴업체가 있다. 만약 다른 곳에서 빌린다면 배달 서비스가 있는 곳이 편하다.

⑥ 공항에서 렌터카 회사까지는 셔틀버스를 이용해야 한다. 5번 GATE를 나와 길 건너 우측에서 회사별 버스에 탑승하면 된다.

버스 이용 정보

① 티머니, 후불제 교통카드(신용카드) 등으로 탑승할 수 있으며, 환승 할인도 된다.

② 공항에서 버스 탑승 시 GATE 2로 가면 된다. 공항리무진(600, 800, 800-1), 급행버스(101, 102, 110-1, 110-2, 120-1, 120-2, 130-1, 130-2, 150, 155, 181, 182), 호텔 셔틀(투숙객 전용), 일반 노선버스를 이용할 수 있다.

③ 관광지 순환버스(810-1, 810-2, 820-1, 820-2)

동부와 서부지역엔 관광지 순환버스가 다닌다. 동부는 대천동에서 출발해 제주세계자연유산센터, 비자림, 용눈이오름 등을 거쳐 대천동으로 돌아온다. 서부지역은 신화역사공원, 제주항공우주박물관, 제주 오설록티뮤지엄, 저지오름 등을 순환한다. 운행 시간은 첫차 8시 30분, 막차 17시 30분으로 배차 간격은 30분이다. 요금은 1,150원이며 동일 노선이라 환승은 인정되지 않는다. 다만, 성인 기준 3,000원의 1일 이용권을 사면 하루 동안 관광지 순환버스를 무제한으로 이용할 수 있다.

④ 시티투어버스

제주시와 서귀포시에서 1개 노선을 운영한다. 제주시는 시티투어버스 정류장과 운영 시스템이 별도로 있는 이층버스/트롤리(http://www.jejucitybus.com)이며, 서귀포시는 일반 노선버스와 같은 방식으로 운영한다(880번). 시티투어버스 노선 정보는 '제주버스정보시스템' 어플 및 홈페이지(bus.jeju.go.kr), 카카오 맵, 네이버 지도 앱 등으로 찾아볼 수 있다. 또 정류장의 노선도와 폴대 등에 부착한 QR코드를 스마트폰으로 스캔하면 노선도, 위치 정보, 도착시간 등을 알 수 있다.

택시 이용 정보

① 시내가 아니라면 길에서 택시 잡기가 어렵다. 이럴 땐 '카카오T'
   를 이용하면 된다.
② 제주 공항 택시 승차장 - GATE 3로 나가서 횡단보도를 건너면
   택시 승차장이다.
③ 콜택시

   각 지역마다 콜택시 회사가 있다. 공항에서 택시를 타고 먼 곳으
   로 갈 때, 카카오택시가 잡히지 않을 때, 오름과 올레길을 걷고
   자 할 때 해당 지역 콜택시를 호출하면 좋다. 줄 서지 않고 바로
   탈 수 있으며, 먼 거리의 경우 미터기보다 저렴한 정액 요금으로
   갈 수도 있다.

제주시	제주개인브랜드콜 064-727-1111, 제주사랑호출택시 064-726-1000, VIP콜택시 064-711-6666, 개인위성콜택시 064-711-8282, 삼화콜택시 064-756-9090, 서부/외도호출봉사회 064-743-0404, 남양콜택시 064-743-3033, 봉개콜택시 064-723-3999, 에쿠스다이너스티콜 064-711-1950, 평화로콜택시 064-747-1011, 한라산호출택시 064-755-1950, 5.16콜택시 064-751-6516, 부두콜택시 064-751-4321, 제주K관광콜택시 064-721-2570
서귀포시	서귀포브랜드콜택시 064-762-4244, OK콜택시 064-732-0082, 중문호출개인택시 064-738-1700, 서귀포콜택시 064-762-0100, 서귀포인성호출택시 064-732-6199, 중문천제연 064-738-5880
애월읍	애월하귀연합콜택시 064-799-5003, 애월콜택시 064-799-9007
한림읍	한림서부콜택시 064-796-9595, 한수풀콜택시 064-796-9191, 한림호출개인택시 064-796-8020
한경면	한경개인택시 064-772-1818, 064-772-5882
안덕면	이어도콜택시 064-748-0067, 안덕개인콜택시 064-794-1400
대정읍	모슬포호출개인택시 064-794-0707, 대안콜택시 064-794-8400
조천읍	교래번영로콜택시064-727-0082, 조천만세콜택시 064-784-7477, 조천/함덕콜택시 064-784-8288
구좌읍	만장콜택시064-784-5500, 김녕콜택시 064-784-9910, 구좌콜개인택시 064-783-4994
성산읍	동성콜택시 064-782-8200, 성산월드호출택시 064-784-0500, 성산포호출개인택시 064-784-3030
표선면	표선24시콜택시 064-787-3787, 표선호출개인택시 064-787-2420
남원읍	남원개인24시 064-764-3535, 남원콜택시 064-764-9191
우도면	우도콜택시 064-725-7788~9

④ 관광행복택시

관광 목적의 택시 전세 예약 서비스이다. 제주특별자치도와 택시운송사업조합에서 보증 및 관리하여
식당 알선, 추가 현금 요구, 식사 비용 청구 등이 일절 없다.(1899-7321, http://jejutaxitour.co.kr/)

• 중형택시(4인까지)

3시간 60,000원, 3~5시간 90,000원, 5~9시간 170,000원, 이용 시간 초과 30분당 10,000원

• 대형택시(9인까지)

3시간 90,000원, 3~5시간 140,000원, 5~9시간 250,000원, 이용 시간 초과 30분당 15,000원

대리운전 이용 정보

① 도내에 다양한 대리운전 업체가 있다. 검색하거나 식당에 문의하면 된다.

② 여성 기사를 원하면 '이모대리운전' 1577-0486

04 렌탈 서비스

① 유모차, 부스터, 아기 욕조, 소독기, 보행기, 바운서, 휴대용 침대 등 다양한 아기용품을 대여해 사용할
수 있다. 인터넷 검색으로 여러 업체를 찾을 수 있다.

② 카시트 대여 업체에서 함께 대여할 땐 한꺼번에 장착하거나 배달해준다.

05 놀이 및 외출용 준비물

① **운동화** 숲길, 자갈길 등 걸을 때 필요하다.

② **모래놀이 도구** 여름은 물론 봄, 가을에도 바람 없고 햇
빛 좋은 날엔 바닷가에서 모래놀이 하기 좋다.

③ **샌들 or 슬리퍼, 아쿠아 슈즈** 여름에는 물기가 잘 마르
는 신발이 유용하다.

④ **일회용 우비 or 미니 우산** 섬 날씨는 예측 불가. 갑자기
내리는 비에 대비하자.

⑤ **모자, 햇빛 가리개, 자외선차단제** 제주의 뜨거운 햇살을
이길 자 없다. 챙 달린 모자, 유모차·카시트의 햇빛 가리개, 차량용 커튼, 자외선차단제 등을 준비하자.

06 기내 준비물

① 기압 차이로 이착륙 때 귀가 아플 수 있다. 수유 중인 아이라면 이착륙에 맞춰 모유 또는 분유를 수유하
면 자연스럽게 침을 삼킬 수 있다. 유아의 경우에는 물, 음료수, 막대사탕 등을 준비해 이착륙 때 먹이면
된다.

② 기내에 들고 갈 물건은 캐리어보다 '배낭'에 챙기면 편하다.

빠트린 물건, 먹거리가 필요할 땐 여기로!

대형마트	롯데마트 제주점, 이마트 제주점, 이마트 신제주점, 이마트 서귀포점, 홈플러스 서귀포점. 정기휴무는 매월 2번째 금요일, 4번째 토요일.
하나로마트	지역마다 있는 하나로마트가 상권의 중심이다. 신선 식품을 주로 팔지만, 공산품도 갖추고 있어 원스톱 쇼핑이 가능하다.
협동조합 및 유기농 제품	한살림, 자연드림, 초록마을 등이 제주 여러 곳에 매장을 두고 있다.
다이소	없는 것 빼고 다 있는 다이소가 제주 전역에 여러 지점이 있다
24시간 마트	마트로 탑동점, 마트로 노형점, 뉴월드마트 신제주점, 뉴월드마트 서사라점, 대명 홈마트, 뉴월드마트로 동홍점, 마트로 센트럴점

이유식, 아이 먹을거리 파는 곳

반찬과 이유식은 예약 주문, 배달이 가능한 곳도 있으며, 현장에서 구매도 가능하다.
미리 전화해보고 가자.

반찬	**레알푸드** 제주시 인다10길 36, 064-752-2253 **얌얌스푼** 제주시 화삼북로 139, 064-758-3307 **쉐프의살레** 서귀포시 중앙로 199 파인힐 5차 상가, 064-767-3662
이유식+반찬	**마미포유** 제주시 해안마을서4길 131, 064-900-3330 **짱죽** 제주시 연북로514, 064-702-8286 **골드스푼** 서귀포시 대청로25번길 4, 3층, 070-8885-9007 **올망베베** 제주시 진군3길 15, 064-784-0966
이유식	**아따맘마** 제주시 신설로2길 2-8, 064-757-0026

우유와 달걀 알레르기 FREE 상점

NO 우유, 달걀 베이커리·카페	엉커리, 블랑제리, 건달다방, 그날의조각, AND유CAFE, 외계인방앗간, 루루비건, 하늬달, 빵사계, 펜고호다, 쉬람, 카페 901
채식 식당	다소니, 푸른솔맑은향, 도토리키친, 러빙헛, 밥이보약, 더캔버스, 산토샤, 감미롭다제주, 아살람, 칠분의오, 작은부엌, 밥짓는시간, 란스키친

07 유아 동반 시 유용한 공항과 항공사 서비스

① 국내 공항 다자녀(2인 이상) 주차요금 50% 할인 혜택
　　막내 나이가 만 15세 이하인 2자녀 이상 가구는 한국공항공사가 운영하는 11개 주차장에서 주차료를
　　50% 감면해준다. 사전 등록 필수. parking.airport.co.kr/mchild
② 제주공항 서비스(국내 공항별 서비스 안내 www.airport.co.kr)
　　유아 휴게실 - 국내선 3층 국내선 출발 B 입구 왼편, 국내선 2층 격리 대합실 내부(탑승구#3, #9 인근).
　　세면대, 정수기, 소파 등을 갖추고 있다.
　　놀이방 - 국내선 4층 보노보노스시 맞은 편　　　　**유모차 대여** - 국내선 1층과 2층 일반 대합실 중앙
　　우선 보안검색대 - 만 18개월 미만 동반 3인까지 이용할 수 있다.
③ 항공사 영유아 동반 서비스
　　전용 카운터, 수하물 우선 처리, 항공기 우선 탑승 등의 서비스를 제공해준다. 항공사마다 대상 기준 및
　　서비스 내용이 다르다. 미리 확인하거나 직원에게 문의해 편리하게 이용하자.

알아두면 유용한 비행기 이용 TIP

사전 좌석 배정
원하는 좌석이 있으면 미리 지정해 구매할 수 있다.
항공사별로 기준과 요금이 다르다.

모바일 체크인
비행기 탑승 24~48시간 전부터 모바일로 체크인
할 수 있다. 좌석 배정과 모바일 티켓까지 발권 가
능. 공항에서는 수하물만 맡기면 되고, 짐이 없으면
탑승구로 바로 가면 된다.

셀프 체크인
공항에서 체크인 시 전용 키오스크에서 발권 후 수
하물만 맡기면 된다.

유모차를 들고 탈까, 수하물로 부칠까?
접었을 때 100 x 20 x 20cm 이내 일자형으로 완
전히 접히는 우산형 휴대용 유모차는 기내 반입이

가능하다. 그런데 아이를 챙기면서 좌석 위에 넣었
다 뺐다 하는 게 힘들 수 있다. 또한 탑승구까지 버
스를 타야 한다면 너무 힘들다. 유모차를 사용한 뒤
탑승 직전 게이트에서 위탁하면 수하물 찾는 곳에
서 찾을 수 있다. 다만, 보안 검색 시엔 유모차를 접
어서 검색대에 통과시켜야 한다. 이 또한 번거롭다
면 아예 체크인할 때 수하물로 보내자.

신분증 없이 생체정보로 탑승 가능
만 14세 이상만 가능하다. 생체정보는 주민등록증,
운전면허증, 여권으로 등록하면 된다. 만 14세 이상
18세 미만의 학생과 청소년은 사진이 있는 학생증,
청소년증, 신원 확인된 부모·법정대리인 동반 시 주
민등록표(등, 초본), 가족관계증명서, 건강보험증
확인으로 등록 가능하다.

08 알아두면 유용한 여행 관련 정보

여행 정보 웹사이트

제주도 공식 관광 정보 포털 visitjeju.net

제주관광공사 블로그 blog.naver.com/jtowelcome

제주특별자치도관광협회 운영 오픈마켓 '탐나오' tamnao.com

애플리케이션

트리플 지역별 무료 가이드, 동선별 일정 플래너, 주변 명소 및 맛집 탐색, 리뷰 정보 제공

쿠폰 브이패스, 제주도민쿠폰

날씨 물때와 날씨, 바다 타임, 윈기날씨

실시간 CCTV(날씨 및 교통상환 확인)

나우제주nowjejuplus.com, 카카오 맵, 네이버 지도, 제주특별자치도 자치경찰단 교통정보센터 jejuits. go.kr/traffic/cctv.do, WSBFARM 애플리케이션, 펀제주(funjeju.com)

09 안전 및 응급 정보

① 제주관광정보센터 064-740-6000

관광지 문의, 관광 통역, 휠체어 대여, 교통문의, 축제 및 행사정보 등 관광과 관련된 모든 것을 문의할 수 있다. 한국어, 영어, 중국어, 일본어로 서비스받을 수 있다. 또 응급 상황 시 유관 기관 현장 출동 서비스도 해준다.

② 응급 애플리케이션

112 긴급신고, 119 신고, 스마트구조대, 안심제주, 안전해 등이 있다. 위급한 상황에서 터치 몇 번으로 빠르고 정확한 신고가 가능하다. 지리에 익숙지 않은 여행객이라면 미리 내려받아 사용법을 익혀 두자.

③ 종합 병원 응급실

한마음병원	제주시 연신로 52, 064-750-9846
중앙병원	제주시 월랑로 91, 064-786-7119
제주한라병원	제주시 도령로 65, 064-740-5159
제주대학교병원	제주시 아란13길 15, 064-717-1904
서귀포의료원	서귀포시 장수로 47, 064-730-3001
한국병원	제주시 서광로 193, 064-750-0119
제주의료원	제주시 산천단남길 10, 064-720-2119

④ 주말에도 여는 개인 의원

제주시	제주국제공항의원	제주시 공항로 2, 064-797-2595
	연동365일의원	제주시 연북로 99, 064-727-3651
	제주라파의원	제주시 연북로 34, 064-713-7582
	파랑새의원	제주시 연북로 34, 064-713-7582
	작은성모의원	제주시 화삼북로 63, 064-756-5300
	일도365의원	제주시 고마로 115, 064-753-1365
	모딜리아니의원	제주시 서광로 278, 064-727-3652
	365제주의원	제주시 서광로 302, 064-753-4645
	하나가정의학과의원	제주시 월랑로 59, 064-743-8111
	더맑은이비인후과의원	제주시 동화로28, 064-755-7588
	탑동365일의원	제주시 탑동로 24, 064-756-3650
	용담의원	제주시 용담로 92, 064-711-8511
	모아의원	제주시 과원북4길 5, 064-742-7586
	삼화365플러스의원	제주시 건주로 43, 064-723-3650
	늘푸른가정의학과의원	제주시 중앙로 132, 064-752-9696
	911매일의원	제주시 중앙로 286, 064-724-0911
	조대경안심내과의원	제주시 노형8길 2, 064-742-7524
	강형윤가정의학과의원	제주시 우정로 59, 064-713-0332
	바른정의원	제주시 성지로 76-1, 064-723-3355
	연세가정의학과의원	제주시 일주동로 179, 064-756-7337
	제주필의원	제주시 일주동로 229, 064-726-6300
	건강369의원	제주시 일주동로 227, 064-722-3698
	하나로의원	제주시 애월읍 일주서로 7136, 064-713-1099
	하동바툼낭의원	제주시 애월읍 하귀로 35, 064-713-8225
	조천부부의원	제주시 조천읍 신북로 237, 064-782-7491
	세화의원	제주시 구좌읍 세화5길 2, 064-783-2772
서귀포시	고려삼성의원	서귀포시 중앙로 44, 064-762-7524
	서귀포열린병원	서귀포시 일주동로 8638, 064-762-8001
	서귀포365일의원	서귀포시 일주동로 8666, 064-733-3650
	안덕의원	서귀포시 안덕면 화순로 112, 064-794-0906
	한마음한의원	서귀포시 남원읍 태위로689번길 3, 064-764-7550
	남원의원	서귀포시 남원읍 태위로 636, 064-764-4156

⑤ 심야 약국

부부약국	제주시 신대로16길 41, 064-747-5252, 12:00~다음날 03:00
새우리약국	제주시 서사로 36, 064-757-5149, 09:00~00:00
현재약국	제주시 한림읍 한림로 650, 064-796-9333, 08:00~00:00
조천약국	제주시 조천읍 신북로 226, 064-783-8989, 08:30~21:00
영재약국	제주시 조천읍 신북로 510-1, 064-783-1959, 08:30~20:00

⑩ 여행 준비물 체크리스트

준비물	체크
항공권 또는 여객선 승선권	
숙소 예약	
렌터카 예약(카시트는 사전 장착 요청)	
유아용품 1(유모차, 휴대용 유모차, 아기 띠, 부스터, 욕조, 소독기, 보행기, 바운서, 휴대용 침대)	
유아용품 2(기저귀, 물티슈, 휴대용 물티슈, 거즈 손수건, 천 기저귀, 일회용 우비)	
유아용품 3(아기 샴푸, 로션, 유모차·카시트 햇빛 가리개, 모기장)	
수유용품 1(분유, 젖병, 보온병, 휴대용 전기포트, 젖병 솔, 젖병 세제)	
수유용품 2(액상 분유, 휴대용 젖병, 분유 케이스-1회분 소분, 수유 가리개, 여분 젖꼭지, 쪽쪽이, 치발기)	
수유용품 3(이유식, 파우치 이유식, 이유식 스푼, 일회용 스푼, 턱받이, 간식, 음료수, 물, 휴대용 변기)	
위생용품(손톱 가위, 물약 통, 체온계, 코빼, 면봉, 마스크, 지퍼백, 비닐봉지)	
상비약(해열제, 소화제, 밴드, 상처 연고 등)	
건강용품(벌레 기피제, 모기약 등)	
물놀이용품(수영복, 구명조끼, 튜브, 목욕 타올 또는 가운)	
기내놀잇감(작은 책, 색칠 놀이, 퍼즐, 색종이, 스티커, 태블릿, 헤드셋)	
동영상과 게임(기내엔 와이파이가 없으므로 오프라인 전용으로 미리 다운로드)	
아이 옷, 여벌 신발(운동화, 여름엔 샌들 or 슬리퍼), 속옷, 양말, 모자, 담요, 휴대용 선풍기	
어른 옷, 신발(운동화, 여름엔 샌들 or 슬리퍼), 속옷, 양말, 모자, 자외선차단제, 어른 화장품	
휴대폰 충전기, 차량용 충전기	
신분증(미성년자는 여권, 등본, 건강보험증 등)	
카메라	
보조배터리(수하물 금지 용품)	

✚시내가 아니라면 옷 파는 곳을 찾기 어렵다. 특히 아이 옷은 여벌을 꼭 준비하자.
✚장기 여행이라면 택배 또는 쿠팡 로켓배송(무료)으로 용품을 미리 보내 두면 편하다.

Index
찾아보기

아이랑 제주 여행

지은이 송인희

초판 1쇄 발행일 2021년 2월 10일
개정판(2024~2025) 1쇄 발행일 2024년 6월 15일

기획 및 발행 유명종
편집 이지혜
디자인 김효진, 이다혜
조판 신우인쇄
용지 에스에이치페이퍼
인쇄 신우인쇄

발행처 디스커버리미디어
출판등록 제 2021-000025(2004. 02. 11)
주소 서울시 마포구 연남로5길 32, 202호
전화 02-587-5558

ISBN 979-11-88829-42-2   13980
*사진 및 자료를 제공해준 제주특별자치도청과 제주관광공사, 김병주 작가님, 김성훈 선생님, 곽지희 님,
 김지영(@jy_jjun2) 님, 김진아 님, 박선정 님(<오름 오름> 저자), 유지온 님(@peace.bear_jeju),
 이하나 님(@jeju_bloom), 제주로부터 진정은 님(@from.jeju_), @by_artworks 님, @_gnal 님,
 @hwajin0215 님, 제주고고학연구소, 제주별빛누리공원, 친봉산장, 강경필·문신기·문신희·빈중권·이다혜·
 정용혁 작가님께 감사드립니다. 편집상 크게 사용한 사진에만 저작권을 표기했음을 밝힙니다.